绿色建筑后评估标准体系构建

CONSTRUCTION FOR ASSESSMENT STANDARD OF GREEN BUILDING PERFORMANCE VIA POST OCCUPANCY EVALUATION

住房和城乡建设部标准定额研究所　编著

中国建筑工业出版社

图书在版编目（CIP）数据

绿色建筑后评估标准体系构建 = CONSTRUCTION FOR ASSESSMENT STANDARD OF GREEN BUILDING PERFORMANCE VIA POST OCCUPANCY EVALUATION / 住房和城乡建设部标准定额研究所编著. —北京 ：中国建筑工业出版社，2020. 11(2022. 3重印)
ISBN 978-7-112-25951-9

Ⅰ. ①绿… Ⅱ. ①住… Ⅲ. ①建筑工程－无污染技术－评估 Ⅳ. ①TU-023

中国版本图书馆 CIP 数据核字（2021）第 040304 号

责任编辑：石枫华　丁洪良
文字编辑：郑　琳
责任校对：李美娜

绿色建筑后评估标准体系构建
CONSTRUCTION FOR ASSESSMENT STANDARD OF GREEN
BUILDING PERFORMANCE VIA POST OCCUPANCY EVALUATION
住房和城乡建设部标准定额研究所　编著

*

中国建筑工业出版社出版、发行（北京海淀三里河路 9 号）
各地新华书店、建筑书店经销
北京科地亚盟排版公司制版
北京中科印刷有限公司印刷

*

开本：787 毫米×1092 毫米　1/16　印张：14　字数：348 千字
2021 年 1 月第一版　　2022 年 3 月第二次印刷
定价：**59.00** 元
ISBN 978-7-112-25951-9
(36595)

《绿色建筑后评估标准体系构建》
编委会

编写组组长：李　铮

编写组成员：刘　彬　付光辉　郭振伟　骆　方　林常青
杨建荣　叶　凌　潘婷婷　刘万山　高　峰
张　婧　杜秀媛　张　颖　王利珍　廖　琳
余　娟　李宏军　毕敏娜　张惠锋　毛　凯
孙　智　韩　松　周京京　张　宏　倪知之
周　浩　李晓金　陈有川　戴起旦　周海泉
吴树馨

参 编 单 位

南京工业大学
中国城市科学研究会
中国建筑科学研究院有限公司
中国建筑设计研究院有限公司
重庆大学
清华大学
北京清华同衡规划设计研究院有限公司
上海市建筑科学研究院有限公司
住房和城乡建设部科技与产业化发展中心
清华大学建筑设计研究院有限公司

恒通建设集团有限公司
杭州绿安建筑节能科技有限公司
上海毛石建筑节能技术有限公司
浙江联泰建筑节能科技有限公司
启迪设计集团股份有限公司

前　言

深入推进绿色建筑是贯彻落实党的十九大会议精神、积极响应供给侧改革和解决“新矛盾”的客观需要，是解决我国能源生产和消费革命所面临的实际问题，是全面建成小康社会、助力美好生活营造、增加人民群众获得感的重要内容，同时也是转变我国城乡建设模式、培育节能环保战略性新兴产业、创新驱动增强经济发展新动能的重要举措。“十三五”期间，我国绿色建筑规模不断扩大，截至 2019 年年底，全国城镇建设绿色建筑面积累计超过 37 亿平方米，绿色建筑占城镇新建民用建筑比例超过 50%，获得绿色建筑评价标识的项目超过 1.8 万个。绿色发展政策框架体系逐渐完善，国家及地方相关政策措施形成联动，地方各级政府基本明确了将绿色建筑指标和标准作为约束性条件纳入各项开发和建设规划中，并制定相应的激励政策，同时推动绿色建筑发展标准体系的建立。

但是，纵观我国绿色建筑十余年的发展，不难发现其中仍存在一定的问题。首先，绿色建筑发展的法律法规和技术标准体系有待进一步完善。其次，我国绿色建筑的实际发展仍不均衡。通过绿色建筑后评估标准体系的构建，加强法律法规与技术标准的衔接，引导绿色建筑由“浅绿”向“深绿”发展，将成为转变政府职能、加强行业技术发展和标准编制规划的有效技术措施。

为落实住房和城乡建设发展的新要求、顺应标准化改革的新形势、解决绿色建筑发展的新问题，国家重点研发计划设立了“基于实际运行效果的绿色建筑性能后评估方法研究及应用”（2016YFC0700100）专项研究，期望通过绿色建筑性能后评估技术标准体系的构建，最大限度地发挥标准规范对我国绿色建筑后评估工作的巨大推动与技术保障作用，更充分彻底地通过标准化途径贯彻落实国家对于能源节约与绿色建筑的发展战略和技术经济政策，更有针对性地对我国绿色建筑在安全耐久、健康舒适、生活便利、资源节约、环境宜居等方面的标准项目，从整体上凸显绿色建筑后评估的目标诉求。

为此，编委会通过回顾我国绿色建筑发展的现状，梳理了我国国家及地方有关绿色建筑发展的相关政策，结合“绿色建筑性能后评估技术标准体系研究”课题研究成果，构建了我国绿色建筑后评估标准体系。本书介绍了绿色建筑后评估标准体系构建的目的意义、理论基础、基本要素、技术路径、标准体系及工作建议，将为我国绿色建筑后评估相关标准的制修订提供技术支撑。由于部分内容编制与相关标准引用存在时间性差异，同时限于编委会成员水平有限，书中如有疏漏和不足之处，敬请各位读者批评指正。

编　者

2020 年 7 月

目　录

第 1 章　绪论

党中央、国务院始终对标准化工作高度重视。习近平指出："加强标准化工作，实施标准化战略，是一项重要和紧迫的任务，对经济社会发展具有长远的意义"，"标准助推创新发展，标准引领时代进步"，"中国将积极实施标准化战略，以标准助力创新发展、协调发展、绿色发展、开放发展、共享发展"；特别是在"一带一路"倡议中，习近平多次强调，推动政策、规则、标准的"软联通"。《国务院机构改革和职能转变方案》提出，加强技术标准体系建设，建立健全推荐性标准体系，形成强制性与推荐性标准协调配套、符合经济社会和科技发展需要的技术标准体系。《国务院关于印发深化标准化工作改革方案的通知》提出，改革标准体系和标准化管理体制，更好发挥标准化在推进国家治理体系和治理能力现代化中的基础性、战略性作用。作为实施创新发展战略的重要支撑，我国各领域正在积极实施标准化战略，通过标准助力"创新发展、协调发展、绿色发展、开放发展、共享发展"。

党的十八届五中全会提出要牢固树立绿色发展理念，表明绿色发展将成为中国发展战略与发展政策的主流。积极发展绿色建筑已成为贯彻落实习近平生态文明思想，推动形成绿色发展方式和生活方式，建设美丽中国和健康中国的一项重要内容。党的十九大报告中，再次明确推进绿色发展，加快建立绿色生产和消费的法律制度和政策导向。党中央、国务院对推广绿色建筑作出明确部署，《中共中央　国务院关于进一步加强城市规划建设管理工作的若干意见》提出，提高建筑节能标准，推广绿色建筑和建材；支持和鼓励各地结合自然气候特点，推广应用地源热泵、水源热泵、太阳能发电等新能源技术，发展被动式房屋等绿色节能建筑。《国务院关于加强城市基础设施建设的意见》提出，提高城市基础设施建设工业化水平，优化节能建筑、绿色建筑发展环境，建立相关标准体系和规范，促进节能减排和污染防治，提升城市生态环境质量。

城乡建设是全面推动绿色发展的主要载体和重要战场。我国住房和城乡建设行政主管部门始终将发展绿色建筑作为落实党中央、国务院重要决策的专项工作。纵观我国绿色建筑的发展，始终坚持标准引领，提倡通过标准体系建设指导标准化专项工作。从 2006 年发展至今，绿色建筑在数量与覆盖范围上取得了瞩目成绩。宏观上，中央及各地方政府以绿色建筑相关政策法规的推动做先导，绿色建筑评价标准做支撑，通过绿色建筑评价标准体系的制定，基本建立了覆盖绿色建筑规划、设计、施工、验收各阶段的技术标准，共同打造出绿色建筑的良好生长环境；微观上，通过绿色建筑评价标准和标准体系的引导，逐步完善了构成绿色建筑的各项技术措施，有效保证了绿色建筑的发展形态和性能质量。

"十三五"期间，随着新时期国家住房和城乡建设事业规划、标准化改革、建筑业绿色建筑发展方向的进一步明确，绿色建筑标准化作为重要技术支撑，有必要结合我国相关政策调整要求和国际发展趋势，积极贯彻落实新发展理念，构建新的绿色建筑标准化体系。

1.1 住房和城乡事业新形势与新要求

党的十八大和历次全会、党的十九大，中央城镇化工作会议、中央城市工作会议以及《中共中央 国务院关于加快推进生态文明建设的意见》《中共中央 国务院关于进一步加强城市规划建设管理工作的若干意见》都对住房和城乡建设领域落实绿色发展提出了新的工作要求。

首先，要充分发挥规划的引领和规范作用。科学规划，是绿色发展的前提。根据十八届五中全会《建议》的要求，要把推进绿色发展纳入国民经济和社会发展“十三五”总体规划，落实到各地各部门的经济社会发展规划、城乡建设规划、土地利用规划、生态环境保护规划以及各专项规划中，科学布局绿色发展的生产空间、生活空间和生态空间。充分发挥规划的引领和规范作用，强化绿色发展的刚性约束。

其次，要强化绿色发展的法律体系和技术法规体系建设。在全面推进依法治国的背景下，必须进一步建立具有强制力、权威性和高效率的规则体系，用法治和规则来规范行为秩序。适应绿色发展的要求，完善相关方面的法律法规，加快建立与法律法规相衔接的技术法规体系，确保绿色发展的法律法规有效实施及重大决策部署贯彻落实。

最后，要推动生产方式和消费模式的绿色转型。积极倡导和大力推行绿色消费，推广使用节能节水新产品、节材新技术和节能住宅、绿色建筑等，发展城市绿色交通，推进生活垃圾分类收集处理，鼓励和引导公众在生活方式上加快向绿色消费转变。党的十九大报告提出，构建市场导向的绿色技术创新体系，发展绿色金融，壮大节能环保产业、清洁生产产业、清洁能源产业；推进资源全面节约和循环利用，实施国家节水行动，降低能耗、物耗，实现生产系统和生活系统循环链接。

“十三五”期间，住房和城乡建设部明确提出了“将住房城乡建设事业作为经济发展的重点领域、社会发展的重要方面，要积极适应把握引领经济发展新常态，把改革创新贯穿于住房城乡建设事业发展全过程，着力推进供给侧结构性改革，提高发展的质量和效益，助力经济增长，增进人民福祉”的总体要求，坚持“以人为本、公平共享”和“绿色低碳、智能高效，走绿色优先、集约节约、高效便捷、特色彰显的城镇化发展之路”的主要原则，把城市建设作为现代化建设的重要引擎，通过城市发展带动整个经济社会发展，加快推进住房城乡建设事业改革发展。

1.2 工程建设标准化改革的新形势与新要求

随着我国经济社会的高速发展，工程建设标准为我国经济建设提供了强有力的支撑，目前，已经基本形成了覆盖各领域的标准和标准体系。这些工程建设标准在保障工程质量安全、促进产业转型升级、强化生态环境保护、推动经济提质增效、提升国际竞争力等方面发挥了重要作用。但随着技术更新和经济社会发展的日趋变化，面对高质量发展的新需求，标准也逐步显露出缺失老化滞后、交叉矛盾重复，标准体系不够合理、部分标准水平不高等问题。由于行业分割及标准编制管理方式等原因，我国标准的系统性偏低，各行业之间的标准以及同一行业内部的标准之间均缺乏充分的协调，技术标准体系存在“竖向”

层次划分不清晰、专用标准划分过细数量失衡、专业间标准覆盖面不均衡等问题。尤其是近年来标准国际化的需求日益迫切，建立与国际接轨的新型标准体系，提升中国标准的国际化水平，已成为标准化改革的重要任务。

为深化标准化工作改革、加强技术标准体系建设，国务院印发了《深化标准化工作改革方案》（国发〔2015〕13 号），提出了改革的总体目标是：建立政府主导制定的标准与市场自主制定的标准协同发展、协调配套的新型标准体系，健全统一协调、运行高效、政府与市场共治的标准化管理体制，形成政府引导、市场驱动、社会参与、协同推进的标准化工作格局，有效支撑统一市场体系建设，让标准成为对质量的“硬约束”，推动中国经济迈向中高端水平。为落实改革方案要求，进一步改革工程建设标准体制，健全标准体系，完善工作机制，住房和城乡建设部印发了《关于深化工程建设标准化工作改革的意见》（建标〔2016〕166 号），提出到 2025 年，以强制性标准为核心、推荐性标准和团体标准相配套的标准体系初步建立，标准有效性、先进性、适用性进一步增强，标准国际影响力和贡献力进一步提升。

当前，正处于工程建设标准化改革的纵深阶段，从改革的目标和任务来看，将建立以强制性标准为核心、推荐性标准和团体标准相配套的新型工程建设标准体系。改革后的标准体制将会更加适应经济社会发展需要，标准管理制度将会更加完善、运行高效，标准体系层次将会更加清晰、更加协调统一。政府主导制定的标准将更突出控制性底线和结果要求，市场自主制定的标准将更突出市场和创新需要，同时将加快建立政府主导制定的标准与市场自主制定的标准协同发展、协调配套的新型标准体系。

工程建设技术标准体系是标准体系子系统，是标准化工作的基础，直接关系到工程项目建设和运营管理等各环节标准化运行效果。工程建设技术标准体系将各类工程建设标准进行归类、梳理、衔接、配套，形成具有内在联系的系统整体，在标准建设、标准协调、标准分类等多个层面发挥作用，是指导今后一定时期内标准制定、修订立项以及标准科学管理的基本依据。工程建设技术标准体系的构建应顺应标准化改革新方向，按工程建设规范、推荐性标准和团体标准的新层次构架，对所在领域、主题标准进行合理配置，底线控制和引导创新并重，实现整体协同。

1.3　绿色建筑发展的新形势与新要求

我国绿色建筑的后评估处于刚刚起步阶段，对运行使用阶段实施效果的综合评价方法和评价技术手段尚未全面建立。旧版国家标准《绿色建筑评价标准》主要关注建筑在设计阶段和施工阶段是否符合“四节一环保”的要求，但其对运行后绿色情况的评价明显不足。据统计，在具有绿色评价标识的绿色建筑中，获得绿色建筑运行标识的比例相对较低。也就是说，对于绿色建筑生命全周期内的评价还有待加强。后评估就是在这样的背景下逐步受到关注的。研究发现，绿色建筑的设计参数与实际运行数据之间往往存在较大差异，这主要与设计考虑不周或成本等原因造成的施工未落实、不同技术间耦合影响、用户使用行为影响等有关。只有综合考虑这些因素，才能对项目实际运行状况给出合理评价。

西方国家对建筑使用后评估的研究和实践可追溯至 20 世纪 60 年代，那时西方国家已将项目建设后的使用状况评价（Post-Occupancy Evaluation，POE）和建筑设计中的现状预测评价作为一个完整的建设程序，但实践多限于功能较单一的建筑类型，如大学生宿舍、住宅、老人院等。之后，POE 研究范围不断扩大和深入，不仅体现在研究对象（城市设计、建筑设计、室内设计、园林设计、景观设计）的多样性上，还体现在研究内容从使用者的心理感受和行为扩展到场地状况、业主情况、周围环境、设计过程和社会历史背景方面。POE 评价体系也逐渐成形，许多国家建立了 POE 评价模型，形成了综合性和系统性的评价体系（大体包含硬性项目如物理环境的测定、软性项目如使用者行为心理调查和测定两个方面），并运用在项目实践中。

建筑使用后评估的研究和实践催生了大量市场化的建筑后评估机构，例如美国建筑师学会从 1976 年开始开展了一系列后评估工作，联邦政府也设立了专门的机构（GSA）来管理与政府建筑相关的评价工作，同时，不少大型建筑设计事务所都设有正式工作人员从事建筑后评估工作。英国建筑周刊从 20 世纪 60 年代就开始实施建筑后评估，并设有网站服务，如英国的建筑设计合作组织（Building Design Partnership，BDP）和建筑研究院（Building Research Establishment，BRE）的环境工程中心等机构都提供专门的 POE 服务，另外英国建筑设备研究和信息协会（Building Service Research and Information Association，BSRIA）近年还发起了“建筑软着陆框架体系”，延伸设计、施工团队服务范畴，关注运行效果，通过 POE 服务，为业主和用户提供更为满意舒适和低能耗的建筑使用环境。此外，澳大利亚、新西兰等国家也都有设立提供建筑项目后评估服务的专门机构。

发达国家多年前已将后评估作为建筑设计过程的一个必要环节，将其作为建筑师提供的有偿服务之一包含在项目合同中。对绿色建筑的使用后评估也逐渐成为用户的重要需求，并渗透到企业服务和绿色评估认证之中。美国绿色建筑评价体系（LEED 2013 版）中，加强了对实际运营效果的监管，在认证形式上推出了 LEED 动态奖牌来代替静态的奖牌证书。这样既可以加强对绿色措施实施效果的考核认定，从而激励管理者不断优化改进，又可以直观展示绿色建筑的成效和收益，吸引更多用户认识和践行绿色理念。由此可见，使用后评估在欧美发达国家已逐步完善并正式纳入建筑规划设计进程中，并逐步体系化、专业化、规范化，应用范围涉及各种建筑类型，并使用兼顾建筑全寿命期的有效评价方法。这也必将成为未来我国在使用后评估领域的发展趋势。

结合绿色建筑发展趋势，《住房城乡建设事业“十三五”规划纲要》提出“十三五”期间将全面推进绿色建筑发展，重点任务是完善绿色建筑评价体系，加大评价标识推进力度，强化对绿色建筑运行标识的引导，加强对标识项目建设情况的跟踪管理。推进绿色生态城区、绿色建筑集中示范区、绿色建筑产业示范园区建设。推进绿色建筑全产业链发展，以绿色建筑设计标准为抓手，推广应用绿色建筑新技术、新产品。

纵观我国近年来相关政策的新要求，探讨建立基于实际运行效果的绿色建筑后评估标准体系将有助于我国绿色建筑的转型发展，也将为我国相关政策措施的制定和落实提供技术支撑。

第2章 绿色建筑后评估标准体系构建基础

2.1 我国绿色建筑推广现状

“十二五”期间，我国绿色建筑实现跨越式发展。全国省会以上城市保障性安居工程、政府投资公益性建筑、大型公共建筑开始全面执行绿色建筑标准，北京、天津、上海、重庆、江苏、浙江、山东、深圳等地开始在城镇新建建筑中全面执行绿色建筑标准，推广绿色建筑面积超过10亿m^2。截至2015年底，全国累计有4071个项目获得绿色建筑评价标识，建筑面积超过4.7亿m^2（图2-1～图2-4）。其中，设计标识项目3864项，占总数的94.9%，建筑面积为44113.6万m^2；运行标识项目207项，占总数的5.1%，建筑面积为2886.4万m^2。

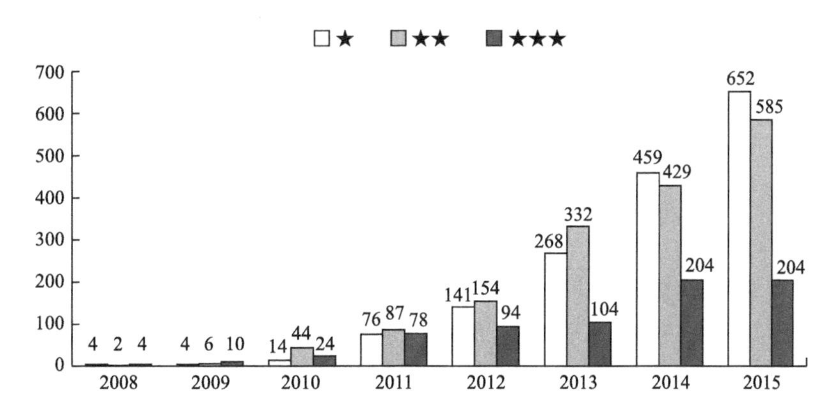

图2-1　2008～2015年绿色建筑评价标识项目数量逐年发展（单位：项）

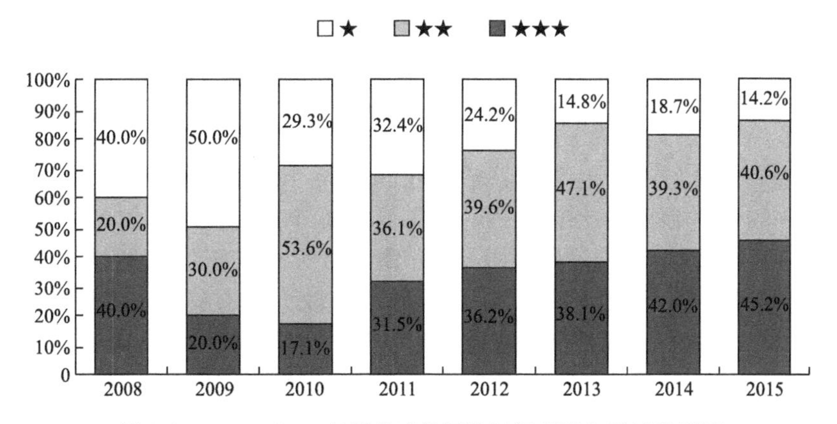

图2-2　2008～2015年绿色建筑评价标识项目各星级比例图

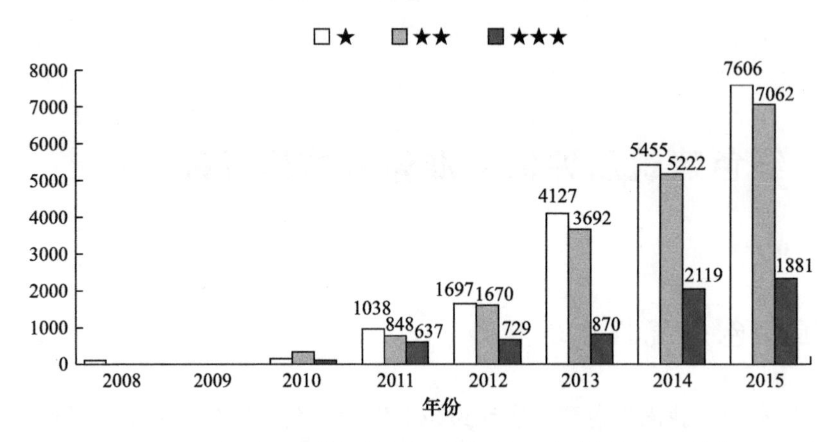

图 2-3 2008～2015 年绿色建筑评价标识项目面积逐年发展状况（单位：万 m^2）

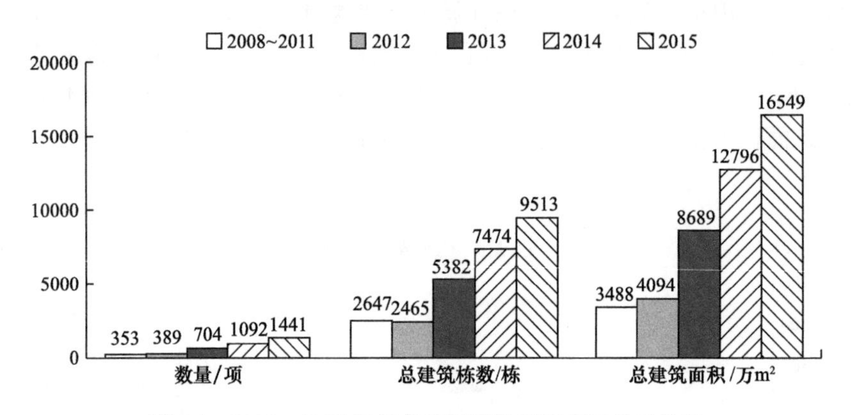

图 2-4 2008～2015 年绿色建筑评价标识项目发展状况

从各气候区来看，综合统计 2008～2015 年，夏热冬冷地区累计获得绿色建筑评价标识项目为 1901 项，占 46.7%；寒冷地区项目为 1248 项，占 30.7%；夏热冬暖地区项目为 651 项，占 16.0%；严寒地区项目为 227 项，占 5.6%；温和地区项目为 44 项，占 1.0%。从统计中可以看出，在居住建筑方面，夏热冬冷地区与寒冷地区绿色建筑项目数量占比较大，均超过总量的 1/3。而在公共建筑方面，夏热冬冷地区绿色建筑项目数量超过总量的 1/2，寒冷地区绿色建筑项目数量超过总量的 1/4，而夏热冬暖地区占 16.5%左右。在严寒地区和温和地区绿色建筑项目数量相对较少（图 2-5）。

按照项目地区分布来看，除西藏以外，绿色建筑基本覆盖了我国的各个省份地区。2014 年，新疆、青海、内蒙古、甘肃等地区绿色建筑有了较快的发展。标识项目数量在 100 个以上的地区占 40.6%，标识项目数量在 30 个～100 个的地区占比 34.4%，标识项目数量 10 个～30 个的地区占比 15.6%，数量不足 10 个的地区占比 9.4%，其中江苏、广东等沿海地区的项目数量继续领先（图 2-6）。相比于“十二五”初期，2015 年各地标识项目数量增速普遍加快，江苏、广东、上海、浙江、陕西、山东等地增速明显。从各星级的比例上看，江苏、浙江、湖北的绿色建筑各星级比例较为均匀，山东、河北二星级绿色建筑比例较高，上海、天津、北京三星级绿色建筑比例较高，广东、陕西则一星级绿色建筑比例最高（图 2-7）。

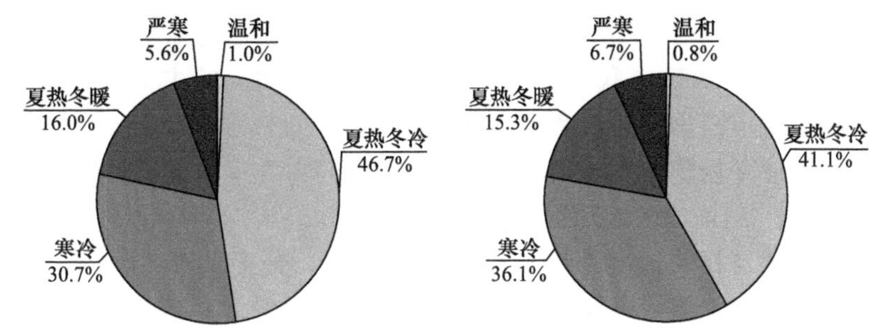

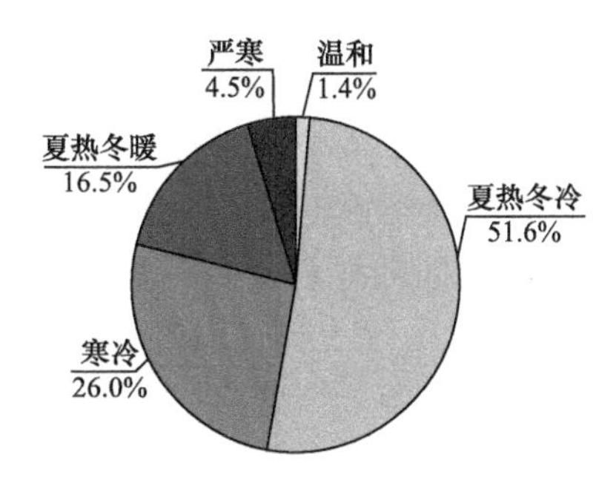

图 2-5　2008～2015 年绿色建筑评价标识项目气候区分布（分居建和公建）

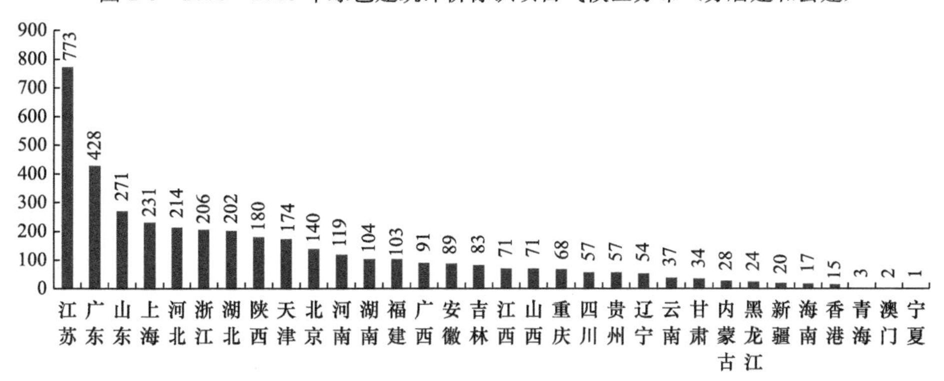

图 2-6　2008～2015 年各省区、市绿色建筑评价标识项目数量统计

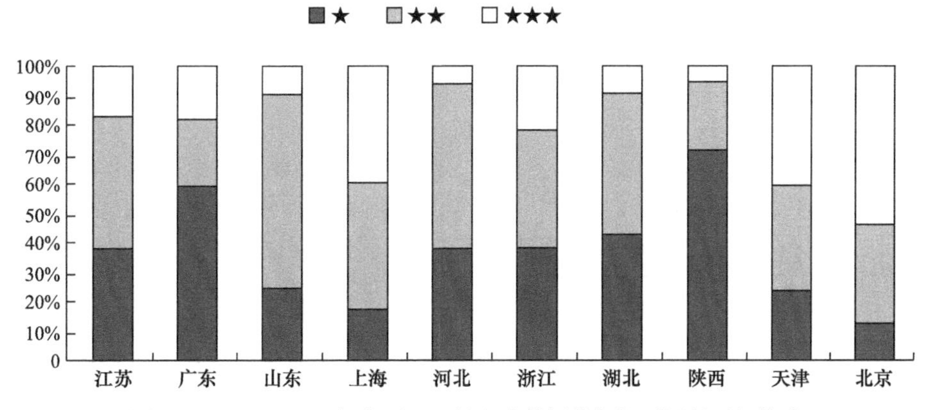

图 2-7　2008～2015 年主要地区绿色建筑评价标识项目的星级构成

2017年3月，住房和城乡建设部印发了《建筑节能与绿色建筑发展“十三五”规划》（建科〔2017〕53号），明确了我国绿色建筑“十三五”期间的主要任务目标。其一，推动重点地区、重点城市及重点建筑类型全面执行绿色建筑标准，积极引导绿色建筑评价标识项目建设，力争使绿色建筑发展规模实现倍增，到2020年，全国城镇绿色建筑占新建建筑比例超过50%，新增绿色建筑面积20亿m^2以上。其二，强化绿色建筑工程质量管理，逐步强化绿色建筑相关标准在设计、施工图审查、施工、竣工验收等环节的约束作用。加强对绿色建筑标识项目建设跟踪管理，加强对高星级绿色建筑和绿色建筑运行标识的引导，获得绿色建筑评价标识项目中，二星级及以上等级项目比例超过80%，获得运行标识项目比例超过30%。

“十三五”期间我国绿色建筑发展整体上步入了一个新的台阶，进入全面、高速发展阶段（图2-8）。在项目数量上，继续保持着规模优势，每年新增项目数量约3500个。2015年后我国绿色建筑标识评价工作开始实施属地化管理，由于管理方式的重大变化，导致自2015年以来各省、市、自治区的绿色建筑标识项目数据非常难以获得，尤其是各星级的数量和面积这样的统计数据，更是难上加难。但是，为了分析“十三五”期间我国绿色建筑发展中标识评价方面的细节，依据2008年至2015年各省市绿色建筑标识数量排名，分别选择了头部、中部、尾部的江苏省、福建省和新疆维吾尔自治区的绿色建筑标识评价情况进行分析。

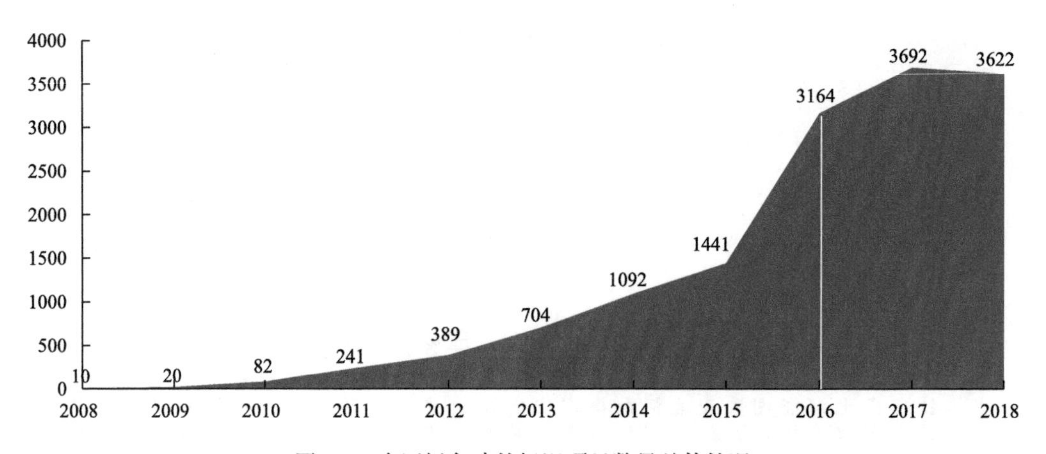

图2-8　全国绿色建筑标识项目数量总体情况

“十三五”前三年，江苏省合计完成1759个绿色建筑标识项目的评价，比2015年及以前历年累计的项目数量增长了127.56%，其中仅2018年当年的绿色建筑标识项目数量就超过了2015年及以前历年累计数据，近三年的年均增长率高达118.96%（图2-9、图2-10）。

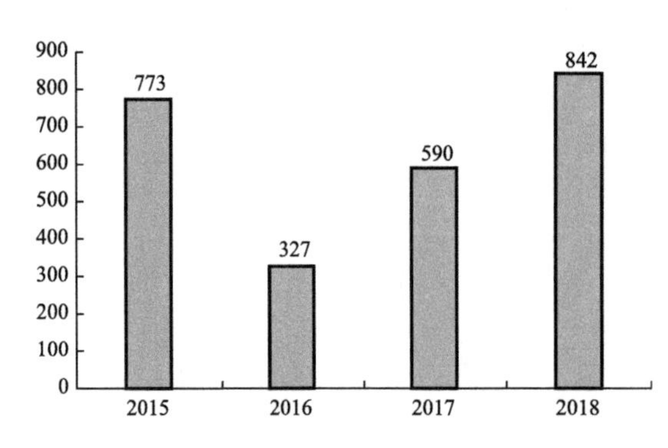

图2-9　江苏省绿色建筑标识数量
（2015年数据为历年累计数据）

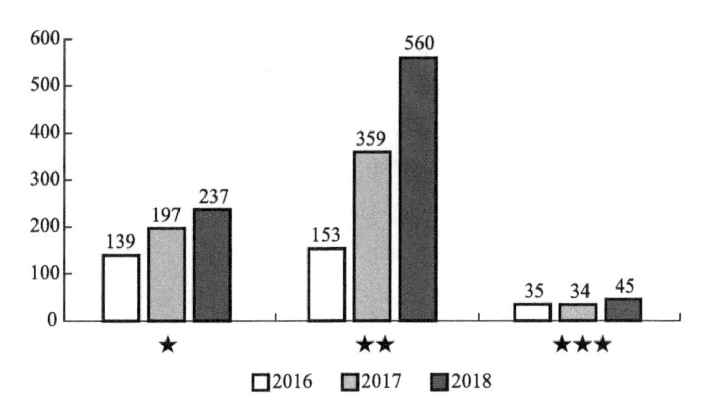

图 2-10　江苏省“十三五”期间绿色建筑标识各星级数量

在标识项目各星级的分布上，呈现出一星级、二星级占比较大，三星级占比偏小的现象，其中，二星级项目数量相对一星级增长幅度更高，逐年的绝对项目数量也开始拉开距离。这表示江苏省制订的绿色建筑政策及相关推进措施在“十三五”期间开始发挥效果，绿色建筑的实施要求已经跨越了低水平、低要求复制阶段，正处于全面迈入中等要求发展阶段。在各星级绿色建筑项目面积的统计上，更能支持上述分析得出的结论，一星级和三星级近三年虽然有增长，但整体平稳，二星级项目则连续保持翻倍增长的发展速度（图 2-11、图 2-12）。

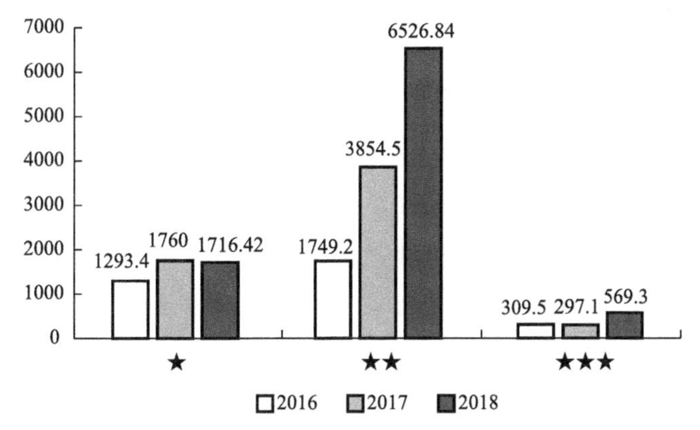

图 2-11　江苏省“十三五”期间绿色建筑标识各星级面积（单位：万 m^2）

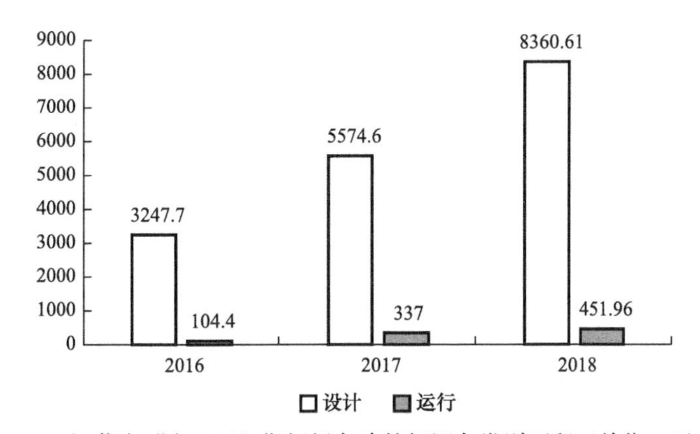

图 2-12　江苏省“十三五”期间绿色建筑标识各类别面积（单位：万 m^2）

在标识项目设计与运行面积的统计上，可以直观地看出设计标识项目仍然占绝对多数，近 3 年的比重分别为 96.89%、94.30%、94.87%。单从运行标识项目面积的增长情况来看，近 3 年的平均增长率高达 277.85%，但由于设计标识项目数量和面积的基数更大、增长更快，导致从全省绿色建筑实施的整体层面观察，运行项目的数量和面积比重变化不大，这是江苏绿色建筑发展需要面对的问题，也是全国绿色建筑发展存在的问题。

福建省“十三五”前三年完成的绿色建筑标识项目数量合计 137 个，超过了“十二五”期间及以前多年的累计实施项目数量。近 3 年标识项目数量的平均增速为 94.64%（图 2-13、图 2-14）。

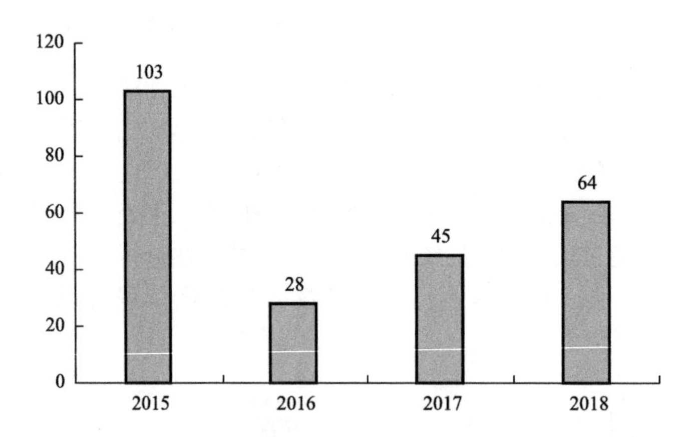

图 2-13 福建省绿色建筑标识数量（2015 年数据为历年累计数据）

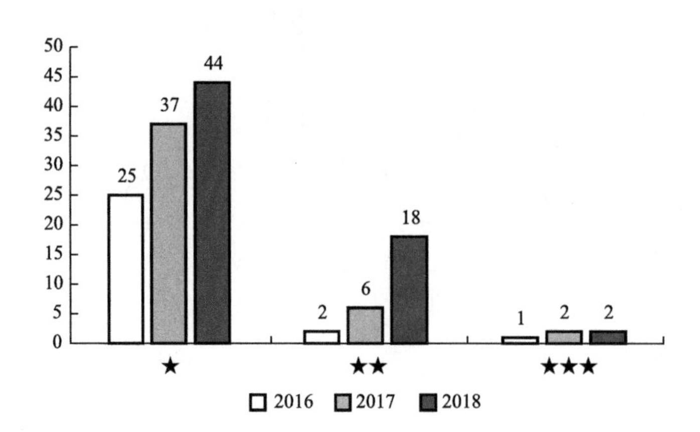

图 2-14 福建省“十三五”期间绿色建筑标识各星级数量

在星级分布上，一星级仍然是主流，二星级项目数量 2018 年有所增加，但持续发展的趋势还不明显。各星级面积的统计结果与各星级数量的统计结果基本一致（图 2-15）。

新疆维吾尔自治区“十三五”前三年完成的绿色建筑标识项目数量合计 47 个，大幅超过了“十二五”期间及以前多年的累计实施项目数量。近三年标识项目数量的平均增速高达 633%（图 2-16）。客观地说，这样惊人的增速是因为新疆地区“十二五”及以前绿色建筑实施的情况不理想，对比的基准比较低。

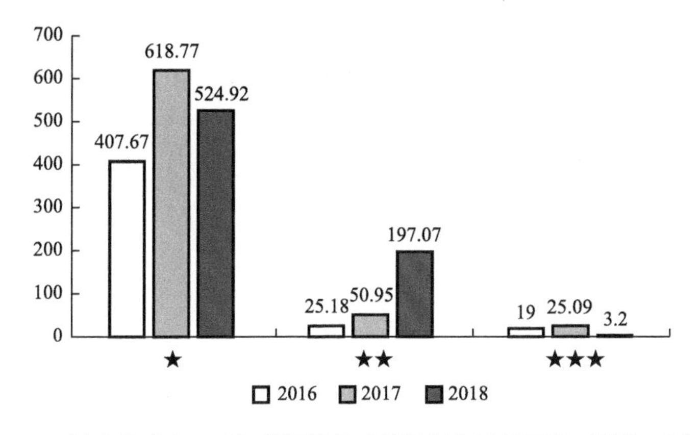

图 2-15　福建省“十三五”期间绿色建筑标识各星级面积（单位：万 m^2）

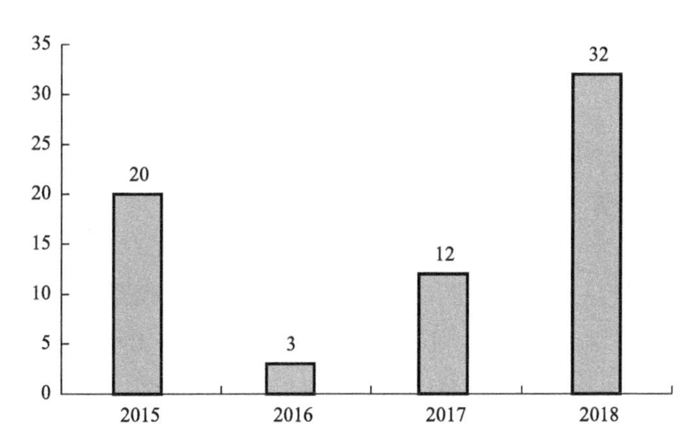

图 2-16　新疆维吾尔自治区绿色建筑标识数量（2015 年数据为历年累计数据）

在各星级的数量和面积分布上，二星级项目是非常明显的主流，一星级和三星级的项目比例较小，呈现出尖峰状的分布态势，这反映出新疆维吾尔自治区绿色建筑发展虽然缓慢，但普遍要求较高，放弃了一星级，以二星级为主要实施目标（图 2-17、图 2-18）。

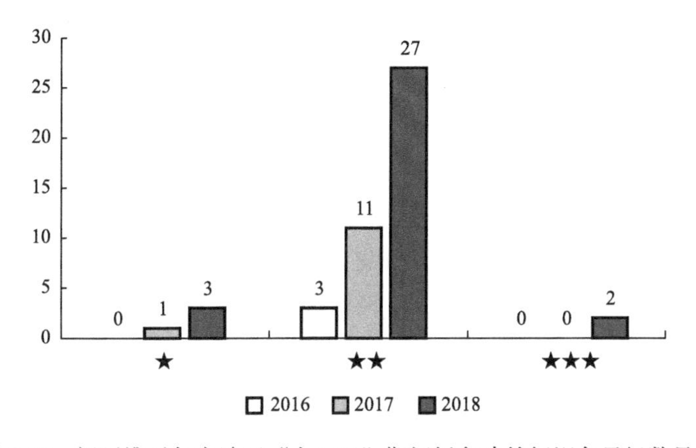

图 2-17　新疆维吾尔自治区“十三五”期间绿色建筑标识各星级数量

通过对上述三个省和自治区绿色建筑发展情况的分析，可以发现进入“十三五”后，各省的绿色建筑项目数量和面积均有不错的增幅，据此可推断出在全国层面，绿色建筑仍然保持着较高的发展速度。但同时也应注意到，我国绿色建筑发展仍不均衡，这其中除了地域差异外，设计标识和运行标识比例的不均衡性仍然突出。

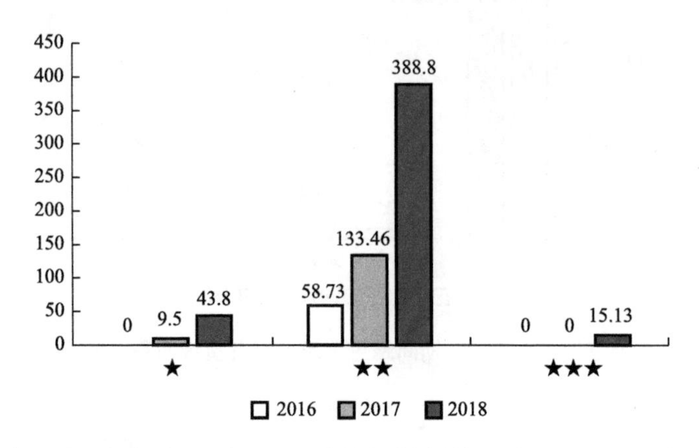

图 2-18 新疆维吾尔自治区“十三五”期间绿色建筑标识各星级面积（单位：万 m^2）

2.2 我国绿色建筑相关法规与政策现状

目前，我国尚未出台针对绿色建筑的专项法规，但为贯彻落实我国可持续发展理念，“十二五”以来国家及地方出台或修订的相关法律、法规、部门规章和指导性文件中，始终将“绿色发展”理念贯穿其中，结合我国国情，对可再生能源利用、建筑节能和绿色建筑等提出了具体要求，并针对绿色建筑建立了完善的建设和监管程序，出台了一系列激励政策。

2.2.1 国家层面

2006 年 2 月，国务院发布《国家中长期科学和技术发展规划纲要（2006-2020 年）》（国务院公报 2006 年第 9 号），其中将“建筑节能与绿色建筑”作为重点领域“城镇化与城市发展”下的优先项目。

2011 年 8 月 31 日，国务院发布《“十二五”节能减排综合性工作方案》（国发〔2011〕26 号），明确提出发展绿色建筑的重点任务，即大力推动绿色建筑发展，实现绿色建筑普及化。

2012 年 5 月 24 日，科技部印发《“十二五”绿色建筑科技发展专项规划》（国科发计〔2012〕692 号）。该规划提出重点任务是：绿色建筑共性关键技术研究、绿色建筑产业化推进技术研究与示范、绿色建筑技术标准规范和综合评价服务体系。

2012 年 4 月 27 日，财政部、住房和城乡建设部发布《关于加快推动我国绿色建筑发展的实施意见》（财建〔2012〕167 号），提出主要目标：到 2020 年，绿色建筑占新建建筑比重超过 30%；到 2014 年政府投资的公益性建筑和直辖市、计划单列市及省会城市的保障性住房全面执行绿色建筑标准；力争到 2015 年，新增绿色建筑面积 10 亿 m^2 以上。对高星级绿色建筑给予财政奖励。实施意见规定 2012 年奖励标准为：二星级绿色建筑 45 元/m^2，三星级绿色建筑 80 元/m^2。此外，推进绿色生态城区建设，对绿色生态城区给予定额资金补助 5000 万元。绿色生态城区示范内新建建筑全面执行现行国家标准《绿色建筑评价标准》GB/T 50378 中的一星级及以上的评价标准，其中二星级及以上绿色建筑达到 30%以上，2年内绿色建筑开工建设规模不少于200万m^2。

2013年1月1日国务院办公厅转发了国家发展改革委、住房和城乡建设部的《绿色建筑行动方案》(国办发〔2013〕1号)，该方案提出了我国“十二五”期间绿色建筑的发展目标，即完成新建绿色建筑10亿m^2，到2015年末20%的城镇新建建筑达到绿色建筑标准要求；政府投资的国家机关、学校、医院、博物馆、科技馆、体育馆等建筑，直辖市、计划单列市及省会城市的保障性住房，以及单体建筑面积超过2万m^2的机场、车站、宾馆、饭店、商场、写字楼等大型公共建筑，自2014年起全面执行绿色建筑标准。

2013年4月3日，住房和城乡建设部发布了《“十二五”绿色建筑和绿色生态城区发展规划》(建科〔2013〕53号)，进一步明确要求政府投资的党政机关、学校、医院、博物馆、科技馆、体育馆等建筑，直辖市、计划单列市及省会城市建设的保障性住房，以及单体建筑面积超过2万m^2的机场、车站、宾馆、饭店、商场、写字楼等大型公共建筑，2014年起率先执行绿色建筑标准，新建绿色建筑10亿m^2，实施100个绿色生态城区示范建设，引导商业房地产开发项目执行绿色建筑标准，鼓励房地产开发企业建设绿色住宅小区，2015年起，直辖市及东部沿海省市城镇的新建房地产项目力争50%以上达到绿色建筑标准。

2013年8月1日，国务院印发《关于加快发展节能环保产业的意见》(国发〔2013〕30号)，强调开展绿色建筑行动，到2015年，新增绿色建筑面积10亿m^2以上，城镇新建建筑中二星级及以上绿色建筑比例超过20%，建设绿色生态城（区)。提高新建建筑节能标准，推动政府投资建筑、保障性住房及大型公共建筑率先执行绿色建筑标准，新建建筑全面实行供热按户计量；推进既有居住建筑供热计量和节能改造；实施供热管网改造2万公里；在各级机关和教科文卫系统创建节约型公共机构2000家，完成公共机构办公建筑节能改造6000万m^2，带动绿色建筑建设改造投资和相关产业发展。大力发展绿色建材，推广应用散装水泥、预拌混凝土、预拌砂浆，推动建筑工业化。积极推进太阳能发电等新能源和可再生能源建筑规模化应用，扩大新能源产业国内市场需求。

2013年12月16日，住房和城乡建设部发布了《关于保障性住房实施绿色建筑行动的通知》(建办〔2013〕185号)，要求自2014年起，直辖市、计划单列市及省会城市市辖区范围内政府投资、2014年及以后新立项、集中兴建且规模在2万m^2以上的公共租赁住房(含并轨后的廉租住房)，应当率先实施绿色建筑行动，至少达到绿色建筑一星级标准。

2013年12月31日，住房和城乡建设部发布《绿色保障性住房技术导则》，要求自2014年1月1日起，全国直辖市、计划单列市及省会城市的保障性住房建设将全面执行《绿色保障性住房技术导则》。该导则从技术、政策层面，明确保障性住房实施绿色标准的原则和指标体系，提出了保障性住房执行绿色建筑的标准及其绿色建筑技术，作为判断是否达到绿色保障性住房的依据，是绿色保障性住房建设的重要技术支撑。同时明确了设计单位、施工图审查机构、施工单位、竣工验收部门等的主体责任。

2014年3月16日，《国家新型城镇化规划（2014-2020年)》(国务院公报2014年第9号）提出：节约集约利用土地、水和能源等资源，促进资源循环利用，控制总量提高效率；加快建设可再生能源体系，推动分布式太阳能、风能、生物质能、地热能多元化、规模化应用，提高新能源和可再生能源利用比例；实施绿色建筑行动计划，完善绿色建筑标准及认证体系、扩大强制执行范围，加快既有建筑节能改造，大力发展绿色建材，强力推进建筑工业化。

2014年3月27日，发展改革委《关于开展低碳社区试点工作的通知》（发改气候〔2014〕489号）提出：以低碳理念统领社区建设全过程，将社区碳排放指标纳入社区规划和建设指标体系；培育低碳文化和低碳生活方式，推介低碳知识，引导居民树立生态文明理念；探索推行低碳化运营管理模式，使试点社区公交分担率达60%以上，非传统水源利用率达40%以上，垃圾分类收集率达30%以上、资源化利用率达到50%以上；推广节能建筑和绿色建筑，新建住房应全部达到绿色建筑标准，既有建筑也要进行低碳化改造；建设高效低碳的基础设施，大力发展低碳公共交通工具等；营造优美宜居的社区环境，建设适合本地气候特色的自然生态系统。

2016年2月6日，中共中央、国务院发布了《关于进一步加强城市规划建设管理工作的若干意见》，要求提高建筑节能标准，推广绿色建筑和建材，完善绿色节能建筑和建材评价体系，制定分布式能源建筑应用标准。

2016年8月23日，住房和城乡建设部印发《住房城乡建设事业“十三五”规划纲要》要求到2020年，城镇新建建筑中绿色建筑推广比例超过50%，绿色建材应用比例超过40%，新建建筑执行标准能效要求比“十二五”期末提高20%。

2016年9月28日，工业和信息化部印发《建材工业发展规划（2016-2020年）》（工信部规〔2016〕315号），要求促进绿色建材的生产和应用，到2020年，新建建筑中绿色建材应用比例达到40%以上。

2016年12月20日，国务院印发《“十三五”节能减排综合性工作方案》（国发〔2016〕74号），要求开展绿色生态城区建设示范，到2020年，城镇绿色建筑面积占新建建筑面积比重提高到50%。实施绿色建筑全产业链发展计划，推行绿色施工方式，推广节能绿色建材、装配式和钢结构建筑。

2017年3月23日，住房和城乡建设部印发《“十三五”装配式建筑行动方案》（建科〔2017〕77号），要求积极推进绿色建材在装配式建筑中应用，到2020年，绿色建材在装配式建筑中的应用比例达到50%以上；装配式建筑要与绿色建筑、超低能耗建筑等相结合，鼓励建设综合示范工程。装配式建筑要全面执行绿色建筑标准，并在绿色建筑评价中逐步加大装配式建筑的权重。

2017年3月1日，《住房和城乡建设部建筑节能与科技司2017年工作要点》（建科综函〔2017〕17号）中提出，重点抓好提升建筑节能与绿色建筑发展水平、全面推进装配式建筑、积极推动重大科技创新以及应对气候变化、务实推进智慧城建等工作。

2017年3月1日，住房和城乡建设部印发《建筑节能与绿色建筑发展“十三五”规划》（建科〔2017〕53号），提出推动重点地区、重点城市及重点建筑类型全面执行绿色建筑标准，积极引导绿色建筑评价标识项目建设，力争使绿色建筑发展规模实现倍增，到2020年，全国城镇绿色建筑占新建建筑比例超过50%，新增绿色建筑面积20亿m^2以上。

2017年4月26日，住房和城乡建设部印发《建筑业发展“十三五”规划》（建市〔2017〕98号），提出到2020年，城镇绿色建筑占新建建筑比重达到50%，新开工全装修成品住宅面积达到30%，绿色建材应用比例达到40%。推广建筑节能技术，推进绿色建筑规模化发展，完善监督管理机制。

2017年8月17日，住房和城乡建设部印发《住房城乡建设科技创新“十三五”专项规划》（建科〔2017〕166号），要求提高绿色建筑技术集成度，形成环境性能目标导向的绿色建筑设计新理论、新方法和新工具，发展城区建设和改造的生态规划设计技术。加快研发具有地域特征和文化传承的绿色建筑整装成套技术和产品，发展新型高性能建筑结构体系和机电设备系统。推广基于实际运行效果的绿色建筑性能后评估，建立绿色建筑运行效果数据库和基于 BIM 的运营与监测平台，全面推进绿色建筑高效益、规模化发展。

2018 年 3 月 27 日，《住房和城乡建设部建筑节能与科技司 2018 年工作要点》（建科综函〔2018〕20 号）中提出全面提升建筑全过程绿色化水平。整合创新成果，健全制度机制，完善提升标准，开展试点示范，构建符合新时代要求的绿色建筑发展模式，推动绿色建筑区块化发展。引导有条件地区和城市新建建筑全面执行绿色建筑标准，扩大绿色建筑强制推广范围，力争到 2018 年底，城镇绿色建筑占新建建筑比例达到 40%。强化国际科技合作机制建设，以城乡绿色低碳发展、建筑节能与绿色建筑、城市适应气候变化等为重点，加大开放合作力度，持续深入推进住房城乡建设领域国际科技交流合作和应对气候变化工作。推动建筑节能与绿色建筑、低碳生态城市、应对气候变化等重点领域与“一带一路”沿线国家的国际科技交流与合作。

2019 年 10 月 29 日，发展和改革委员会印发《绿色生活创建行动总体方案》（发改环资〔2019〕1696 号），其中明确住房和城乡建设部负责绿色社区创建行动和绿色建筑创建行动。要求以城镇建筑为创建对象，引导新建建筑和改扩建建筑按照绿色建筑标准设计、建设和运营，提高政府投资公益性建筑和大型公共建筑的绿色建筑星级标准要求。因地制宜实施既有居住建筑节能改造，推动既有公共建筑开展绿色改造。到 2022 年，城镇新建建筑中绿色建筑面积占比达到 60%，既有建筑绿色改造取得积极成效。

2.2.2　地方层面

截至“十二五”末，全国共计 31 个省、直辖市、自治区以及新疆生产建设兵团结合地方实际情况，在地方编制绿色建筑实施方案（表 2-1）。其中，至“十三五”末，江苏省、浙江省、贵州省、河北省、辽宁省、内蒙古自治区、宁夏回族自治区相继将绿色建筑纳入法律，从法律层面推动绿色建筑的持续健康发展。

地方绿色建筑发展的强制政策　　**表 2-1**

序号	省份	政策文件	强制政策
1	北京市	《北京市发展绿色建筑推动生态城市建设实施方案》	2013 年 6 月 1 日起，新建项目基本达到绿色建筑一星以上标准
2	天津市	《天津市绿色建筑管理规定》	本市新建政府投资的国家机关、学校、医院、博物馆、科技馆、体育馆等建筑，保障性住房，示范小城镇，以及单体建筑面积超过 2 万平方米的机场、车站、宾馆、饭店、商场、写字楼等大型公共建筑，应当执行绿色建筑标准。其他民用建筑推行绿色建筑标准
		《天津市绿色建筑行动方案》	2014 年开始，凡全市新建示范小城镇、保障性住房、政府投资建筑和 2 万平方米以上大型公共建筑应当执行我市绿色建筑标准。以中新天津生态城、新梅江居住区、于家堡低碳城区为示范区，重点推动我市区域性绿色建筑发展

续表

序号	省份	政策文件	强制政策
3	上海市	《上海市绿色建筑三年行动计划(2014-2016)》	2014年下半年起新建民用建筑原则上全部按照绿色建筑一星级及以上标准建设。其中，单体建筑面积2万平方米以上大型公共建筑和国家机关办公建筑，按照绿色建筑二星级及以上标准建设；八个低碳发展实践区（长宁虹桥地区、黄浦外滩滨江地区、徐汇滨江地区、奉贤南桥新城、崇明县、虹桥商务区、临港地区、金桥出口加工区)、六大重点功能区域（世博园区、虹桥商务区、国际旅游度假区、临港地区、前滩地区、黄浦江两岸）内的新建民用建筑，按照绿色建筑二星级及以上标准建设的建筑面积占同期新建民用建筑的总建筑面积比例，不低于50%
4	重庆市	《重庆市绿色建筑行动实施方案(2013-2020年)》	主城区公共建筑自2013年起，率先执行一星级国家绿色建筑评价标准；2015年起，主城区新建居住建筑和其他区县（自治县）城市规划区新建公共建筑执行一星级国家绿色建筑评价标准；到2020年，全市城镇新建建筑全面执行一星级国家绿色建筑评价标准
5	河北省	《河北省促进绿色建筑发展条例》	城市、镇总体规划确定的城镇建设用地范围内的新建民用建筑，应当按照一星级以上绿色建筑标准进行建设。下列建筑应当按照二星级以上绿色建筑标准进行建设： (一) 政府投资或者以政府投资为主的建筑； (二) 建筑面积大于二万平方米的大型公共建筑； (三) 建筑面积大于十万平方米的住宅小区
		《河北省推进绿色建筑发展工作方案》	城市、镇总体规划确定的城镇建设用地范围内的新建民用建筑，全部按照一星级以上绿色建筑标准进行建设。其中，政府投资或者以政府投资为主的建筑、建筑面积大于2万平方米的大型公共建筑、建筑面积大于10万平方米的住宅小区，按照二星级以上绿色建筑标准进行建设。雄安新区开展“绿色建筑发展示范区”建设
6	山西省	《山西省开展绿色建筑行动实施意见》	2013年起，政府投资类公益性工程全面执行绿色建筑标准；2014年起，单体建筑面积超过2万平方米的机场、车站、宾馆、饭店、商场、写字楼等大型公共建筑、太原市新建保障性住房全面执行绿色建筑标准
7	辽宁省	《辽宁省绿色建筑条例》	城市、镇总体规划确定的建设用地范围内新建民用建筑（农村自建住宅除外)，应当按照绿色建筑标准进行规划建设
		《辽宁省绿色建筑行动实施方案》	城镇新建建筑严格落实强制性节能标准，到2015年，绿色建筑占当年城镇新建建筑的比例达到20%以上，到2020年，绿色建筑占当年城镇新建建筑的比例达到50%以上，尽快制定并推行75%的居住建筑节能设计标准

续表

序号	省份	政策文件	强制政策
8	吉林省	《吉林省绿色建筑行动方案》	2014 年起，政府投资建筑、单体建筑面积超过 2 万平方米的大型公共建筑以及长春市保障性住房，全面执行绿色建筑
9	黑龙江省	《黑龙江省绿色建筑行动实施方案》	2014 年起，政府投资建筑，哈尔滨、大庆市市本级的保障性住房，以及单体建筑面积超过 2 万平方米大型公共建筑，全面执行绿色建筑标准
10	江苏省	《江苏省绿色建筑发展条例》	本省新建民用建筑的规划、设计、建设，应当采用一星级以上绿色建筑标准；使用国有资金投资或者国家融资的大型公共建筑，应当采用二星级以上绿色建筑标准进行规划、设计、建设；施工图设计文件审查机构应当审核施工图设计文件是否符合绿色建筑标准，未达到项目绿色建筑等级标准的，不得出具施工图审查合格证书
		《江苏省绿色建筑行动实施方案》	2013 年起，全国保障性住房、政府投资项目，省级示范区中的项目以及大型公共建筑四类新建项目，全面执行绿色建筑标准，2015 年，城镇新建建筑全面按一星级以上绿色建筑标准设计建造
11	浙江省	《浙江省绿色建筑条例》	城市、镇总体规划确定的城镇建设用地范围内新建民用建筑（农民自建住宅除外），应当按照一星级以上绿色建筑强制性标准进行建设。其中，国家机关办公建筑和政府投资或者以政府投资为主的其他公共建筑，应当按照二星级以上绿色建筑强制性标准进行建设；鼓励其他公共建筑和居住建筑按照二星级以上绿色建筑的技术要求进行建设。新建国家机关办公建筑和总建筑面积一万平方米以上的其他公共建筑，建设单位还应当安装建筑用能分项计量及数据采集传输装置，设计单位应当在设计文件中明确相应的设计内容
		《浙江省深化推进新型建筑工业化促进绿色建筑发展实施意见》	政府投资的国家机关、学校、医院、博物馆、科技馆、体育馆等建筑，杭州市、宁波市的保障性住房，以及单体建筑面积超过 2 万平方米的机场、车站、宾馆、饭店、商场、写字楼等大型公共建筑，全面执行绿色建筑标准，并积极实施新型建筑工业化
		《浙江省绿色建筑发展三年行动计划（2015-2017）》	全省新建民用建筑按照一星级以上绿色建筑强制性标准进行建设；其中，国家机关办公建筑（5000 平方米以上）和大型公共建筑（2 万平方米以上）按照二星级以上绿色建筑强制性标准进行建设，鼓励其他公共建筑和居住建筑按照二星级以上等级绿色建筑的技术要求进行建设
12	安徽省	《安徽省绿色建筑行动实施方案》	公共机构建筑和政府投资的学校、医院等公益性建筑以及单体超过 2 万平方米的大型公共建筑要全面执行绿色建筑标准；自 2014 年起，合肥市保障性住房全部按绿色建筑标准设计、建造

续表

序号	省份	政策文件	强制政策
13	福建省	《福建省绿色建筑行动实施方案》	从2014年起，政府投资的公益性项目、大型公共建筑（指建筑面积2万平方米以上的公共建筑）、10万平方米以上的住宅小区以及厦门、福州、泉州等市财政性投资的保障性住房全面执行绿色建筑标准
14	江西省	《江西省民用建筑节能和推进绿色建筑发展办法》	国家机关办公建筑，政府投资的学校、医院、博物馆、科技馆、体育馆等建筑，省会城市的保障房，机场、车站等大型公共建筑，以及纳入当地绿色建筑发展规划的项目应当按照绿色建筑标准规划和建设。鼓励其他民用建筑按照绿色建筑标准进行规划和建设
		《江西省发展绿色建筑实施意见》	政府投资的国家机关、学校、医院、博物馆、科技馆、体育馆等建筑，具备条件的保障性住房，以及单体建筑面积超过2万平方米的机场、车站、宾馆、饭店、商场、写字楼等大型公共建筑，自2014年起全面执行绿色建筑设计标准
15	山东省	《山东省绿色建筑促进办法》	城市、县城、镇总体规划确定的城镇建设用地范围内新建民用建筑（3层以下居住建筑除外）的规划、设计、建设，应当采用国家和省规定的绿色建筑标准。其中，政府投资或者以政府投资为主的公共建筑以及其他大型公共建筑，应当按照二星级以上绿色建筑标准进行建设
		《关于大力推进绿色建筑行动的实施意见》	自2014年起，政府投资或以政府投资为主的机关办公建筑、公益性建筑、保障性住房、单体面积2万平方米以上的公共建筑，全面执行绿色建筑标准
16	河南省	《河南省绿色建筑行动实施方案》	自2014年起，全省新建保障性住房、国家可再生能源建筑应用示范市县及绿色生态城区的新建项目、各类政府投资的公益性建筑以及单体建筑面积超过2万平方米大型公共建筑，全面执行绿色建筑标准
17	湖北省	《湖北省绿色建筑行动实施方案》	自2014年起，国家机关办公建筑和政府投资的公益性建筑，武汉、襄阳、宜昌市中心城区的大型公共建筑，武汉市中心城区的保障性住房率先执行绿色建筑标准；自2015年起，全省国家机关办公建筑和大型公共建筑，武汉全市域、襄阳、宜昌市中心城区的保障性住房开始实施绿色建筑标准。积极引导房地产项目执行绿色建筑标准
18	湖南省	《湖南省绿色建筑行动实施方案》	到2020年，全省30%以上新建建筑达到绿色建筑标准要求，长沙、株洲、湘潭三市50%以上新建建筑达到绿色建筑标准要求。建立并完善绿色建筑建设与评价的政策法规体系、建设监管体系、技术标准体系和咨询服务体系，基本建立政府引导、市场推动、社会参与的绿色建筑发展模式，绿色建筑理念成为全社会的广泛共识

续表

序号	省份	政策文件	强制政策
19	广东省	《广东省绿色建筑行动实施方案》	从 2014 年 1 月 1 日起，新建大型公共建筑、政府投资新建的公共建筑以及广州、深圳市新建的保障性住房全面执行绿色建筑标准；从 2017 年 1 月 1 日起，全省新建保障性住房全部执行绿色建筑标准
20	海南省	《海南省绿色建筑行动实施方案》	2014 年起，政府投资建筑以及单体建筑面积超过 2 万平方米的机场、车站、宾馆、饭店、商场、写字楼等大型公共建筑全面执行绿色建筑标准；海口市、三亚市和儋州市保障性住房全面执行绿色建筑标准，其他市县新建保障性住房 30%以上达到绿色建筑标准要求
21	四川省	《四川省绿色建筑行动实施方案》	2014 年起政府投资新建的公共建筑以及单体建筑面积超过 2 万平方米的新建公共建筑全面执行绿色建筑标准，2015 年起具备条件的公共建筑全面执行绿色建筑标准
22	贵州省	《贵州省民用建筑节能条例》	政府投资的国家机关、学校、医院、博物馆、科技馆、体育馆等建筑和保障性住房、城市综合体、大型公共建筑，应当执行绿色建筑标准；施工图设计文件审查机构应当对绿色建筑项目是否符合标准进行审查，建设单位组织绿色建筑项目竣工验收时，对达不到绿色建筑标准的，不得出具绿色建筑项目竣工验收合格报告
		《贵州省绿色建筑行动实施方案》	从 2014 年起，全省由政府投资的国家机关、学校、医院、博物馆、科技馆、体育馆等建筑，贵阳市由政府投资新建的保障性住房，以及单体建筑面积超过 2 万平方米的机场、车站、宾馆、饭店、商场、写字楼等大型公共建筑要严格执行绿色建筑标准
23	云南省	《云南省关于大力发展低能耗建筑和绿色建筑的实施意见》	到 2020 年，温和气候区新建建筑要全部达到低能耗标准，单位建筑面积实际能耗低于全国平均水平；其他气候区新建绿色建筑全部达到低能耗标准，全省低能耗建筑占新建建筑的比重提高 80%以上。节地、节能、节水、节材和保护环境的绿色建筑占新建建筑比例超过 40%
24	陕西省	《陕西省绿色建筑行动实施方案》	从 2014 年起，凡政府投资建设的机关、学校、医院、博物馆、科技馆、体育馆等建筑、省会城市保障性住房以及单体建筑面积超过 2 万平方米的机场、车站、宾馆、饭店、商场、写字楼等大型公共建筑，全面执行绿色建筑标准
25	甘肃省	《甘肃省绿色建筑行动实施方案》	自 2014 年起，在全省范围内，由政府投资的国家机关、学校、医院、博物馆、科技馆、体育馆等建筑，单体建筑面积超过 2 万平方米的大型公共建筑以及兰州市保障性住房要全面执行绿色建筑标准。到 2015 年底，20%的城镇新建建筑达到绿色建筑标准要求

续表

序号	省份	政策文件	强制政策
26	青海省	《青海省促进绿色建筑发展办法》	国家机关办公建筑和公共建筑应当按照二星级以上绿色建筑标准进行建设。鼓励居住建筑按照二星级以上绿色建筑标准进行建设
		《青海省绿色建筑行动实施方案》	全省城镇新建建筑严格落实强制性节能标准；2015年末，城镇新建民用建筑按照绿色建筑二星级标准设计比例达到20%；到2020年末，绿色建筑占当年城镇新增民用建筑的比例达到30%以上
27	内蒙古自治区	《内蒙古自治区民用建筑节能和绿色建筑发展条例》	下列新建建筑应当执行绿色建筑标准： （一）国家机关办公建筑、保障性住房和政府投资的学校、医院、博物馆、科技馆、体育馆等公益性建筑； （二）单体建筑面积2万平方米以上的大型公共建筑； （三）建筑面积5万平方米以上的居住小区； （四）城市新建区、绿色生态城区的民用建筑； 鼓励其他房地产开发项目执行绿色建筑标准，建设绿色生态居住小区
		《内蒙古自治区绿色建筑行动实施方案》	建立健全绿色建筑的政策体系、管理体系、技术体系，提升绿色建筑规划设计能力、绿色施工能力以及绿色运营管理能力，以新建建筑评价标识、绿色生态城区示范项目作为推广手段，全面推进我区绿色建筑发展。重点发展低星级绿色建筑，适当发展高星级绿色建筑。以绿色建筑设计标识工作为引导，逐步发展绿色建筑运营标识工作。力争到“十二五”期末，全区新建、改扩建绿色建筑面积达1500万平方米，全区绿色建筑面积达到新建民用建筑总量的20%；至少形成5个绿色生态城区，以推动我区绿色建筑的规模化发展
28	广西壮族自治区	《广西绿色建筑行动实施方案》	2014年起，政府投资的公益性公共建筑、和南宁市保障性住房，以及单体建筑面积超过2万平方米以上的大型公共建筑，全面执行绿色建筑标准；2014年后建成的超过2万平方米的旅游饭店，必须执行绿色建筑标准，才能受理评定星级旅游饭店资格
29	西藏自治区	《西藏自治区绿色建筑行动实施方案》	到2015年，新建居住建筑、公共建筑全面执行建筑节能标准，达到节能50%的目标，节能标准执行率达到80%，其中20%的新建建筑达到绿色建筑标准

续表

序号	省份	政策文件	强制政策
30	宁夏回族自治区	《宁夏回族自治区绿色建筑发展条例》	城市总体规划确定的建设用地范围内新建民用建筑，应当按照一星级以上绿色建筑标准进行规划、设计、建设。 使用国有资金投资或者国家融资的大型公共建筑，应当采用二星级以上绿色建筑标准进行规划、设计、建设。鼓励其他建筑按照二星级以上绿色建筑标准进行建设
		《宁夏回族自治区绿色建筑行动实施方案》	自 2014 年起，政府投资的公共机关、学校、医院、博物馆、科技馆、体育馆等建筑，以及单体建筑面积超过 2 万平方米的机场、车站、宾馆、饭店、商场、写字楼等大型公共建筑，银川市城区规划内的保障性住房，全面执行绿色建筑标准
31	新疆维吾尔自治区	《新疆维吾尔自治区绿色建筑行动方案》	从 2014 年起，政府投资的党政机关、学校、医院、博物馆、科技馆、体育馆等建筑，乌鲁木齐市、克拉玛依市建设的保障性住房，以及单体建筑面积超过 2 万平方米的大型公共建筑，各类示范性项目及评奖项目，率先执行绿色建筑评价标准；从 2015 年起，其他各地保障性住房执行绿色建筑评价标准
	新疆生产建设兵团	《兵团“十二五”绿色建筑行动实施方案》	2014 年起，政府投资的公益性项目、2 万平方米以上的大型公共建筑、10 万平方米以上的住宅小区及兵团国有投资城市区内的保障性住房项目全面执行绿色建筑标准；2015 年所有新建建筑执行绿色建筑标准

此外，部分已出台强制执行绿色建筑标准实施办法的省、直辖市、自治区以及新疆生产建设兵团，重点通过施工图审查机构对应该执行绿色建筑标准的项目进行审查，且审查对象主要为一星级项目。审查方式各地具有一定的差异，主要分为以下几种：

一是依据绿色建筑标准执行绿色建筑施工图审查。该方法指审图机构依据国家标准《绿色建筑评价标准》GB/T 50378—2014 分专业对申报绿色建筑星级认证的项目所选择的绿色建筑技术指标进行审查，再经汇总后验证其是否达到了节地、节能、节水、节材、室内环境等各部分一星级绿色建筑的总体要求。这是大部分省市采用的绿色建筑施工图审查方式。

二是选取重点指标进行专项技术施工图审查。此方式是指结合地域气候及发展特点，从绿色建筑评价标准中挑选出针对强制执行绿色建筑标准的项目应遵循的技术指标，使其达到一星级绿色建筑要求。设计单位只需落实指定的技术指标，审图机构分专业对指定技术指标进行审查，合格后即可获得一星级绿色建筑认证。例如，北京市 2014 年 11 月 28 日发布的《北京市绿色建筑一星级施工图审查要点》，住宅建筑结构专业的审查要点为“现浇混凝土结构全部采用预拌混凝土”、“砂浆采用预拌砂浆”以及“提供钢筋混凝土结构中的钢筋使用 HRB400 级（或以上）钢筋占钢筋总重的 70%以上的计算书或者混凝土结构竖向承重结构中采用强度等级在 C50（或以上）混凝土用量占竖向承重结构中混凝土总重比例超过50%的计算书”。此外，上海、重庆等城市采用了该种方式。

三是全过程管理的审查方式。此方式指将绿色建筑纳入土地出让、初步设计、规划设计、施工图设计、施工、竣工验收、运营管理等主要阶段进行审核，编制具有可操作性的技术文件，并通过制定管理办法，明确发改、园林、国土、规划、住建、图审、质监、房管等相关部门的监管职责，建立起绿色建筑的全过程闭合管理制度。以长沙市为例，2015年7月1日，《长沙市绿色建筑项目管理规定》正式实施，文件规定全市行政区域内政府投资的办公建筑、学校、保障性住房，社会投资的2万平方米以上的办公建筑、商场、旅馆以及20万平方米以上的居住小区项目，应按照《长沙市绿色建筑设计基本规定》、《长沙市绿色建筑基本技术审查要点》、《长沙市绿色建筑施工管理基本规定》、《长沙市绿色建筑竣工验收基本规定》、《长沙市绿色建筑运营管理基本规定》的规定和要求进行规划、设计、建造和运营。此外，武汉、海南、江苏等省市正在开展这方面的研究。

“十三五”期间，各省、直辖市、自治区基本延续了2013年国务院办公厅发布的《绿色建筑行动方案》(国办发〔2013〕1号）要求，进一步细化、提高地方推进实施绿色建筑的要求，大部分省市发布了与绿色建筑相关的“十三五”规划，明确了实施比例、面积的具体目标，尝试将绿色建筑指标和标准作为约束性条件纳入总体规划、控制性详细规划、修建性详细规划和专项规划，出台实施了一系列地方性政策。

北京市

2016年6月，发布《中共北京市委 北京市人民政府关于全面深化改革提升城市规划建设管理水平的意见》，提出不断提高设计标准，居住建筑启动实施第五步80%节能设计标准，新建政府投资公益性建筑和大型公共建筑全面执行绿色建筑二星级及以上标准。

2016年10月，公布《北京市推动超低能耗建筑发展行动计划（2016-2018年)》，提出3年内建设不少于30万平方米的超低能耗示范建筑，建造标准达到国内同类建筑领先水平，争取建成超低能耗建筑发展的典范，形成展示我市建筑绿色发展成效的窗口和交流平台。

2016年11月，发布《北京市“十三五”时期民用建筑节能发展规划》，提出到2020年底，北京市绿色建筑面积占城镇民用建筑总面积比例达到25%以上，绿色建材在新建建筑上应用比例达到40%。

天津市

2017年3月，发布《关于进一步加强城市规划建设管理工作的意见》，提出建设绿色建筑和装配式建筑示范城市，促进建筑产业转型升级。

2018年1月，发布《天津市装配式建筑“十三五”发展规划》，提出推进装配式建筑与绿色建筑、超低能耗建筑融合发展，装配式建筑全面执行绿色建筑标准，鼓励建设高星级装配式绿色建筑和装配式超低能耗建筑综合示范工程。

2018年3月，发布《天津市绿色建筑管理规定》，明确了在天津市实行绿色建筑评价标识制度，要求项目投入使用1年后，经评审符合国家和天津市绿色建筑标准和要求的，向社会公示后，按照国家规定颁发绿色建筑标识。

上海市

2016年9月，发布《上海市绿色建筑“十三五”专项规划》，要求所有新建建筑全部执行绿色建筑标准，其中大型公共建筑、国家机关办公建筑按照绿色建筑二星级及以上标准建设。

2016 年 12 月，发布《上海市城乡建设和管理“十三五”规划》，要求大力推进绿色建筑规模化发展，推行绿色施工、绿色运营，鼓励创建绿色生态示范城区。

2017 年 3 月，发布《上海市节能和应对气候变化“十三五”规划》，要求新建民用建筑全部严格执行绿色建筑标准，其中单体建筑面积 2 万平方米以上大型公共建筑和国家机关办公建筑达到绿色建筑二星级及以上标准，低碳发展实践区、重点功能区域内新建公共建筑按照绿色建筑二星级及以上标准建设的比例不低于 70%。

2017 年 7 月，发布《上海市住房发展“十三五”规划》，要求推广绿色建筑和节能节水节材技术，大力发展新型建造方式，不断提高建设质量，提升居住环境品质。

重庆市

2016 年 5 月，发布《重庆市建筑节能与绿色建筑“十三五”规划》，要求到 2020 年末，都市功能核心区新建城镇建筑节能强制性标准执行率继续保持 100%，全面执行一星级绿色建筑标准，新建城镇建筑执行绿色施工标准的比例达到 100%。

2017 年 3 月，发布《2017 年建筑节能与绿色建筑工作要点》，要求推动新建建筑绿色化与大力发展建筑产业化的工作要求相协调、相衔接，统筹考虑绿色建筑（绿色生态住宅小区）与装配式建筑发展工作。

河北省

2017 年 4 月，《河北省建筑节能与绿色建筑发展“十三五”规划》，提出到 2020 年，城镇既有建筑中节能建筑占比超过 50%，新建城镇居住建筑全面执行 75%节能设计标准，建设被动式低能耗建筑 100 万平方米以上，城镇新建建筑全面执行绿色建筑标准，绿色建筑占城镇新建建筑比例超过 50%。

2018 年 3 月，发布《2018 年全省建筑节能与科技工作要点》，要求城镇节能建筑占城镇现有民用建筑比例达到 48%；建设超低能耗绿色建筑 20 万平方米；城镇新建绿色建筑占新建建筑面积比例达 40%以上。

山西省

2017 年 11 月，发布《山西省建筑节能“十三五”规划》，提出到 2020 年，城镇新建建筑全面执行节能 75%强制标准。城镇新建建筑中绿色建筑面积比重超过 50%，绿色建材应用比重超过 40%。

2017 年 11 月，发布《山西省建设科技创新驱动发展“十三五”规划》，提出建筑能效明显提升，科技创新体系基本形成；着力构建智慧住建体系。

辽宁省

2017 年 4 月，发布《辽宁省“十三五”节能减排综合工作实施方案》，要求到 2020 年，城镇绿色建筑占当年新建建筑比例达到 50%以上，基本完成全省有条件的城镇居住建筑的节能改造。

2017 年 8 月，发布《关于促进建筑业持续健康发展的实施意见》，促进绿色建筑发展，从建设项目立项开始，政府投资的公益性建筑和大型公共建筑要全面执行绿色建筑标准。不断提高绿色建筑比例，将绿色建筑比例要求列入土地出让条件中。

吉林省

2016 年 9 月，发布《吉林省住房和城乡建设事业“十三五”规划》，提升建筑节能和绿色建筑发展质量水平，继续推进既有建筑节能改造；大力推广使用绿色建材；加快可再生能源建筑规模化应用。

2017 年 4 月，发布《吉林省“十三五”节能减排综合实施方案》，要求加大城镇新建建筑中绿色建筑标准强制执行力度，到 2020 年全省城镇绿色建筑面积占新建建筑面积比重达到 50%。

2018 年 3 月，发布《吉林省住房和城乡建设厅关于深入推进绿色建筑发展的通知》，提出 2018～2020 年，各地区城镇绿色建筑占新建建筑年度比例分别要达到 30%、40%、50%以上，该项工作已列入省政府对各级党政领导班子责任目标考核内容中。

黑龙江省

2016 年 6 月，发布《哈尔滨市“十三五”期间开展绿色建筑行动实施方案》，提出到 2020 年，全市新建建筑执行绿色建筑标准的比例达到 60%以上，其中二星级及以上绿色建筑比例达到 20%，为全面实施绿色建筑奠定基础。

2017 年 4 月，发布《黑龙江省住房和城乡建设厅关于绿色建筑评价标识管理有关工作的通知》，为促进我省绿色建筑快速健康发展，积极转变政府职能，逐步推行绿色建筑标识实施第三方评价。

2018 年 3 月，发布《2018 年全省建筑节能与科技工作要点》，落实全省绿色建筑行动实施方案，分解各地年度目标任务，完成年度新建绿色建筑不少于 180 万平方米。

2018 年 8 月，发布《黑龙江省绿色建筑行动实施方案》，提出到“十三五”期末，全省城镇新建建筑全面执行节能设计标准，城镇绿色建筑面积占新建建筑面积比重提高到 50%。

江苏省

2016 年 8 月，发布《江苏省“十三五”节能规划》，要求全面推进江苏省绿色建筑发展，推行实施绿色建筑评价标识制度，新建民用建筑全面按照一星级以上绿色建筑标准建设，使用国有资金投资或者国家融资的大型公共建筑采用二星级以上绿色建筑标准建设。

2017 年 8 月，发布《江苏省“十三五”住宅产业现代化发展规划》，提出到 2020 年，江苏住宅产业现代化总体发展水平居全国领先地位，初步实现住宅产业现代化。

浙江省

2016 年 4 月，发布《浙江省建筑节能及绿色建筑发展“十三五”规划》，要求以 2030 年能效目标为愿景，实施建筑能效提升工程，探索建立省内中长期建筑能效提升路线图，逐步提升建筑的能效水平和绿色建筑发展质量水平。

2016 年 8 月，发布《浙江省人民政府办公厅关于推进绿色建筑和建筑工业化发展的实施意见》，要求到 2020 年，实现全省城镇地区新建建筑一星级绿色建筑全覆盖，二星级以上绿色建筑占比 10%以上。

2016 年 12 月，发布《浙江省建筑产业现代化“十三五”规划》，在“十三五”期间重点推进绿色建筑、装配式建筑、成品住宅这 3 大领域的发展。着力实施 4 大工程：重点城市示范工程、产业基地创建工程、龙头企业培育工程、项目建设推广工程。

2018 年 2 月，发布《关于加强绿色建筑专项规划实施工作的通知》，要求将绿色建筑专项规划中确定的绿色建筑等级控制性要求书面告知国土资源主管部门。

安徽省

2016 年 7 月，发布《安徽省建筑产业现代化“十三五”发展规划》，要求到 2020 年，建筑产业现代化方式建造的建筑全部达到绿色建筑标准，施工现场节能节水节地节材成效显著。

2017年6月，发布《安徽省新型城镇化发展规划（2016-2025年）》，将大力推进新型城市建设，高标准建设紧凑城市，全方面建设绿色城市，高规格打造智慧城市。

2017年10月，发布《关于加快推进绿色建筑发展的通知》，明确自2018年起，全省城镇新建民用建筑全面按绿色建筑标准设计建造。到2020年末，绿色建筑占新建民用建筑竣工面积比例达到50%。

2018年3月，发布《2018年全省建筑节能与科技工作要点》，要求2018年全省绿色建筑占新建民用建筑的比例达到40%，装配式建筑占新建建筑的比例力争达到5%。

福建省

2016年5月，发布《福建省建筑节能和绿色建筑“十三五”规划》，明确到2020年，新建建筑节能标准执行率达100%，新增绿色建筑面积1.5亿平方米，完成公共建筑节能改造500万平方米。

2017年11月，发布《福建省住房和城乡建设厅关于新建民用建筑全面执行绿色建筑标准的通知》，规定自2018年1月1日起，凡列入施工图审查范围的新建民用建筑应符合一星级绿色建筑设计要求，其中政府投资或者以政府投资为主的公共建筑应符合二星级绿色建筑设计要求，鼓励其他公共建筑和居住建筑按照二星级以上绿色建筑标准进行设计。

2018年3月，发布《2018年福建省装配式建筑工作要点》，要求推进绿色建筑立法，将发展装配式建筑写入《福建省绿色建筑发展条例》。

江西省

2017年6月，发布《江西省建筑节能与绿色建筑发展“十三五”规划》，到2020年末，全省采用装配式施工的建筑占同期新建建筑的比例达到30%以上，全省城镇既有居住建筑中节能建筑所占比例超过60%；到2020年，城镇绿色建筑占新建建筑的比例达到50%。

山东省

2016年8月，发布《山东省绿色建筑与建筑节能发展“十三五”规划（2016-2020年）》，提出在“十三五”期间，山东全省县级及以上城市规划建设用地范围内要全面执行绿色建筑设计标准，新增绿色建筑2亿平方米以上，二星级及以上绿色建筑比例达到30%以上。

2018年4月，《2018年山东省绿色建筑与装配式建筑工作考核要点》，建立完善绿色建筑全过程监管机制，认真执行绿色建筑规划、设计、施工等标准规范，县城及以上城市的城区规划建设用地范围内的规划区新建建筑全面执行绿色建筑设计标准，设计阶段标准执行率不低于96%。

河南省

2016年7月，发布《关于加强城市规划建设管理工作的意见》，要求全省新建城区、绿色生态城区、节能减排示范城市的新建项目，政府投资的保障性住房以及单体建筑面积超过2万平方米的大型公共建筑全面执行绿色建筑标准，引导新建商品住房执行绿色建筑标准。到2020年，城镇绿色建筑占新建建筑的比例达到50%。

2016年12月，发布《河南省“十三五”节能低碳发展规划》，到2020年，全省城镇新建建筑中达到绿色建筑标准比例达到50％，绿色建材在城镇新建建筑中应用比例提高到40％。政府投资的公益性建筑、大型公共建筑及新建保障性住房，全面执行绿色建筑标准，推动扩大强制执行绿色建筑标准的区域。引导商业房地产开发项目执行绿色建筑标准，鼓励房地产开发企业建设绿色住宅小区。支持城市新区集中连片发展绿色建筑，开展被动式低能耗绿色建筑示范，建设绿色生态城区。推进可再生能源建筑规模化高水平应用，实行新建居住建筑、政府投资的公共建筑和总建筑面积2万平方米以上的公共建筑配套建设可再生能源利用设施。逐步完善绿色建筑评价地方标准体系，加快实施城镇绿色建筑评价标识。

湖北省

2017年4月，发布《湖北省“十三五”建筑节能与绿色建筑发展规划》，要求到2020年，全省将新增节能建筑2.2亿平方米，城镇新建建筑能效水平比2015年提升20％以上。

湖南省

2016年12月，发布《长沙市“十三五”建筑节能与绿色建筑专项规划》，要求到2020年末，长沙市区绿色建筑开工面积占新开工建筑面积比例将达50％以上。

广东省

2017年2月，发布《广东省建筑产业“十三五”发展规划纲要》，要求“十三五”时期，基本完成建筑业向现代建筑产业转型升级，建筑产业市场环境逐渐成熟，体系逐步完善，产业结构进一步优化，创新驱动发展能力进一步增强。

2017年7月，发布《广东省“十三五”建筑节能与绿色建筑发展规划》，要求全省建筑能耗总量和强度有效控制，建筑能效水平进一步提高；绿色建筑发展的量和质全面提升；既有建筑节能改造大力推进，改造规模稳步增长；可再生能源在建筑中应用规模逐步扩大；农村建筑节能实现新突破。

2018年7月，发布《广东省绿色建筑量质齐升三年行动方案（2018-2020年）》，要求到2020年，全省城镇民用建筑新建成绿色建筑面积占新建成建筑总面积比例达到60％，其中珠三角地区的比例达到70％；全省二星级及以上绿色建筑项目达到160个以上；创建出一批二星级及以上运行标识绿色建筑示范项目。

海南省

2016年2月，发布《海南省关于促进建筑产业现代化发展的指导意见》，到2020年，全省采用建筑产业现代化方式建造的新建建筑面积占同期新开工建筑面积的比例达到10％，全省新开工单体建筑预制率不低于20％，全省新建住宅项目中成品住房供应比例应达到25％以上。

2016年7月，发布《关于加快推进绿色建筑发展的意见》，做好国家机关办公建筑、政府投资公益性建筑、大型公共建筑以及住宅建筑等执行绿色建筑标准的强制性规定。“十三五”末期，城镇绿色建筑占新建建筑比例达到50％以上。

四川省

2016年3月，发布《关于推进建筑产业现代化发展的指导意见》，提出到2025年，建筑产业现代化建造方式成为主要建造方式之一，建筑品质全面提升，节能减排、绿色发展成效明显，创新能力大幅提升，形成一批具有较强综合实力的企业和产业体系。装配率达到40％以上的建筑，占新建建筑的比例达到50％；桥梁、水利、铁路建设装配率达到

90%；新建住宅全装修达到70%。

2017年5月，发布《四川省建筑节能与绿色建筑发展“十三五”规划》，提出到2020年末，城镇新建建筑50%达到绿色建筑标准，100%达到建筑节能强制性标准。

2017年9月，发布《四川省住房城乡建设厅关于进一步加快推进绿色建筑发展的实施意见》，提出到“十三五”末期，全省城镇绿色建筑需完成1.2亿平方米，城镇新建建筑中50%要达到绿色建筑标准（目标完成进度为第一年完成20%，第二年完成40%，第三年完成60%，第四年完成80%，第五年完成100%）。同时，全省新建建筑中绿色建材应用比例达到40%，新建绿色建筑中绿色建材应用比例达到60%。

贵州省

2016年8月，发布《贵州省“十三五”建筑节能与绿色建筑规划》，要求到“十三五”期末，建筑节能与绿色发展的理念为社会普遍接受，技术标准体系进一步健全，技术支持体系不断完善，产业规模初步形成，基本实现城乡建设模式的绿色转型。

云南省

2016年3月，发布《云南省加强节能标准化工作实施方案》，要求政府投资的公益性建筑、大型公共建筑以及昆明市的保障性住房，应全面执行绿色建筑标准。

2016年5月，发布《中共云南省委云南省人民政府关于进一步加强城市规划建设管理工作的实施意见》，要求将推进绿色节能城市建设作为一个重点，明确提出要大力发展绿色建筑。2020年云南省绿色建筑占新建建筑比例达到50%以上。

陕西省

2017年2月，《陕西省建筑节能与绿色建筑“十三五”规划》，明确到2020年力争实现城镇新建建筑中绿色建筑占比达到50%，绿色建材应用比例达到40%，建设被动式低能耗建筑20万平方米。

2018年7月，发布《建筑节能工作三年专项行动方案》，提出到2020年，全省工程建设模式有效转变，绿色建筑占比达到50%，重点地区装配式建筑占新建建筑的比例达到20%，建筑能源利用效率有效提升，清洁可再生能源应用增长15%以上。

甘肃省

2017年7月，发布《甘肃省住房和城乡建设厅关于进一步推进建筑节能与绿色建筑发展的通知》，提出城镇新建建筑设计和施工阶段100%执行建筑节能强制性标准。2017年年底前，城镇新建绿色建筑竣工面积占城镇新建建筑竣工面积比例要达到32%以上，到2020年要达到50%以上。

2018年2月，发布《甘肃省推进绿色生态产业发展规划》，提出推动新建公共建筑、新建棚户区改造工程（镇除外）、新建10万平方米及以上的住宅小区全面执行绿色建筑标准。

青海省

2018年5月，发布《2018年全省建筑节能与科技工作要点》，提出确保2018年城镇新建绿色建筑占当年城市新增民用建筑的比例达到15%以上。

内蒙古自治区

2017年7月，发布《关于进一步推进内蒙古绿色建筑发展的通知》，确保到2020年自治区绿色建筑占新建建筑比例达到50%的目标，加强绿色建筑推进目标责任的落实，促进自治区绿色建筑规模化发展。

2017年7月，发布《绿色建筑发展推进工作方案》，按照国家对我区能耗总量和强度“双控”目标责任考核要求，2017-2020年各盟市城镇绿色建筑占新建建筑年度比例分别要达到20％、30％、40％、50％以上。

2018年8月，发布《2018年内蒙古自治区建筑节能、绿色建筑与装配式建筑工作考核要点》，自治区将加大绿色建筑实施环节的监管力度，鼓励高星级和运行标识绿色建筑发展，力争2018年绿色建筑占新建建筑比例达到30％。

广西壮族自治区

2017年1月，发布《广西民用建筑节能条例》，严格要求城市规划区内新建建筑全面执行绿色建筑标准，国家机关办公建筑和大型公共建筑按照二星级以上绿色建筑标准建设。

2017年3月，发布《广西建筑节能与绿色建筑“十三五”规划》，要求到2020年，累计新增新建绿色建筑面积1.8亿平方米以上，新增绿色生态城区2个。

2018年4月，发布《自治区住房城乡建设厅2018年建筑节能与建设科技工作要点》，要求加快建立绿色建筑设计与审查制度，知道各市全面落实绿色建筑管理机制，确保城市规划区新建建筑严格执行绿色建筑标准。

西藏自治区

2018年8月，发布《西藏自治区绿色建筑设计标准》和《西藏自治区绿色建筑评价标准》。

宁夏回族自治区

2017年5月，发布《宁夏回族自治区绿色建筑示范项目资金管理暂行办法》，对通过自治区验收评估、获得绿色建筑标识的示范项目按照建筑面积给予奖励。

2018年7月，发布《宁夏回族自治区绿色建筑发展条例》，要求建立和完善绿色建筑发展工作机制和目标责任考核制度，推动绿色建筑发展。

新疆维吾尔自治区

2017年4月，发布《关于全面推进自治区一星级绿色建筑工作的通知》，自2017年6月1日起，县城以上城市（含县级市）新建民用建筑全面执行一星级绿色建筑标准。

绿色建筑推广初期，住房和城乡建设部及相关部委发布了一系列政策措施，各地也结合实际情况出台了一些激励措施，这些政策包括财政奖励、强制执行、企业增信、金融支持、税率减免等。从实际执行情况看，财政奖励的方式渐渐难以支撑，越来越多的省市地区，或取消直接的财政奖励，或将财政奖励的对象从设计阶段更改为运行阶段（即获得运行标识评价），或大幅消减财政奖励的额度。虽然绿色建筑已经在财政部、发展改革委发布的绿色金融支持目录内，但同样受房地产信贷收紧的影响，以及绿色建筑实施的性能无法保证、资金投放和效果验证时间无法匹配的原因，申请成功者寥寥无几。税率减免在国税和地税合并，地方财政日益吃紧后，也基本上销声匿迹。

从上述分析可以看出，简单的财政奖励，无论是财政资金补贴还是税率减免，都会给地方政府带来负担，在绿色建筑实施缺乏严格监管措施和制度的当下，既不可持续，也容易被滥用。因此，绿色建筑引导和激励政策整体上开始向法制化和市场化方向发展。“十三五”期间，我国住房城乡建设主管部门提出，进一步加大城镇新建建筑中绿色建筑标准强制执行力度，逐步实现东部地区省级行政区域城镇新建建筑全面执行绿色建筑标准，中部地区省会城市及重点城市、西部地区省会城市新建建筑强制执行绿色建筑标准。推动有条件的城市新区、功能园区开展绿色生态城区（街区、住区）建设示范，实现绿色建筑集中连片推广。同时，加强绿色建筑运营管理，确保各项绿色建筑技术措施发挥实际效果，激发绿色建筑的需求。加强绿色建筑评价标识项目质量事中事后监管。这也从另一方面体现了我国相关绿色建筑发展政策从“表面绿色”向“实际绿色”的根本转变，政策导向也将更加注重绿色建筑低于发展的平衡和对绿色建筑实际运行效果的关注。

2.3　我国绿色建筑相关标准现状

自 2006 年我国第一部《绿色建筑评价标准》GB/T 50378—2006 发布实施，此后的 10 多年间，多项服务于绿色建筑的国家标准或行业标准相继发布实施，截至目前已有 21 部（表 2-2）。此外，我国住房和城乡建设行政主管部门还发布了《绿色超高层建筑评价技术细则》（建科〔2012〕76 号）、《绿色保障性住房技术导则》（建办〔2013〕195 号）、《绿色农房建设导则（试行）》（建村〔2013〕190 号）、《被动式超低能耗绿色建筑技术导则（试行）（居住建筑）》（建科〔2015〕179 号）、《绿色数据中心建筑评价技术细则》（建科〔2015〕211 号）等相关规范性文件。

历年发布的绿色建筑国家标准和行业标准　　表 2-2

年度	标准名称	标准编号
2006	绿色建筑评价标准	GB/T 50378—2006
2010	民用建筑绿色设计规范	JGJ/T 229—2010
	建筑工程绿色施工评价标准	GB/T 50640—2010
2011	烟草行业绿色工房评价标准	YC/T 396—2011
2013	绿色工业建筑评价标准	GB/T 50878—2013
	绿色办公建筑评价标准	GB/T 50908—2013
2014	建筑工程绿色施工规范	GB/T 50905—2014
	绿色铁路客站评价标准	TB/T 10429—2014
	绿色建筑评价标准	GB/T 50378—2014
2015	绿色商店建筑评价标准	GB/T 51100—2015
	既有建筑绿色改造评价标准	GB/T 51141—2015
	绿色医院建筑评价标准	GB/T 51153—2015
2016	绿色饭店建筑评价标准	GB/T 51165—2016
	绿色博览建筑评价标准	GB/T 51148—2016
	绿色建筑运行维护技术规范	JGJ/T 391—2016
	绿色仓库要求与评价	SB/T 11164—2016
2017	绿色生态城区评价标准	GB/T 51255—2017
	既有社区绿色化改造技术标准	JGJ/T 425—2017
	绿色航站楼标准	MH/T 5033—2017
	绿色照明检测及评价标准	GB/T 51268—2017
2018	民用建筑绿色性能计算标准	JGJ/T 449—2018
2019	绿色校园评价标准	GB/T 51356—2019
	绿色建筑评价标准	GB/T 50378—2019

我国现有绿色建筑相关标准已形成一个较为完整的标准体系，较好地实现了对绿色建筑主要工程阶段和主要功能类型的全覆盖。其中，以评价标准作为发展绿色建筑的具体目标和技术引导，以相关工程建设标准作为绿色建筑实践的技术支撑和保障。

“十二五”期间，为支撑我国绿色建筑的发展，以国家标准《绿色建筑评价标准》GB/T 50378 为核心，构建了我国绿色建筑专项标准体系。绿色建筑专项标准体系是在现行标准体系及具体标准基础上新型完善和补充，以建筑物的“绿色”效果为核心，整合若干项以“绿色建筑”为题的标准，并以此为主线，建立起各专业学科分标准体系及其相关标准中的斜向联系。绿色建筑专项标准体系分为目标标准、评价标准、实施标准和支撑标准四个层次（图 2-19）。

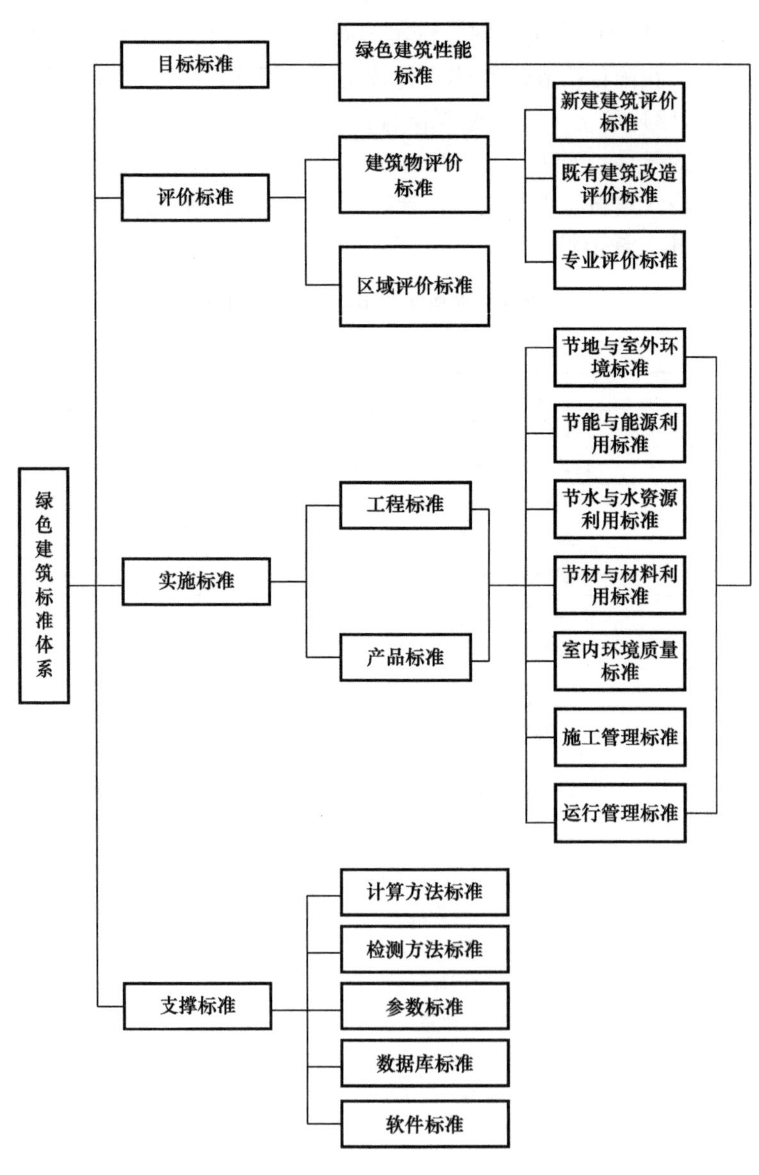

图 2-19　绿色建筑专项标准体系图

绿色建筑专项标准体系以目标为导向，构建了涵盖“四节一环保”的标准体系，共涉及标准387项。其中，目标标准反映通过绿色建筑的实施达到的具体目标。根据现行国家标准《绿色建筑评价标准》GB/T 50378的要求，绿色建筑应在全寿命期内最大限度地节约资源、保护环境和减少污染，为人们提供健康、舒适和经济的使用空间。目标标准包括“四节一环保”的具体性能化目标，以及未来发展绿色建筑不同阶段，要达到具体的绿色性能。绿色建筑专项标准体系以绿色建筑性能评价标准为核心，以节地与室外环境标准、节能与能源利用标准、节水与水资源利用标准、节材与材料利用标准、室内环境质量标准、施工和管理标准为补充，可分为基础标准、实施标准和支撑标准。基础标准以现行国家标准《绿色建筑评价标准》GB/T 50378为主，生态城区、绿色校园、交通建筑、既有建筑改造、绿色施工等特殊类型为辅，包括建筑物评价标准和区域评价标准两类，其中，建筑物评价标准又分为新建建筑物评价标准、既有建筑改造评价标准和专业评价标准。实施标准主要包括工程标准和产品标准，其中，工程标准和产品标准又细分为节地与室外环境标准、节能与能源利用标准、节水与水资源利用标准、节材与材料利用标准、室内环境质量标准、施工和管理标准。支撑标准由计算方法标准、检测方法标准、参数标准、数据库标准和软件标准共同构成。

绿色建筑专项标准体系的构建为“十二五”期间我国绿色建筑的发展提供了全面的支撑。在绿色建筑评价标准体系的宏观引导下，解决了我国绿色建筑发展过程中技术标准基础情况不明、指标不尽合理、关键适用技术缺乏、标准规范缺项等问题，有效指导了我国绿色建筑标准的制修订工作，使绿色建筑标准更加全面、完善、适用。同时，通过建立绿色建筑专项标准体系，明确了绿色建筑技术及相关产品的研究发展方向，及时将适用的绿色建筑技术、产品和设备纳入标准当中，在一定程度上倒逼了我国绿色建筑技术的发展，逐步推动了技术标准满足我国绿色建筑事业发展的需要。

第3章　构建绿色建筑后评估标准体系目的意义

3.1　构建绿色建筑后评估标准体系的目的

发展绿色建筑是贯彻落实党的十九大会议精神，积极响应供给侧改革的要求和解决“新矛盾”的需要，更好地助力人民美好生活营造的一项重要任务，对转变我国城乡建设模式、破解能源资源瓶颈约束、改善群众生产生活条件、培育节能环保战略性新兴产业，具有十分重要的意义和作用。

“十三五”期间，在政策和标准的引导下，我国绿色建筑继续保持了高速发展。政策引导方面，国家相关部委以及地方建设主管们的政策进一步丰富、细化，对绿色建筑的监督和管理基本上覆盖到了项目开发建设过程的各个环节，虽然尚未有哪一个省、直辖市、自治区实现了全流程的监管，但各地因地制宜形成的各环节监督和管理措施已经为将来制订和实施广泛的、全面的监管政策积累了实践经验。标准制订方面，国家标准层面的绿色建筑评价标准类型继续完善，数量趋于恒定，团体标准发展迅猛，一些细分领域的绿色建筑评价需求得到了快速响应，以团体标准的形式发布了相应的评价标准，起到了先行先试的作用，客观上促进了绿色建筑内涵和评价对象的丰富。

但是，纵观我国绿色建筑十余年的发展，不难发现其中仍存在一定的问题。首先，绿色建筑发展的法律法规和技术标准体系有待进一步完善。目前，尽管部分省、直辖市、自治区出台了地方性绿色建筑发展条例，但现行法律和国家层面的相关行政法规中涉及绿色建筑发展的相关内容仍然缺失。作为支撑法律法规中相关行政规定的技术标准，特别是涉及绿色建筑实际运行效果评价的技术标准体系尚未建立。其次，我国绿色建筑的实际发展仍不均衡。通过统计数据不难发现，一方面，东部沿海地区和中西部地区绿色建筑数量差距很大；另一方面绿色建筑运行标识项目仅占标识项目总量的5%，绿色建筑设计与建设、运行脱节，更多绿色建筑仅停留在“表面绿色”，用户实际体验感不强。

当前，标准已经成为承接政府职能转变的主要手段，通过构建适时、适度、适行、适用的绿色建筑后评估标准体系将进一步加强法律法规与技术标准的衔接，引导绿色建筑由“浅绿”向“深绿”发展，明确主要标准之间的层级关系。“十三五”期间国家重点研发计划设立了专项研究课题，提出构建基于实际运行效果的绿色建筑后评估标准体系。该体系将瞄准我国新型城镇化建设需求，针对我国目前建筑领域全寿命过程的节地、节能、节水、节材和环保的共性关键问题，以提升建筑能效、品质和建设效率，抓住新能源、新材料、信息化科技带来的建筑行业新一轮技术变革机遇，通过基础前沿、共性关键技术、集成示范和产业化全链条设计，引导绿色建筑及建筑工业化领域的下一代核心技术和产品研发。

3.2　构建绿色建筑后评估标准体系的意义

绿色建筑后评估标准体系的总体目标是，最大限度地发挥标准规范对我国绿色建筑后评估工作的推动与技术保障作用，更充分彻底地通过标准化途径贯彻落实国家对于能源节约与绿色建筑的发展战略和技术经济政策，更有针对性地为我国绿色建筑在安全耐久、健康舒适、生活便利、资源节约、环境宜居等方面的标准项目的制修订提供支撑，从整体上凸显绿色建筑后评估的目标诉求。

3.2.1　落实住房和城乡建设发展的新要求

“十二五”期间，在住房和城乡建设部、科技部的共同支持下，国家科技支撑计划项目《绿色建筑评价体系与标准规范技术研发》针对我国绿色建筑的发展形成了相对完善的“绿色建筑标准体系”，为我国工程建设标准年度制修订计划中绿色建筑标准的制定实施提供了依据，也为落实国务院《绿色建筑行动方案》的具体要求和推动“十二五”期间我国绿色建筑的蓬勃发展提供了有力保障。党的十八大以来，党中央国务院就绿色发展提出了一系列纲领性意见，对住房和城乡建设绿色发展提出了更高的要求。住房和城乡建设部明确提出，推动绿色发展是贯彻新发展理念的必然要求，住房和城乡建设领域是贯彻落实新发展理念、推动绿色发展的主要载体和重要战场，要统筹城乡规划建设管理三大环节，全面推动致力于绿色发展的城乡建设，推动形成绿色发展方式和生活方式，促进经济社会持续健康发展。《建筑业发展“十三五”规划》中明确了“十三五”时期推进绿色建筑规模化发展的主要任务，其中制定完善绿色规划、绿色设计、绿色施工、绿色运营等有关标准规范和评价体系是主要工作之一。

工程建设标准化作为住房和城乡建设工作的基础性技术保障，应紧紧服务于我国住房和城乡建设工作需要，为住房和城乡建设领域贯彻落实国家的部署提供支撑。随着国家行政管理体制改革的持续深入推进，标准化体系已成为现代国家治理体系的重要组成部分，“十三五”期间住房和城乡领域的要求已经发生新的变化，需要结合外部环境发展新要求建立专项标准体系。

3.2.2　顺应标准化改革的新形势

为深入推进工程建设标准化改革，住房和城乡建设部提出构建以强制性标准规范为核心、推荐性标准和团体标准为补充的新型标准体系，推动中国标准国际化。其中，明确了工程建设标准化工作的主要任务，包括：构建层级清晰、配套衔接的新型工程建设标准体系；强化强制性标准、优化推荐性标准、加强建筑业与建筑材料标准对接；培育团体标准，搞活企业标准，为建筑业发展提供标准支撑；加强标准制定与技术创新融合，通过提升标准水平，保障工程质量安全和提高建筑节能水平；积极开展中外标准对比研究，提高中国标准与国际标准或发达国家标准的一致性。2016 年 8 月，住房和城乡建设部印发了《关于深化工程建设标准化工作改革意见的通知》（建标〔2016〕166 号），对标准化改革方向和任务要求提出了明确的意见。根据改革意见的要求，建立以强制性标准为核心、推荐性标准和团体标准相配套的标准体系已成为我国工程建设标准化改革的主要目标之一。

3.2.3　解决绿色建筑发展的新问题

标准体系是为了达到最佳的标准化效果，在一定范围内建立的、具有内在联系及特定功能的、协调配套的标准有机整体。构建标准体系是运用系统论指导标准化工作的一种方法，主要体现为编制标准体系结构图和标准明细表，提供标准统计表、编写标准体系编制说明，是开展标准体系建设的基础和前提工作，也是编制标准制、修订规划和计划的依据。现有的工程建设标准体系在支撑新时代我国绿色建筑发展中存在一些问题，主要包括：

一是工程建设标准体系主要按城乡规划、城镇建设和房屋建筑三个领域划分，其中房屋建筑领域主要按专业分为建筑设计、建筑地基基础、建筑结构、建筑施工质量、建筑维护加固与房地产、建筑环境与设备、建筑工程施工安全、建筑电气、建筑给水排水等 9 个单独的子体系。现行绿色建筑相关标准融入建筑环境与设备子标准体系中，内容突出性不强，不便于支撑绿色建筑发展专项工作。

二是“十二五”期间构建的绿色建筑专项标准体系主要围绕 2014 版《绿色建筑评价标准》GB/T 50378 的指标体系构建，所涉及的标准内容侧重于绿色建筑的规划、设计、施工、验收阶段。随着“十三五”我国绿色建筑发展方向的转变，上述体系内容已无法适应新的工作要求。经过多年实践的积累，我国在建筑能耗、水耗和室内空气品质等方面的研究逐渐取得丰富的实践成果，需要对相关专项标准体系进行重构。

三是专项标准体系是服务于住房和城乡建设专项工作的，但不能抛开现行标准另搞一套，而是需要对现行标准进一步按照专项工作的需求梳理整合，对需要制定的标准通过必要性和可行性评价，确定其必要性和制定时序；对需要修订的标准提出完善建议。同时，按照标准化改革的要求，进一步明确强制性规范、政府推荐性标准、团体标准之间的层级关系。

因此，无论是在现行标准体系的适用性、体系范围、体系层次，还是在体系中收录标准的科学性、必要性和可行性等方面还是存在一定问题，需要针对绿色建筑发展构建绿色建筑后评估标准体系。通过绿色建筑后评估标准体系的构建，可以体现新时期住房和城乡建设领域落实绿色发展的工作导向，可以体现绿色建筑技术标准对我国绿色建筑发展的技术支撑作用，突出绿色建筑领域公益性国家规范的底线要求和政府推荐性标准、团体标准的市场化需求，可以进一步体现绿色建筑技术的未来发展方向。

3.3 绿色建筑后评估标准体系构建的目标

绿色建筑后评估标准体系构建过程中，将全面贯彻党的十八大和十九大历次全会精神，以《住房城乡建设事业“十三五”规划纲要》和《建筑节能与绿色建筑发展“十三五”规划》为目标，以增强人民群众对绿色建筑的获得感为出发点，以引导绿色建筑相关标准和促进绿色建筑全面发展为主线，根据《国务院深化标准化工作改革方案》和《住房和城乡建设部关于印发深化工程建设标准化工作改革意见》的要求，结合“十三五”我国绿色建筑适宜技术的创新，形成层级清晰、重点突出的绿色建筑后评估标准体系，全面支撑我国绿色建筑的深入推广和发展。

按照上述指导思想，绿色建筑后评估标准体系在具体定位上，力求实现以下目标：

（1）本体系明确为专项标准体系

在现有的以行业、专业作为基本划分类别的标准体系（简称“专业标准体系”）基础之上，建立以绿色建筑后评估为目标的主题标准体系。绿色建筑后评估主题标准体系，并非独立于现行工程建设标准体系之外的另一套标准体系，而是在现行标准体系及具体标准基础上的补充和完善，其中的标准项目绝大多数甚至全部都依存于各专业标准体系，但各标准共同服务于绿色建筑后评估这一主题。具体是指，以绿色建筑性能后评估为核心，整合若干部以绿色建筑性能和功能评价为主题的标准；并以此为主线，建立起各专业学科分标准体系及其相关标准中的斜向联系（区别于同一专业学科标准之间的纵向联系，及同为基础、通用或专用标准之间的横向联系）。

（2）重点关注工程建设标准

从标准分类上看，可划分为工程建设标准、产品标准、卫生标准、环保标准和管理标准5类。注意到绿色建筑后评估主题的工程建设属性，理应将工程建设标准作为本体系的重点关注对象。除此之外，如绿色建筑后评估过程中直接涉及、但相关工程建设标准又没有对其引用或专业标准体系中没有纳入的，则也要在体系中体现（例如，相关限值标准）。其余标准，尤其是不少设备材料的产品标准，考虑到其既可用于绿色建筑也可用于其他建筑，虽各自独立，宜互为支撑，共同配合，本体系中仅考虑现行标准，对拟制定的标准不做扩展研究。

（3）包含现行、在编和计划编制标准

标准体系并非现有标准的简单堆砌或拼凑，不仅需要对各类不同标准按照内在联系和逻辑关系进行有机组合，更要适应我国绿色建筑和绿色建筑后评估不断发展的需要。因此，不但要从现在的工作实际和现有标准项目出发，梳理归纳、查漏补缺，还要适当超前，研判未来形势并提出可能需求，使得作为研究成果的本标准体系既立足当前工作实际，又纳入本项目最新研究成果，并提出未来需求和方向，具有较强的先进性、前瞻性。

（4）贯彻落实标准化工作改革

《深化标准化工作改革方案》（国发〔2015〕13号）提出改革的总体目标之一，是建立政府主导制定的标准与市场自主制定的标准协同发展、协调配套的新型标准体系；住房和城乡建设部《关于深化工程建设标准化工作改革的意见》（建标〔2016〕166号）也将“培育发展团体标准”作为任务之一，要求团体标准与政府标准相配套和衔接，形成优势互补、良性互动、协同发展的工作模式。因此，体系不仅要包括国家标准、行业标准等政府标准，也要适当考虑包括市场自主制定的团体标准作为补充。

3.4 绿色建筑后评估标准体系构建的基本原则

3.4.1 系统性原则

标准体系作为标准在一定范围内相互联系的科学有机整体。体系中各层级之间相互联系，逐渐细化，各层直接或自上而下或相互平行构成紧密的结构。每一层级中构成的标准项目紧密相关，或相互依赖或相互补充。组成标准体系的各个层次结构应具有一定的逻辑关系，层次结构应结合具体工作需求设定。通过各标准之间的相互作用，层级间的相互联系，突出体现标准体系所服务的主体任务。

3.4.2 科学性原则

作为服务于绿色建筑专项工作的标准体系，绿色建筑后评估标准体系构建过程中应依据标准化工作的基本原理，在认真分析国内外标准现状和发展趋势、综合考虑各专业特点及标准现状的基础上，突出实用性，合理确定标准数量和标准内容。科学界定各层次、各专业的范围，对纳入体系的标准项目通过科学的分析，提出制定、修订、合并的建议。通过依据充分、逻辑清晰、科学严谨的构建过程，形成通用标准相对稳定、专用标准随时扩展的开放性专项标准体系。

3.4.3 继承性原则

对现行工程建设标准体系和绿色建筑专项标准体系构建中的理念和成果，秉承科学的态度加以继承，保证工程建设标准体系和专项标准体系之间、专项标准体系和各项标准之间的相互衔接。绿色建筑后评估标准体系作为现行工程建设标准体系中的一个专项标准体系，标准体系的内容要素和构成应与现行工程建设标准保持一致，应该包括标准体系框图、标准体系表和标准体系项目说明。同时，绿色建筑后评估标准体系的目的是服务于绿色建筑专项工作，其内容应与现行国家标准《绿色建筑评价标准》GB/T 50378—2019 的内容相一致，应包括安全耐久、健康舒适、生活便利、资源节约和环境宜居。

3.4.4 先进性原则

绿色建筑后评估标准体系既要考虑到国家在标准化改革和绿色建筑方面的政策导向，也要考虑到现阶段和未来绿色建筑技术的发展趋势，引导绿色建筑和绿色建筑产业的升级。构建过程中，一方面要将目前正在制定的工程建设强制性规范纳入，对现行条文强制的标准作为政府性推荐标准进行整合，体现工程建设标准化改革的思想和绿色建筑的“底线性”要求；另一方面也要适当考虑将部分团体标准纳入，作为今后绿色建筑技术发展的引领方向，体现绿色建筑高质量发展的“引导性”目标。

3.4.5 协调性原则

绿色建筑后评估标准体系中的标准与住房和城乡建设领域相关法律法规、政策导向相一致，与有关科技研究成果互为补充。构建过程中应坚持标准层级和标准之间的相互协调，坚持技术标准与科研成果之间的相互协调，保证绿色建筑后评估标准体系在衔接法律法规和科研成果之间发挥“承上启下”的作用，保证绿色建筑后评估标准体系中各项标准之间的紧密联系。

通过绿色建筑后评估标准体系的建立，为我国绿色建筑的深入发展提供标准化技术支撑，引导绿色建筑由图纸审核转变为实际性能评估；为绿色建筑后评估提供标准化、系统化“工具箱”；同时通过后评估标准体系的建立梳理整合相关技术标准，带动绿色建筑向绿色建筑产业转型发展。

第 4 章　绿色建筑后评估标准体系构建理论

4.1　标准化理论

4.1.1　标准化和工程建设标准化的概念

标准化是人类数千年来从事标准化实践活动的科学总结和理论概括，源于成千上万个标准化实践，但又高于实践，指导着人民的标准化活动。标准化在于尽可能消除技术和经济方面的重复，确保科学、技术、经济等的合理性，通过在国际、国家、地区、行业、团体、企业等不同级别上分别制定、实施标准等，高效推动各种活动顺利进行。因此，标准化理论是构建各行业标准及标准体系的基本理论基础，可有效引导和规范行业，同时，也是确保绿色建筑后评估工作顺利推进的一种理论手段和方式。

英国标准化专家 T・R・桑德斯认真总结了标准化活动过程的实践经验，在《标准化原理与方法》一书中，从标准化的目的、作用和方法上提炼出七项原理，并阐明标准化的本质就是有意识的努力达到简化，以减少目前和预防以后的复杂性。其给标准化的定义为"标准化是为了所有有关方面的利益，特别是为了促进最佳的全面经济并适当考虑到产品使用条件与安全要求，在所有有关方面的协作下，进行有秩序的特定活动所制定并实施各项规则的过程"。

我国 2014 年在修订后的国家标准《标准化工作指南　第 1 部分：标准化和相关活动的通用术语》GB/T 20000.1 中，对标准化定义为：为了在既定范围内获得最佳秩序，促进共同效益，对现实问题或潜在问题确立共同使用和重复使用的条款以及编制、发布和应用文件的活动。工程建设标准化作为标准化的一个重要组成部分，在概念上的唯一区别在于标准化的范围限定上。工程建设标准化是指为在工程建设领域内获得最佳秩序，促进共同效益，对现实问题或潜在问题确立共同使用和重复使用的条款以及编制、发布和应用文件的活动，该活动包括工程建设标准的制定、组织实施和对标准实施的监督。

通过标准化和工程建设标准化的定义不难看出，标准化是实现获得最佳秩序和促进共同效益的根本，标准则是实现这一目的的核心。在工程建设实践过程中，不能仅仅开展标准的制定，还要通过标准的实施监督，推动工程建设取得最佳秩序和共同效益。

4.1.2　标准和工程建设标准的概念

标准作为标准化的核心内容，其概念和解释经历了一个较长的发展时期，其中最有影响的主要有三个：一是 1934 年 J・盖拉德在其《工业标准化—原理与应用》一书中对标准所做的定义，这也是世界上最早给出的标准定义。书中提到"标准是对计量单位或基准、物体、动作、过程、方式、常用方法、容量、功能、性能、办法、配置、状态、义务、权限、责任、行为、态度、概念或想法的某些特征，给出定义、做出规定和详细说明。它以语言、文件、图样等方式或利用模型、样本及其他具体表现方式，并在一定时期内适用”。二是国际标准化组织（ISO）对标准所做出的定义，“标准是由有关各方根据科学技术成就与先进经验，共同合作起草、一致或基本上同意的技术规范或其他公开文件，其目的在于促进最佳的公众利益，并由标准化团体批准”。三是 1983 年我国对标准的定义，“标准是对重复性的事物和概念所做的统一规定。它以科学、技术和实践经验的综合成果为基础，经有关各方协商一致，由主管机构批准，以特定形式发布，作为共同遵守的准则和依据”。

2014 年在修订后的国家标准《标准化工作指南　第 1 部分：标准化和相关活动的通用术语》GB/T 20000.1 中，对标准的定义为“通过标准化活动，按照规定的程序经协商一致制定，为各种活动或其结果提供规则、指南或特性，供共同使用和重复使用的文件。”工程建设标准作为标准在工程建设中的具体实践，其定义为“为在工程建设领域内获得最佳秩序，对建设活动或其结果按照规定的程序经协商一致制定，为各种活动或其结果提供规则、指南或特性，供共同使用和重复使用的文件。”

工程建设标准是特定形式的公共产品，与产品标准有着较大差异，突出体现了技术政策性强、综合性强、受自然环境影响大等诸多特点：

（1）政策性强

工程建设标准是引导和落实国家节约资源、保护环境等一系列重大方针政策的有效手段，是保障社会利益和公众利益的根本措施。工程建设标准必须贯彻国家技术、经济政策，充分体现新发展理念的内涵。工程建设强制性标准作为工程建设的技术依据，是法律、法规实施的技术支撑和措施，是落实国家各项政策的工具，这一点充分体现了工程建设标准政策性强的特点。

（2）综合性强

工程建设是一项复杂的系统工程，经过环节多、涉及专业广。如：为达到节能效果，建筑节能要经过规划设计、施工调试、运行管理、设备维护、设备更新、废物回收等一系列环节；在技术层面上涉及建筑围护结构的隔热保温、节能门窗、节能灯具、节能电器和可再生能源的利用等多学科。工程建设标准的制定不仅考虑技术条件，而且必须综合考虑经济条件和管理水平。妥善处理好技术、经济、管理水平三者之间的制约关系，综合分析，全面衡量，统筹兼顾，以求在可能条件下获取标准化的最佳效果，是制定工程建设技术标准的关键。

（3）受地理环境影响大

工程建设标准的制定，遵循因地制宜，统筹兼顾技术与经济、资源与环境的原则。我国地域广阔，东西部经济发展差异大，地质、气候、人文有很大不同，工程建设环境条件复杂。因此，工程建设标准的制定需要考虑经济上的合理性和可能性；需要结合工程的特点，考虑自然的差异；需要结合国情来制定与实施。工程建设地方标准是国家工程建设标准化的重要组成，在工程建设中，需要根据不同的条件和当地的建设经验，采用不同的技术措施，明确不同要求。

（4）阶段性突出

工程建设标准规范了工程建设的各个阶段，适用于全社会各行业的工程建设。通过工程建设各环节市场主体实施使用，最终作用于工程建设的前期阶段、建设阶段和运营维护阶段的全生命周期各阶段的活动。纵观全部工程建设标准，均是针对不同环节、不同市场主体、不同标准使用者加以制订。在城乡建设领域的勘察阶段，需制定相关勘察测量标准；在设计阶段，需制定大量工程设计标准；在施工阶段，需制定施工方法标准、试验、检验的标准和质量验收标准等。这些标准分别服务于不同阶段，具有明显的阶段性。

4.1.3　工程建设标准化的基本原理

根据 T・R・桑德斯在《标准化原理与方法》一书所述：第一，从本质上来说，标准化是社会有意识地努力达到简化的行为。标准化不仅是为了减少当前的复杂性，而且也是为了预防将来产生不必要的复杂性。第二，标准化不仅是经济活动，也是社会活动，应该通过所有相关者的互相协作来推动。标准的制定必须建立在全体协商一致的基础上。第三，出版了标准如果不实施，就没有任何价值。在实施标准时，为了多数利益而牺牲少数利益的情况是常有的。第四，在制定标准时，最基本的活动是选择以及将其固定之。因此，要慎重地从中选择对象和时机。而且，标准应该在某一时期内固定不变，以利实施。如果朝令夕改，只会造成混乱而毫无益处。第五，标准在规定的时间内复审，必要时，还应进行修订。第六，制定产品标准时，必须对有关的性能规定出能测定或能测量的数值。必要时，还应规定明确的试验方法和必要的试验装置。需要抽样时，应规定抽样方法，样本大小和抽样次数等。第七，标准是否以法律形式强制实施，应根据标准的性质，社会工业化程度，现行法律和客观情况等慎重地加以考虑。

我国标准化学者在《标准化概论》中提出了标准系统的四项管理原理：一是系统效应原理。标准系统的效应，不是直接地从每个标准本身而是从组成该系统的标准集合中得到的，并且这个效益超过了标准个体效应的总和。同样，标准化系统的效应也是从企业标准体系，企业标准化组织体系与标准实施考核体系的最佳综合中获得的。二是结构优化原理。标准系统要素的阶层秩序，时间序列，数量比例及相互关系依系统目标的要求合理组合并使之稳定，才能产生较好的系统效应。三是有序发展原理。标准系统只有及时淘汰其中落后的、低功能的和无用的要素（减少系统的熵）或补充对系统进行有激发力的新要素（增加负熵），才能使系统从较低有序状态向较高的有序状态转化。四是反馈控制原理。标准系统演化、发展以及保护结构稳定性和环境适应性的内在机制是反馈控制，系统发展的状态取决于系统的适应性和对系统的控制能力。

结合我国工程建设标准化实践，我国工程建设领域归纳总结了“统一、简化、协调、择优”的基本原理，这也是我国工程建设标准化工作的基本方针。“统一、简化、协调、择优”都不是孤立的，它们之间相互联系、相互渗透、相互依存，在任何一项标准的形成和发展过程中，共同发挥作用而形成了一个有机整体。统一是前提，简化是手段，协调是基础，择优是核心。

统一原理是在一定条件下，使标准对象的功能、质量、技术、经济等特性具有相对的一致性，对标准对象的多种表现形态进行归并，消除不必要的多样性，以建立共同遵守的秩序。统一原理是工程建设标准的前提，没有统一，也就没有制定和实施标准的必要了。统一原理存在三个核心：其一，统一是有范围的，不明确统一的范围，统一的结果就很难实施，例如：制定国家标准，其范围是全国范围内，如果仅仅考虑南方或北方的实际情况，而缺乏全国的概念进行统一，标准的规定就很难在全国范围内推行；同样，离开了标准统一的范围，标准的规定很可能就失去了意义。其二，统一是有时机的，一个新鲜事物产生了，其科学技术还不成熟，实践经验不够丰富，就不应急于统一，否则将产生不良后果；反之，如果迟迟不进行统一，事物的多样性泛滥，也将造成混乱和损失，工程建设标准化工作中倡导的“成熟一条定一条，宁缺毋滥”，就是统一原理最恰当的描述。其三，统一是有程度的，具体对象不同，统一的程度也不同，即是同一对象，其统一的方面和程度也不尽相同。对标准对象哪些方面需要做统一规定，哪些方面不需要做统一规定，哪些方面需要给出比较灵活的统一，都需要从客观实际出发，做到“适度”统一或统一“适度”。

简化原理是针对标准对象的多样性，消除多余的、重复的和低功能的部分，以保持其结构精炼、合理，并使其总体功能优化的过程。例如，建筑构配件规格品种的简化、设计计算方法的监护、施工工艺的简化、技术参数的简化等。工程建设标准对象具有多样性，必然带来各自的差异，良莠不齐、删繁就简、去粗取精、归纳提炼，并使其总体功能优化，才能使制定出来的标准作为指导工程实践的技术基础。简化原理除了指出简化时应当削减的对象以外，还阐述了简化时的核心要点：一是简化的前提和方法。当多样性形成差异，且良莠不齐、繁简并存，并与客观实际的需要相左或已经超过了客观实际的需要程度时，应当对其进行必要的简化，采取弃莠择良、删繁就简、去粗取精、归纳提炼的方法实现。二是简化的目标。使总体功能优化是衡量简化是否合理、是否完结的唯一标准，需要运用最优化的方法和系统的方法综合分析。

协调原理是运用系统工程的观点，对标准与标准之间、标准与另一个标准化系统的标准之间，就相关的具体事项，达到相互适应的方法。也可以说是在相关事物间建立一致性，使内部因素与外部约束条件相互适应的过程。协调过程是多方面的，主要包括三类：第一类是对于统一技术问题，人与人之间的协调，由于人们从事的技术活动不同、遇到的具体问题不同、积累的经验教训不同，因此，对同一个技术问题的看法也各有差异，这些差异提供了从多角度客观分析问题的基础，综合这些差异，可以归纳出人们普遍可以接受的结论，从而形成特定时期的标准。第二类是标准与标准之间的协调，同一标准化对象，由于标准化的角度不同，标准化的范围不同，必然会出现不同的要求。例如：对于某一建筑构配件，需要有相应的生产、检验、质量控制、运输、包装等一系列标准，但同时，也需要有其相应的应用、安装等标准，这些标准间如果不相互适应、相互补充，甚至产生矛盾，必然给这一标准化对象的产生或应用造成障碍。第三类是标准本身内容间的协调，这类协调比较简单，却容易被忽视，实际中出现的问题也相对普遍。

择优原理是在一定的目标和条件下，对标准的多样性因素进行方案比较和选择，使整个系统功能达到优化的过程，择优原理贯穿于统一原理、简化原理、协调原理的全过程。在工程建设活动中，每个标准化对象，比如设计和计算方法，施工工艺和作业、测试和检验方法、工程质量控制等都有不同程度的多样性因素存在，要达到整个系统功能的理想程度，必须进行优化选择。优化的过程，实际上也是由“实践”上升到“理论”的最基本的过程。

4.1.4 工程建设标准化的作用

工程建设标准化是我国社会主义现代化建设的一项重要基础工作，是组织现代化建设的重要手段，是对现代化建设实行科学管理的重要组成部分。积极推行工程建设标准化，对规范建设市场行为，促进建设工程技术进步，保证工程质量，加快建设速度，节约材料、能源，合理使用建设资金，保护人身健康和人民生命财产安全，提高投资效益，都具有重要的作用。工程建设标准化的主要作用表现在以下五个方面：

一是加强工程建设标准化工作是全面建设社会主义现代化国家的需要。全面建设社会主义现代化国家必须始终贯彻新发展理念，统筹推进经济建设、政治建设、文化建设、社会建设、生态文明建设，坚定实施科教兴国战略、人才强国战略、创新驱动发展战略、乡村振兴战略、区域协调发展战略、可持续发展战略、军民融合发展战略，永远把人民对美好生活的向往作为奋斗目标。《绿色建筑评价标准》、《健康建筑评价标准》、《民用建筑绿色性能计算标准》、《公共建筑室内空气质量控制设计标准》、《民用建筑工程室内环境污染控制规范》等一系列涉及公共利益、人身健康等方面的工程建设标准的制定发布，都为保证人民获得感、幸福感、安全感更加充实地提供了技术保障。

二是加强工程建设标准化工作是加快完善社会主义市场经济体制的要求。健全社会主义市场经济体制必须有一系列标准作为保障，这些标准必须符合市场经济的原则，必须符合国家的各项改革措施，必须符合技术进步的要求。对工程建设来说，标准作为一项最基本的技术、经济规则，是判断建设各方责任主体行为，合理确定工程造价，有效发挥建设投资效益，处理各种工程事故，解决各类工程纠纷等的基本依据。完善社会主义市场经济体制需要完善这些规则，并运用这些规则规范市场秩序。

三是加强工程建设标准化工作是积极应对标准国际化的重要举措。积极开拓国际市场、有效保护国内市场，技术标准都具有不可替代的重要作用。标准化作为一种秩序和规则建设，是建立合作机制的重要基础，必须发挥标准化在推进“一带一路”建设中的基础和支撑作用。基于“一带一路”合作平台，通过国际国内规则的耦合优化，完善我国的工程建设标准体系，不仅能够不断增强标准治理能力，与发展中国家一起积极重构符合其利益诉求、适应全球贸易新模式的更加均衡普惠的全球贸易规则，打造新的利益共享的全球价值链、助力发展中国家融入全球价值链，而且也有助于我国主动参与和推动经济全球化建设进程，为发展更高层次的开放型经济提供技术支撑。

四是加强工程建设标准化工作有利于政府职能转变。通过加强标准制定和实施推进国家治理体系和治理能力的转变，已成为推进国家治理体系和治理能力现代化建设的一项重要手段。加强行政立法和技术立法、完善法规和标准，将必然有助于政府减少行政审批，规范建设活动。

五是加强工程建设标准化工作是工程建设质量安全的根本保障。工程建设的质量，涉及国家和人民群众的生命财产安全，制定标准是为了保障工程的质量和安全，强制性规定都是用经验和教训换来的，是从实践中总结出来的。目前开展的施工验收备案制度、工程质量监督制度、工程监理制度等，其技术依据都是各类工程建设标准。缺少了工程建设标准，建设工程的质量和安全就无从谈起；不执行工程建设标准，建设工程质量和安全就不可能得到保障。

4.1.5　工程建设标准体系

标准体系是为标准的实施和制修订进行规划，并提供依据，既是标准化的顶层设计工作，又是标准化的基本建设工作。标准体系中的关键词是“标准”，但它不仅仅是关于标准制定的工作，而且是标准化的“化”的工作。标准体系的支持对象是标准体系中的标准项目。标准体系的构建既要面向目标对象，研究分析目标对象对标准化的需求，也要面向支持对象，研究分析用哪些标准支持目标对象的标准化。

不同于标准和标准化在国际标准化学者中产生的基本共识，标准体系的概念在国际上仍处于不断研究、不断探索的过程。目前，国际标准化学术界尚未对标准体系给出准确的定义。我国标准化学者在对标准化研究过程中，对标准体系所赋予的内涵也在不断拓展。1995 年，李春田提出标准体系是为了使一定范围内的标准建立其协调的秩序，并达到规定的功能所应当具备的、其具有内在联系的标准的有机整体，具有目的性、整体性和结构性。2010 年，麦绿波对标准体系提出了“通俗版定义”，即一定范围内所需标准按相关性分类的集合，它包括现行标准和需制定标准。现行国家标准《标准体系表编制原则和要求》GB/T 13016 中对标准体系的定义为“一定范围内的标准按其内在联系形成的科学的有机整体”。具体到工程建设标准体系，即某一工程建设领域的所有工程建设标准，都存在着客观的内在联系，它们相互依存、相互制约、相互补充和衔接，构成一个科学有机整体。与某一工程建设行业有关的标准，可以构成该行业的工程建设标准体系；与工程建设某一专业有关的标准，可以构成该专业的工程建设标准体系；与某一工程建设专项工作相关的标准，则可以构成与行业和专业相衔接的工程建设专项标准体系。

建立和完善工程建设标准体系除了需要建立工程建设标准体系的标准框架外，还需要从加强工程建设标准体系的保障措施、加强工程建设标准的制定和加强标准的复审和修订工作三个方面系统推动。这其中，构建标准体系框架既是首要任务，也是核心工作。标准体系构建过程中，需要系统分析工程建设标准的发展历史、现状以及存在的主要问题，确立工程建设标准体系框架的制定目的和原则，确定工程建设标准体系框架的结构和表述方式，合理划分工程建设标准的专业类别和层次，结合不同专业具体分析其国内外的技术发展现状和趋势，具体分析其标准的现状和存在的问题，建立标准体系表，具体列出应当包含的标准项目名称，并逐项对标准的适用范围、主要内容等进行说明。为完善工程建设标准体系提供目标和前提，指导工程建设标准的制定、修订工作。

工程建设标准体系的构建最终要落在成果形式上，以便使用。按现行国家标准《标准体系表编制原则和要求》GB/T 13016 的规定，工程建设标准体系的成果通常由三部分组成：一是工程建设标准体系的表达部分；二是工程建设标准体系的功能部分；三是工程建设标准体系的规划部分。表达部分是工程建设标准体系的分类及框架、标准体系表、标准编制说明，标准体系表包含了工程建设标准体系规定范围内的现行标准的列项和需制定标准的列项，并以一定格式的图标进行排列，是工程建设标准贯彻和制定的蓝图。功能部分是标准实体，它体现了工程建设标准体系的主体价值，直接服务于工程建设标准化对象的使用。规划部分是所需缺项工程建设标准的制修订规划表，以表格形式列出，为工程建设标准论证和计划编制提供指导和依据。工程建设标准体系构建的文档化成果形式一般有：(1) 标准体系分类关系及结构框架；(2) 标准体系表；(3) 标准制修订规划表；(4) 标准体系中现行标准收集或汇编；(5) 标准体系研究报告或编制说明。上述成果形式可根据实际需要增加和减少范围。

4.2　系统工程学理论

标准是保证工程建设行业顺利运营的核心，而标准化是指导和规范各行业企业行为的理论基础和有序推进行业发展的基石。在现代科学技术发展日渐迅速的情况下，行业标准化工作的有序推进不仅依赖单个标准的制定，还需要从系统的观点处理问题，并且要建立同技术水平和生产发展规模相适应的标准系统。因此，要从系统工程学角度研究绿色建筑后评估标准体系问题，进而需要标准化系统工程理论，把系统工程的观点和方法应用到标准化的实践中去。

系统工程是在处理各种复杂问题的实践中形成和发展的，其核心是系统思想，为提高和改善解决问题的效率和有效性，而形成的工作原则、步骤、方法及方法步骤之间的关系即为系统工程方法论。而系统是由相互关联、相互制约、相互作用的若干部分（元素）组成的具有特定功能的有机整体。本研究所要构建的绿色建筑后评估标准体系即是由相互联系、相互影响的各种标准按照一定的排列组合方式组织起来的有机整体。因此，运用系统工程学的相关理论构建绿色建筑后评估标准体系具有理论上的可行性。

4.2.1　系统工程相关概念

标准化系统工程的一个重要支撑是系统科学，由美籍澳大利亚生物学家贝塔朗菲创立。它将宇宙万物的研究对象作为一个系统进行研究，从系统论的观点出发，运用控制论、信息论、运筹学等理论与科学的分析与方法，以信息技术为工具，实现系统的规划设计、经营管理、运行控制等活动的最优化。目前，人们对系统工程概念的理解已经基本趋于一致，即系统工程是利用现代科学技术的一切成果，对具有特定目标的工程技术系统或社会系统的全过程或某一完整阶段做最合理的筹划、设计、贯彻实施、控制和管理的一门组织管理技术。

1978 年，钱学森明确指出系统工程是指组织管理系统的规划、研究、设计、制造、试验和使用的科学方法，是一种对所有问题都具有普遍意义的科学方法。以系统的观点思考问题，用工程的方法分析和解决问题，努力实现两者的最优化组合，最终实现项目整体最优化。美国著名学者 H・切斯纳指出：“系统工程认为虽然每个系统都是由许多不同的特殊功能部分所组成，而这些功能部分之间又存在着相互关系，但是每一个系统都是完整的整体，每一个系统都要求有一个或者若干个目标。系统工程则是按照各个目标进行权衡，全面求得最优解（或最满意解）的方法，并使各组成部分能够最大限度地相互适应”。

日本工业标准（JIS）规定：“系统工程是为了更好地达到系统目标，而对系统的构成元素、组织结构、信息流动和控制机制等进行分析与设计的技术”。日本学者三浦武雄提出：“系统工程与其他工程学不同之处在于它是跨越许多学科的科学，而且是填补这些学科边界空白的边缘科学。因为系统工程的目的是研究系统，而系统不仅涉及工程学领域，还涉及社会、经济和政治等领域，为了圆满解决这些交叉的问题，除了需要某些纵向的专门技术以外，还要有一种技术从横向把它们组织起来，这种横向技术就是系统工程，也就是研究系统所需的思想、技术和理论等体系的总称”。

4.2.2 系统工程的方法论空间

20 世纪 50 年代，国外很多专家就对系统工程理论以及解决工程实践问题进行了全面深入的研究，研发了各种分析和处理系统问题的系列方法。其中，最具有代表性的研究方法是霍尔在 1969 年提出的从时间、逻辑、知识这三个维度分析处理系统问题的霍尔三维结构模型（图 4-1）。其中，时间维是以系统从开始到结束所经历的实践阶段为研究对象，一般可以分为项目规划、方案制定、研究开发、生产、集成管理（安装）、运行、更新（或放弃）等 7 个时间阶段；逻辑维表示在时间维所包含的 7 个时间阶段中，每一个阶段工作内容的先后逻辑顺序，包括探明问题、分析系统、系统指标设计、系统综合、优化、决策、组织实施等 7 个逻辑步骤；知识维表示在时间维和逻辑维中所涵盖的工作内容所必须依赖的指示，包括工程、医学、建筑等多个领域的学科知识。其后，知识维度逐渐被条件维度所取代，主要包括人才、知识、资金、组织管理、物质保障、信息资料、技术措施等，形成图 4-1 所示新的系统工程三维方法论空间。

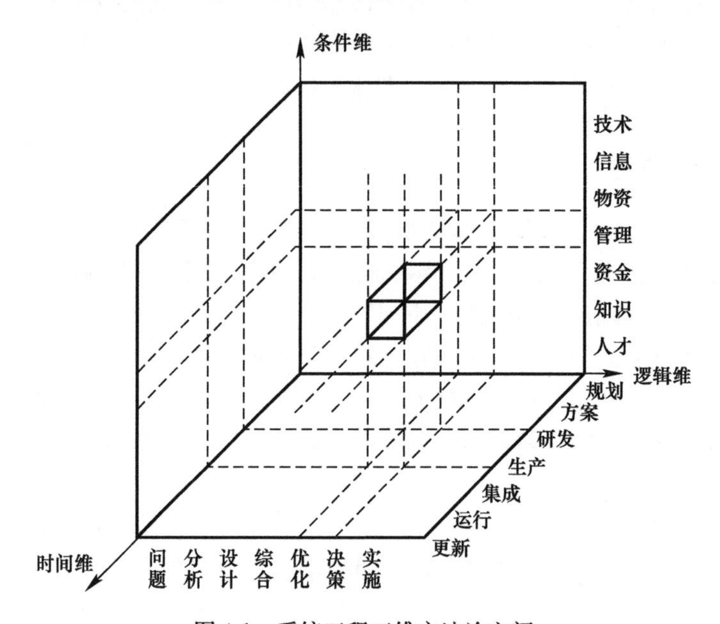

图 4-1 系统工程三维方法论空间

关于系统工程方法论空间的应用，一个非常重要的概念是“遍历”，即在完成具体的系统工程任务时，在时间维的每一个阶段上，应沿着逻辑维的一般顺序分析一遍，且应确保在条件维上的条件都能得到实现。充分运用“遍历”的思想是系统工程整体性、综合性的体现和要求，也是其有效性的重要保障。在绿色建筑后评估标准体系的构建中，也将用到“遍历”的思想，以形成完备的绿色建筑后评估标准体系表，确保标准体系的完整性、协调性。

4.2.3 系统的结构化思想

所谓系统的结构就是系统内部各组成要素在空间上、时间上所表现出来的相互联系、相互作用。根据系统的结构化理论，不存在没有结构的系统，也就是每一个系统都有特定的结构形式。所以，只存在要素的简单堆砌无法构成系统，要素之间必须表现出相关性，也就是体现出来某种规律性的排列。这种排列就是一般意义上的系统结构。而特定的结构形式又决定了系统的功能，系统只有发挥它的功能才能具有意义。因此，结构和功能是构建系统的必要条件。

系统结构的有序性。系统论认为系统的有序性越高，系统的结构就会越严密。系统内部各要素之间的相互关系越稳定，发生变化的概率越小，因而系统结构会越稳定，系统的整体性才会得以体现。而系统内部各要素之间的有序性体现在要素之间的层级关系是否具有合理性，即上层结构的要素和所有下层要素之间的关系是否为包含与被包含的关系，是否为因果关系等。而普遍存在于自然界的生物系统和社会系统等均存在着层次性，例如生物系统中的分子、细胞、器官和生物链上各层次的生物就反映了最普遍的层次性。因此，运用系统论的观点研究绿色建筑后评估标准体系，需要研究绿色建筑后评估标准体系的层次性和有序性。

系统发展的有序性。系统结构的有序性是相对的，也即系统结构具有发展的有序性。在系统结构的各个层次中，各个层级的系统要素是相对的。上一层级的复杂系统可能又包含着若干个简单系统。上层级的复杂系统制约着下层级的各个要素，而下层级的各个要素又按一定的结构形式决定了上一层级系统的结构和功能。而同一层级的系统要素之间又按照各自的序列形成系统结构的有序性。随着时间的推移同一层级的要素也会随之发展，又体现了系统结构时间上的有序性。在研究绿色建筑后评估标准体系的系统结构时，运用建筑的全寿命期理论将绿色建筑后评估标准体系中的各个系统置于能耗、水耗、环境质量等各个限制条件进行分析，体现了绿色建筑后评估系统的有效性。

系统结构的普遍形式。系统结构的有序性和发展的有序性构成了系统结构上的普遍性。任何一个系统都具有结构上的空间性和时间上的发展有序性，系统内上下层级之间具有隶属和制约的关系，以及同一层级之间具有时间跨度关系。无论是对于上级概念系统，还是具体实体系统，其结构都是按照并列和层次的规律组成。

因此，系统结构上的空间性和时间序列上的发展性，相互作用共同构成了系统的空间一时间结构，保持了系统整体性。任何系统都是在结构上具有整体性，仅有要素，不能组成系统，必须在要素的基础上，以某种方式和关系相互作用，形成系统结构，体现系统的功能。

4.2.4　系统的结构与功能的关系

系统的结构是组成系统的内部要素之间的相互作用和联系方式，系统的功能则是通过系统与环境的相互作用，实现一定的目的、获得一定的结果的一种过程。功能是结构存在的价值，也是结构运行的目的。结构与功能之间存在一种相互影响又相互独立的关系。相互影响表现在结构是功能存在的基础，功能通过结构予以实现，因此结构性质决定功能性质，功能发展促进结构变化。相互独立则是指结构与功能体现了系统的内部作用和外部作用，对系统来说是两种不同的表现形式。一般来说，系统的结构与功能存在以下几种情况：一是系统的构成要素性质不同，实现的功能不同；二是系统的构成要素性质相同，但结构不同，实现的功能不同；三是系统的构成要素、组合形式都不相同，但实现的功能相同；四是系统的构成要素及结构都没有发生变化，但可以实现多种功能等。

显然，系统的结构与功能之间存在多样性、复杂性的对应关系，因此在构建标准体系这个系统时，就需要对系统要素、系统结构进行分析，探讨实现功能的最优方式。研究和正确确定各类标准系统的结构形式是实现和发展标准体系基本功能的基础，这已经成为标准体系构建中最重要的问题之一，也是系统工程结构优化原理所要解决的主要问题。

4.3 标准化系统工程学理论

运用系统工程方法理论解决较为复杂的标准化系统问题，引发了国内外学者们的普遍关注，进而产生了标准化系统工程的基本概念。国内最早研究系统工程方法论与标准化系统之间关系的学者是钱学森，其在 1979 年《光明日报》上提出了“标准化系统工程”概念，并将标准化系统工程列为工程、科研、企业、信息、军事、经济系统工程等并列的 14 种系统工程专业。20 世纪 90 年代初，张锡纯、张淑贞也对标准化系统工程进行了深入研究，详细分析了标准化系统工程的研究对象、研究范围、研究方法等内容，使得标准化系统工程学成为一门学科体系。

目前，标准化系统工程学理论已广泛运用于建筑、物流、地理信息、木材等各个领域。标准化系统工程学理论之所以能得到广泛使用，主要在于相较于其他标准方法，其在进行标准化过程中引入了系统工程。在社会生产和经济技术发展的进程中，标准化必然会不断进行自我完善，从单项标准的标准化发展到标准系统的标准化发展，从而引出了标准系统的相关问题，将系统科学理论、观点和方法等渗透到标准化领域中，可以使得标准体系更加具有整体性、综合性、有效性等，进而求得标准化的目的即求取尽可能大的社会效果和经济效益。所以，这种方法日渐受到学者们的欢迎。综上所述，运用标准化系统工程学理论、观点和方法对绿色建筑后评估标准系统进行分析并构建绿色建筑后评估标准体系具有一定的可行性和科学性。

4.3.1 标准化系统工程概念及内涵

张锡纯认为标准化系统工程是指在辩证唯物主义和历史唯物主义原理的密切指导下，利用现代科学技术的一切成果，运用系统科学和标准化（学）的原理和方法，在特定的社会过程和技术过程中，对标准化活动进行规划、设计、组织、实施、管理和控制，以保证依存主体获得最佳的社会效果和经济效益的一门组织管理技术。因此，把系统工程理论和标准化的理论相结合，将两家融合之后的理论称之为标准化系统工程理论。

4.3.2 标准化系统工程的对象系统

从对象的分类方法入手对有关对象进行研究是标准化系统工程的基本分析方法，其对象系统包括依存主体系统、标准系统和标准化工作系统。标准系统和标准化工作系统两者又统称为标准化系统。三者之间的关系如图 4-2 所示。

依存主体系统即是以标准化系统中存在的对象为主而形成的系统，对其存在对象的分析即是依存主体系统的主要内容。绿色建筑后评估标准体系研究项目的主要对象是与绿色建筑评估有关的各种各样的标准，在分析中则将着重分析建筑工程中有关的绿色建筑及绿色建筑评估标准的构成，重点关注绿色建筑后评估标准体系的需求分析、形成环境分析、建筑标准体系的特点分析等。

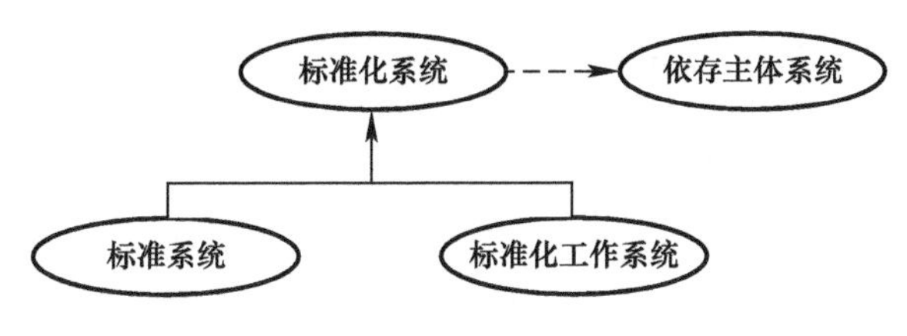

图 4-2　标准化系统的构成

标准系统是众多标准有序的形成标准体系的概念系统，它是对依存主体系统进行系统分析的基础上产生的，标准体系结构图和标准体系表是标准体系的直观表现形式。

标准化是推动标准形成体系的外部动力系统。绿色建筑后评估标准是形成绿色建筑后评估标准体系的外部动力，整个绿色建筑后评估标准体系的制订与实施过程是标准化工作的范畴，它在一定程度上决定着标准化活动的客观效果。

标准化工作系统是参与组织标准的制定和贯彻实施工作的所有工作人员的集合，以及与之有关的工作范围、制度和必要的工作条件。标准化工作系统是标准编制和实施的推动力，决定着标准化工作的最后效果。而本课题所研究的绿色建筑后评估标准体系的构建，就是标准化工作的最后结果，其有效实施就是标准化工作系统的最终目标。

张锡纯在《标准化系统工程》一书中提出：物质、能量、信息是系统的三基元，构成了所有系统的输入过程（图 4-3）。依存主体的功效既与主体本身的结构相关，又与其系统中各分系统联系时的流通构成有关，而内部的流通构成取决于从外部输入的物质、能量和信息。标准系统输入依存主体，是作为外部信息输入的，它成为依存主体的流通构成中的主导部分，渗透到依存主体内各分系统的联系中，改善了整个系统的流通构成，改进了系统的结构，从而提高了系统的输出功效。因此，本研究所要构建的绿色建筑后评估标准体系，最终将作为输入量施加于绿色建筑实际效果，以改进和提升绿色建筑实际效果的“有序”，促使其实现最佳经济效益、社会效益和生态效益。

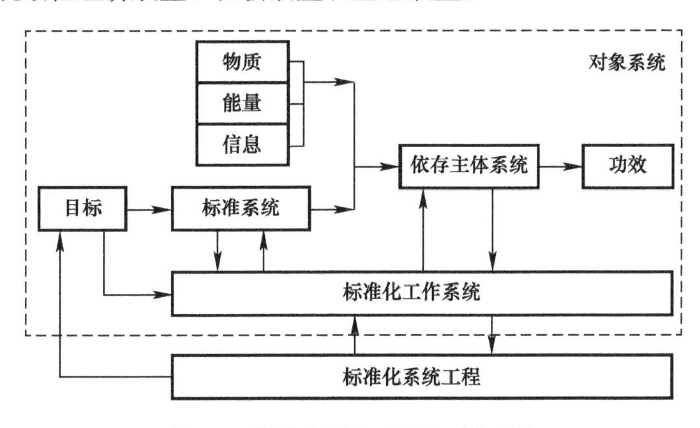

图 4-3　标准化系统工程的对象系统

由此，构建绿色建筑后评估标准体系的重点任务是通过对绿色建筑性能对象系统的分析，构建出与之伴生的绿色建筑后评估标准体系。

4.3.3　标准化系统工程理论的运用

把系统工程理论和标准化的理论相结合，将两者融合之后的理论称之为标准化系统工程理论。本研究所要构建的绿色建筑后评估标准体系属于标准化系统工程理论的范畴。

具备系统特征的事物作为系统工程学理论的研究对象具备系统的有序性、整体性和相关性等特征。把绿色建筑后评估标准体系看作是一个三维空间系统，X 轴表达的是开展绿色建筑后评估所应考虑的基本性能目标，包括安全耐久、健康舒适、生活便利、资源节约和环境宜居；Y 轴表达的是绿色建筑后评估所涉及的控制性指标和评估方法，主要根据课题研究目标划分为能耗、水耗、环境质量和其他；Z 轴表达的是对上述性能目标和实现控制性指标，所需不同层级的支撑性技术标准，主要包括强制性规范、政府推荐性标准和其他推荐性标准（团体标准和产品标准）。通过三维坐标的建立，可以在空间找到任意一点，在这一点上它具有三重属性，真正考虑了一个标准体系的系统性、完整性和可扩展性。在研究绿色建筑后评估标准体系的过程中主要考虑以下几个方面：

（1）标准体系的针对性。绿色建筑后评估主要针对绿色建筑投入使用后，建筑性能是否符合设计要求和国家现行标准的相关规定开展。因此，不涉及规划、设计、施工、验收等过程和环节。同时，绿色建筑后评估标准体系主要考虑建筑本体在实际运行过程中的能耗、水耗和环境质量，对于绿色建筑其他环节应该考虑的内容，例如项目周边交通、环境绿化等，不做展开性的标准梳理。

（2）基本性能的整体性。由于绿色建筑实际运行过程中的能耗、水耗和环境质量存在相互的联系，因此，绿色建筑后评估标准体系构建过程中，既考虑实际能耗、水耗和环境质量的综合性能评估，也要考虑单一性能的评估。同时，对标国外先进发达国家的标准化体制，我们不难看出，构建以法律法规为基础、强制性规范为目标和底线要求、推荐性技术标准为实现路径的体系是今后发展的方向，这也要求绿色建筑后评估标准体系形成一套整体性的系统。

（3）技术内容的动态性。随着绿色建筑产业和绿色建筑技术的不断发展，其标准化或者标准体系必须能够实现动态管理和改进，以适应国际和现代社会对绿色建筑的更高要求。对于政府推荐性标准规定的基本性能标准外，相关产品标准和团体标准会层出不穷，因此，本书所构建的绿色建筑后评估标准体系主要以现行标准为主，随着体系的不断发展和完善，相关标准可随时调整纳入。

4.4 复杂网络基础理论

4.4.1 复杂网络拓扑结构基本原理

复杂网络是对复杂系统的抽象和描述方式，任何包含大量组成单元（或子系统）的复杂系统，当把构成单元抽象成节点、单元之间的相互关系抽象为边时，都可以当作复杂网络来研究；复杂网络是研究复杂系统的一种角度和方法，它关注系统中个体相互关联作用的拓扑结构，是理解复杂系统性质和功能的基础。

自然界中存在的大量复杂系统都可以通过形形色色的网络加以描述。一个典型的网络是由许多节点与连接两个节点之间的一些边组成的，其中节点用来代表真实系统中不同的个体，而边则用来表示个体间的关系，往往是两个节点之间具有某种特定的关系则连一条边，反之则不连边，有边相连的两个节点在网络中被看作是相邻的。例如，神经系统可以看作大量神经细胞通过神经纤维相互连接形成的网络；类似的还有电力网络、社会关系网络、交通网络等。

在研究复杂网络的时候，只关心节点之间有没有边相连，至于节点到底在什么位置，边是长还是短，是弯曲还是平直，有没有相交等都是他们不在意的。在这里，网络不依赖于节点的具体位置和边的具体形态就能表现出来的性质叫作网络的拓扑性质，相应的结构叫作网络的拓扑结构。

4.4.2　复杂网络拓扑结构的引入

复杂网络是对复杂系统的抽象和描述方式，任何包含大量组成单元（或子系统）的复杂系统，当把构成单元抽象为节点、单元之间的相互关系抽象为边时，都可以当作复杂网络来研究；复杂网络是研究复杂系统的一种角度和方法，它关注系统中个体相互关联作用的拓扑结构，是理解复杂系统性质和功能的基础。网络拓扑结构是指用传输媒体互连各种设备的物理布局，主要有星型结构、树型结构、网状结构、蜂窝状结构等。节点、节点的度和节点的介数如下所述：

1 节点：就是构成网络拓扑结构的许许多多的网络节点，把许多的网络节点用线路连接起来，形成一定的几何关系，这就是网络拓扑结构。

2 节点的度：对于网络中的某个单一节点，“度”反映的是其简单而又最重要的特性。一般来说，“度”这一属性是指与某一节点相关联的边的总数目，主要用来表示该节点与其邻近节点之间的内在联系程度，即不同节点间的重要性依赖关系。因而，对于网络中的某一节点，我们可以认为其重要性在一定程度上与“度”这一属性有着内在的必然联系，度的值越大表示该节点相比其他的节点越重要。在这里，“重要”是相对的而非绝对的，因为对于同一网络而言，不同节点考虑的侧重点可能不同，即对于节点重要性的评判标准不同。

3 节点的介数：对于网络中的一个待测节点而言，其对应的“介数”是指该待测节点所对应的全部节点对的累加贡献除以全部的节点对个数。“介数”一般用来反映待测节点在网络通信中提供可用最短路由的能力，同时也用于表示该节点对于网络资源控制能力的衡量。

按照拓扑学的观点，将每个标准抽象为“点”，网络中标准内容的关联抽象为“线”，标准功能团就变成了由点和线构成的集合图形，也就是所谓的网络拓扑结构，如绿色建筑后评估标准统计表所包含的标准就是一个复杂网络，见图 4-4～图 4-6。

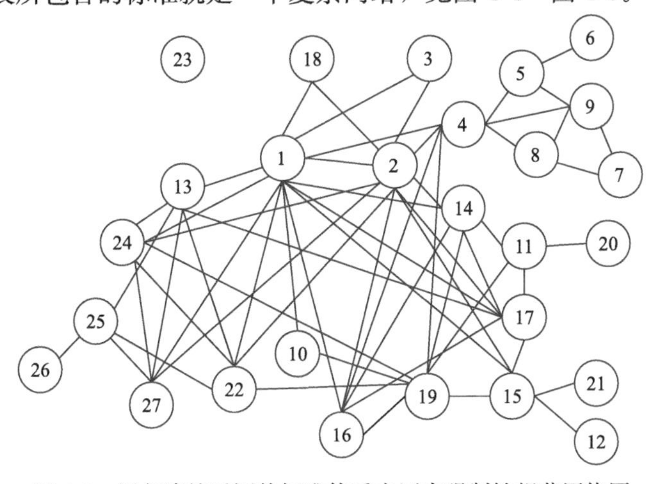

图 4-4　绿色建筑后评估标准体系中国家强制性规范网络图

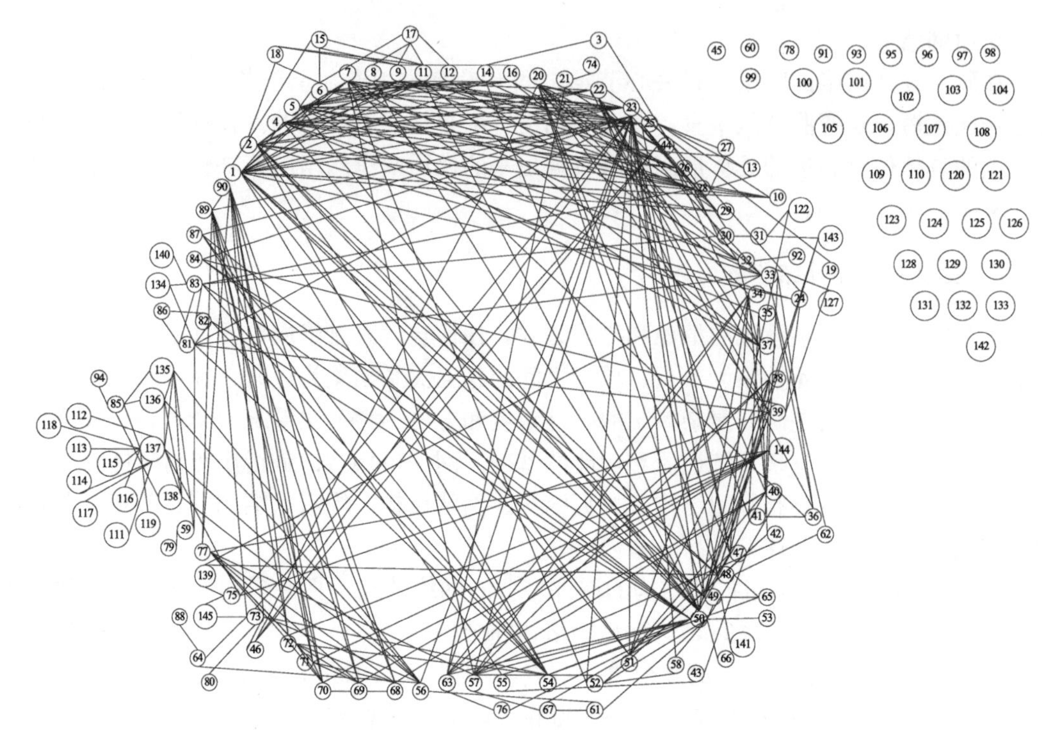

图 4-5　绿色建筑后评估标准体系中政府推荐性标准网络图

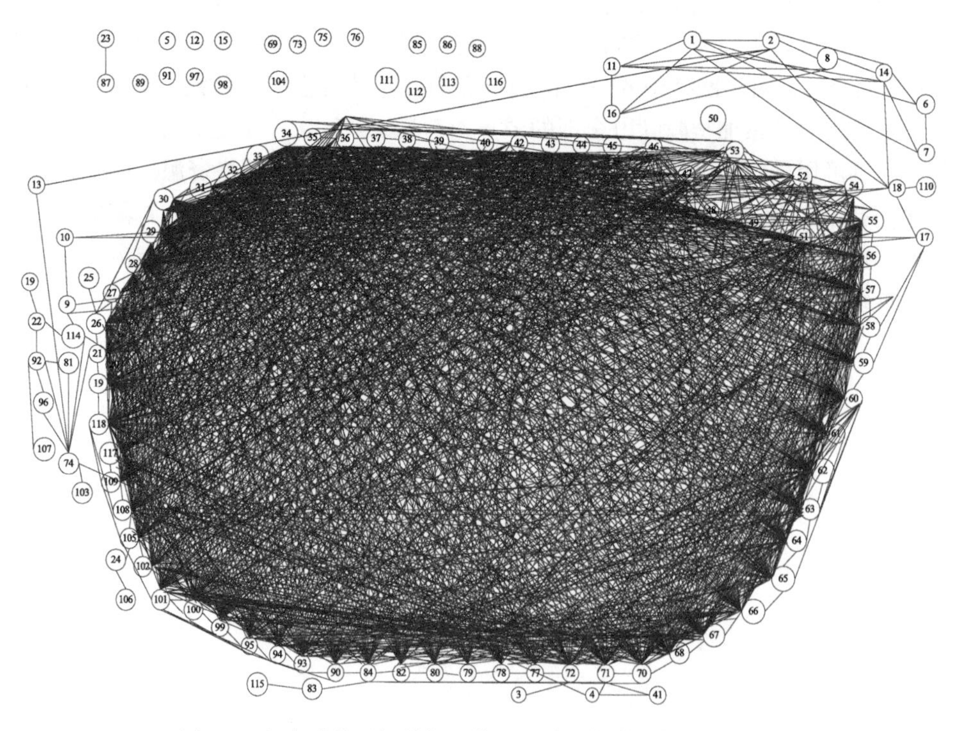

图 4-6　绿色建筑后评估标准体系中其他推荐性标准网络图

根据对每项标准内容的分析和比较，可以找到各项标准之间的内容关联关系，绘制成施工管理复杂网络图。网络中的节点和连线分别代表标准和标准之间内容的关联。在确定了绿色建筑后评估标准体系的三维结构及其覆盖度以后，为明确标准编制的优先度，可以引入复杂网络拓扑结构，利用网络节点重要性，对单个标准在标准体系中的重要性进行排序。即将优先度研究转化为网络节点重要性评价，通过“剥落”排序算法对节点重要性进行排序，得出修编标准的优先顺序。

第 5 章　绿色建筑后评估基本要素标准化与技术应用

5.1　室内环境质量评估与标准化

我国绿色建筑评价体系中室内环境质量评估的主要内容包括：建筑的声环境、光环境、室内舒适度和室内空气质量。我国《绿色建筑评价标准》GB/T 50378 的 2006 版和 2014 版中分别对上述室内环境质量指标提出了控制项和评分项要求。“十二五”期间对我国绿色建筑技术应用情况的一项研究统计表明，绿色建筑中对于改善建筑声环境、光环境和室内舒适度的技术措施应用比例均大于 80%，但是空气污染物浓度定期检测和选用功能性材料的采用率小于 30%（图 5-1）。

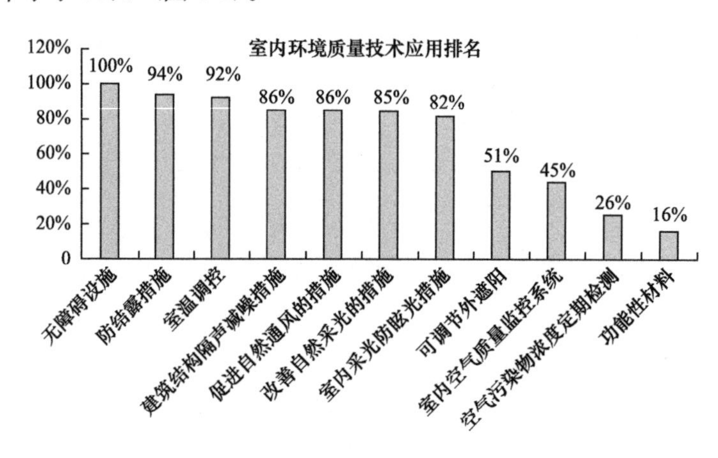

图 5-1　室内环境质量技术应用排名（公建及住宅）

尽管目前我国现行标准中对建筑声环境、光环境和室内空气质量分别提出强制性的指标限值。但对于我国绿色建筑项目的满意度调查中发现，在室内环境质量方面，对于公共建筑项目，室内空气质量、建筑外遮阳效果、室外环境噪声、建筑外墙保温隔热等方面，使用者满意度仍相对较低；对于居住建筑项目，建筑外墙保温隔热、室内隔声等方面，使用者满意度仍相对较低。

5.1.1　声环境

随着物质生活水平的提高，人民对环境也越来越重视。城市生活中，拥有健康舒适的居住生活环境能够提高人们对生活的幸福感指标。但是我国以往的城市规划没有以建筑舒适优美的居住建筑为主体，人们的环境意识不够，在城市建设过程中，未能充分考虑噪声污染会造成的扰民现象。住宅内电梯噪声、旅馆客房隔声等问题的抱怨与纷争也日益严重，建筑（例如酒店等场所）的隔声问题不容小觑。虽然我国民用建筑隔声设计规范起步较早，也取得了一定的成绩，但由于社会经济和建筑声学技术条件限制等因素影响，我国建筑隔声方面的规范在有些性能上与国外还有一定的差距，有待于进一步提高。

近年来绿色建筑防噪声研究发展速度较快，国内外相关学者也开展了大量的学术研究。建筑声环境是一个复杂的问题，建筑物不仅受到交通等周围环境噪声的影响，还受到建筑物内外各类设备的振动引起的噪声影响。我国目前正处于快速城市化的进程中，城市基础设施建设、特别是轨道交通、高速铁路、高速公路与城市主干道的修建，导致城市环境噪声与振动现状越来越复杂。另外，随着建筑业发展，建筑物内部服务设备，如电梯、水泵、通风空调机组、新风机组等广泛应用于建筑物内，这些设备的应用导致建筑物内部的噪声状况也越来越复杂。所以，基于以上原因，对于建筑声环境评价主要包括室内噪声评价、建筑构件和建筑物隔声性能评价两方面内容。

室内噪声评价的常用物理量一般有声压级、声强级和声功率级。在不同频率中，人耳对声音强弱的主观感觉与声压不成正比。为了符合人耳对声音的响应，需对不同频率的声压级加减不同数值的A计权值，并对各频率计权后的值能量求和即得到A计权声级。因此，声学中常采用A计权声级来规定人耳对噪声响应的评价。目前，民用建筑室内噪声限值主要依据国家标准《民用建筑隔声设计规范》GB 50118—2010进行测量及评价。我国现行标准中对主要功能房间室内的噪声级限值的强制性要求见表5-1。

我国现行标准中主要功能房间室内的允许噪声级　　表5-1

房间的使用功能	允许噪声级（A声级，dB）	
	昼间	夜间
睡眠	≤45	≤37
日常生活	≤45	
阅读、学习、思考	≤40	
教学、医疗、办公、会议	≤45	
人员密集的公共空间	≤55	

对于噪声限值，欧盟一般根据住宅建筑的类型不同，将住宅建筑分为两类，一类为多层住宅，类似于国内的小高层或高层；另一类为联排住宅。其中，联排住宅有着更高的声舒适性要求。欧盟体系中各国的民用建筑隔声标准都不相同，其室内允许噪声级的限值也不相同。英国和世界卫生组织（WHO）对住宅建筑隔声设计标准中允许噪声级的限值见表5-2。综合相关指标可知，室内允许噪声级的限值范围在30dB～40dB之间，与我国高要求住宅的限值标准相仿。

英国和世界卫生组织（WHO）标准中主要功能房间室内允许噪声级　　表5-2

国家/组织	主要功能房间	高值（dB）	限值（dB）
英国	起居室	35	40
	卧室（夜间）	30	35
	卧室（昼间）	35	40
世界卫生组织（WHO）	起居室	—	35
	卧室（夜间）	—	30

围护结构对于室内声环境同样非常重要，而围护结构的隔声性能计算是绿色建筑评价

指标中最为关键的指标之一。从现代建筑围护结构的发展来看，围护结构从一开始的单层混凝土墙、砌块墙，发展到先前的加气混凝土板和加气混凝土砌块墙，重量明显减轻。为了满足隔声和节能的要求，围护结构逐渐从单层墙向双层墙板发展，从刚开始的轻钢龙骨石膏板墙、轻钢龙骨硅酸钙板墙，到现在的轻钢龙骨石膏板吸音棉墙，发展迅速。目前建筑工程中也提出使用多层墙板、加筋多层墙板以及双层墙联动减振装置一起使用以达到更好的隔声性能。

围护结构隔声性能主要包括空气声隔声及撞击声隔声两部分，主要通过计权隔声量和计权规范化撞击声压级，加上因噪声源特性不同得出的不同频谱修正量之和进行评价。现有围护结构计权隔声量的评价方法是依据国家标准《声学建筑和建筑构件隔声测量　第3部分：建筑构件空气声隔声的实验室测量》GB/T 19889.3—2005规定的方法测定围护结构隔声量，然后根据国家标准《建筑隔声评价标准》GB/T 50121—2005规定的方法计算计权隔声量R_w和频谱修正量C或C_{tr}进行计算，得出围护结构的隔声量，并根据国家标准《民用建筑隔声设计规范》GB 50118—2010进行评价。

5.1.2　光环境

建筑光环境是建筑物理环境中不可或缺的重要组成，光环境直接影响着使用者的心理和生理健康。光环境评价是通过使用者的视觉过程和思维活动以及光的非视觉效应影响完成的，这既是认识和研究光环境的重要手段，也是建筑光环境设计决策的前提。

建筑光环境主要由采光和照明两部分组成。采光即利用天然光达到照明目的，天然光是独一无二和不可替代的特殊资源，随着人们对室内光环境问题的逐渐重视，天然采光开发和利用也越来越受到关注。合理的利用天然光在提高室内视觉舒适度的同时，降低了能源消耗水平。当采光难以满足人们对室内光环境的需求时，则需要照明。我国绿色建筑室内光环境评价主要依据国家标准《建筑采光设计标准》GB 50033—2013、《建筑照明设计标准》GB 50034—2013、《绿色照明检测及评价标准》GB/T 51268—2017和《绿色建筑评价标准》GB/T 50378—2019。针对建筑照明数量和质量，室内采光系数、主要功能区的采光照度、采光要求面积比例等进行了规定。

5.1.3　其他舒适性指标

热舒适是人体对于热湿环境的主观满意程度的一项重要指标。不同的热经历，不同的建筑、生活环境和行为习惯都会使使用者产生不同的热舒适要求。不考虑使用者的主观因素前提下，建筑物的微气候指标是影响热舒适的重要因素，它包含了周围环境的热工参数及其组合，主要评价内容包括空气温湿度、气流速度、新风量、遮阳等。

1970年P·O·范格尔教授以人体热平衡方程式以及对试验得出的热感觉数据进行曲线拟合，提出了热舒适综合评价性指标，预计平均热感觉指标（PMV）和预测不满意百分数指标（PPD）。我国现行标准中，对于建筑环境热舒适性从各个方面和阶段都进行了约束和规定（表5-3）。由于建筑室内舒适性指标影响因素较为复杂，同时这些指标对于室内热舒适性的评价或是在设计阶段适用，或是属于非强制性的引导要求，在绿色建筑后评估中往往难以进行量化评估。

我国涉及建筑室内热舒适环境相关标准　　　　表 5-3

适用阶段	标准名称	相关内容
综合性评价	《民用建筑室内热湿环境评价标准》GB/T 50785—2012	居住建筑和办公建筑、商店建筑、旅馆建筑、教育建筑等的室内热湿环境评价
设计阶段	《严寒和寒冷地区居住建筑节能设计标准》JGJ 26—2018	严寒和寒冷地区新建、扩建和改建居住建筑的节能设计
	《夏热冬暖地区居住建筑节能设计标准》JGJ 75—2012	夏热冬暖地区新建、扩建和改建居住建筑的节能设计中建筑节能设计计算指标
	《夏热冬冷地区居住建筑节能设计标准》JGJ 134—2010	夏热冬冷地区新建、改建和扩建居住建筑的建筑节能设计中室内热环境设计计算指标
	《温和地区居住建筑节能设计标准》JGJ 475—2019	温和地区新建、扩建和改建居住建筑的节能设计室内节能设计计算指标
	《公共建筑节能设计标准》GB 50189—2015	新建、扩建和改建的公共建筑节能设计
	《民用建筑供暖通风与空气调节设计规范》GB 50736—2012	新建、扩建和改建的民用建筑的供暖、通风与空气调节专项设计中室内空气设计参数
	《民用建筑热工设计规范》GB 50176—2016	新建、扩建和改建的民用建筑的热工设计
检测与验收阶段	《居住建筑节能检测标准》JGJ/T 132—2009	新建、扩建、改建居住建筑的室内平均温度检测
	《公共建筑节能检测标准》JGJ/T 177—2009	公共建筑的室内平均温度、湿度检测检测
	《采暖通风与空气调节工程检测技术规程》JGJ/T 260—2011	采暖通风与空气调节工程中基本技术参数性能指标测试
	《通风与空调工程施工质量验收规范》GB 50243—2016	工业与民用建筑通风与空调工程施工质量的系统调试和质量验收
专项支撑标准	《热环境的人类工效学通过计算 PMV 和 PPD 指数与局部热舒适准则对热舒适进行分析测定与解释》GB/T 18049—2017	—
	《公共场所卫生检验方法　第 1 部分：物理因素》GB/T 18204.1—2013	—
	《室内人体热舒适环境要求与评价方法》GB/T 33658—2017	—

5.1.4　室内空气质量

除温度、湿度、室内风速等舒适性指标外，室内空气质量是室内空气环境中，直接影响人居健康舒适的要素之一。室内空气质量与人体健康密切相关，近年来室内空气质量始终是我国建筑领域研究热点之一，同时控制室内环境已成为实现绿色建筑的重要环节。

室内空气质量最初被广泛认为是一系列污染物的浓度指标，随着研究的全面开展和人们认知的不断深入，人们认识到单纯客观评价的定义不能够完全涵盖室内空气质量，于是主观评价被引入室内空气质量的定义中。1989 年，P・O・范格尔教授提出，品质反映了满足人们要求的程度，如果人们对空气满意，就是高品质；反之，就是低品质。这种定义将室内空气质量变成了人对室内污染的主观感受，不再是过去对污染物指标的控制。美国供热制冷空调工程师学会（ASHRAE）的 ASHRAE 62-1989 R 标准中同时综合了主、客观两种评价方式，首次提出“可接受的室内空气质量”（Acceptable Indoor Air Quality），定义为：空气中绝大多数人没有对室内空气表示不满意，并且空气中没有已知的污染物达到了可能对人体健康产生严重威胁的浓度。相对于其他定义，ASHRAE 标准回避了室内环境满意程度的绝对概念，相对更为科学完善。

由于建筑装饰装修材料大量应用，以及各类建材质量控制不严格，使得室内空气甲醛及 VOC 类化学污染的来源和影响室内空气质量的因素越来越复杂。此外，在我国建筑节能严格要求背景下，建筑物密闭程度不断增大，相应室内空气与室外空气换气量减小，建筑室内空气化学污染存在较严重的健康风险。另一方面，由于室外环境大气灰霾的频繁出现，室外细颗粒物通过门窗等围护结构以及通风系统进入室内，室内 $PM_{2.5}$ 污染给人们带来新的健康威胁。我国目前没有室内 $PM_{2.5}$ 细颗粒物的相关标准，也缺乏室内 $PM_{2.5}$ 新型污染的有效防控方案。

我国室内空气主要污染源大体可以分为 8 类（表 5-4）。对于建筑室内空气质量工程设计过程中，考虑持续性污染源散发污染物为主要控制对象，对于第 1 类中香烟；第 4 类打印机、复印机；第 5 类家用化学品、厨房油烟、焚香等间歇性等室内污染源，暂不予以考虑。对于第 3 类，人体散发污染物，由于散发量小、有害性低，也可忽略。第 1 类中炊事等燃料燃烧，由于我国城市住宅以天然气、煤制气燃烧为主，不考虑燃煤类型引起的室内煤烟污染。对第 6 类、第 7 类空调系统、家具等引起微生物类污染，在通风条件下可能引起疾病传播，更有效的方法是对微生物的预防、控制及杀灭净化技术，可见不宜通过通风设计方式解决。根据以上，室内空气质量评估的相关标准应针对第 2 类装饰装修建材、油漆和第 8 类室外颗粒物污染进行体系建设，并提出完善建议。

我国室内空气主要污染源 **表 5-4**

序号	名　称
1	燃料燃烧、香烟焚香等烟雾产生的 CO、SO_x、NO_x、甲醛、可吸入颗粒物等
2	家具和建筑材料，人造板、合成树脂、油漆、日用品等装修装饰材料在施工过程中释放挥发性有机化合物，包括甲醛、BTX（本、甲苯和二甲苯）、酮类及酯类化合物等
3	人体自身呼出的废气、排出的汗液、CO_2、二甲胺、苯、甲醇、SO_2、氨、丙酮等，咳嗽、打喷嚏排出的细菌和病毒
4	家用电器在使用过程中产生的臭氧、有机物和颗粒物等
5	家用化学品及厨房油烟产生的挥发性有机化合物
6	家用空调和中央空调如没有进行合理的维护，使用过程中过滤网上沉积的灰尘、滋生的细菌和病毒
7	室内用具产生的生物污染，氡污染
8	室外污染空气通过门窗、缝隙等进入到室内，主要包括大气中的汽车尾气、工业废气、灰霾细颗粒物、花粉污染等

尽管建筑室内空气质量应根据主客观因素限定与评价，但在各国室内环境控制仍主要依据定量化的污染指标。在对大量建筑进行室内污染物研究和检测的基础上，国内外专家、学者发表了许多针对不同建筑类型和环境的研究成果，多个国家也建立了比较完善和具有借鉴意义的污染物标准。各国建立的室内空气质量标准无论是内容，还是指标限值都

有所不同，并符合各自的国情。国外以美国的ASHRAE标准和英国的CIBE室内空气质量和通风标准为代表。目前，我国对室内空气质量提出评价和检测方法的标准主要是国家标准《室内空气质量标准》GB/T 18883—2002和《民用建筑工程室内环境污染控制规范》GB 50325—2010，两者对室内空气质量的强制性限值都提出了要求（表5-5）。两者的主要区别在于适用范围不同，后者不适用于民用建筑工程交付使用后，非建筑装修产生的室内环境污染控制。此外，我国还出台了一系列具体室内空气质量检测标准，包括《室内氡及其子体控制要求》GB/T 16146—2015、《住宅建筑室内装修污染控制技术标准》JGJ/T 436—2018、《公共建筑室内空气质量控制设计标准》JGJ/T 461—2019和《室内空气中苯系物及总挥发性有机化合物检测方法标准》T/CECS 539—2018、《建筑室内空气中氡检测方法标准》T/CECS 569—2019、《民用建筑绿色装修设计材料选用规程》T/CECS 621—2019等三项团体标准，这些标准构成了我国现有的室内空气质量控制指标体系。

我国室内空气质量标准强制性限值　　表5-5

参数类型	《室内空气质量标准》GB/T 18883—2002		《民用建筑工程室内环境污染控制规范》GB 50325—2010	
			Ⅰ类民用建筑	Ⅱ类民用建筑
化学性	二氧化硫/(mg·m^{-3})	0.50（小时均值）	—	—
	二氧化氮/(mg·m^{-3})	0.24（小时均值）	—	—
	一氧化碳/(mg·m^{-3})	10（小时均值）	—	—
	二氧化碳/%	0.10（日平均值）	—	—
	氨/(mg·m^{-3})	0.20（小时均值）	0.20	0.20
	臭氧/(mg·m^{-3})	0.16（小时均值）	—	—
	甲醛/(mg·m^{-3})	0.10（小时均值）	0.08	0.10
	苯/(mg·m^{-3})	0.11（小时均值）	0.09	0.09
	甲苯/(mg·m^{-3})	0.20（小时均值）	—	—
	二甲苯/(mg·m^{-3})	0.20（小时均值）	—	—
	苯并［a］芘/(ng·m^{-3})	1.0（日平均值）	—	—
	可吸入颗粒物/(mg·m^{-3})	0.15（日平均值）	—	—
	总挥发性有机物/(mg·m^{-3})	0.60（8小时平均值）	0.50	0.60
生物性	菌落总数/(cfu·m^{-3})	2500（依据仪器定）	—	—
放射性	放射性氡222Rn/(Bq·m^{-3})	400（年平均值）	200	400

世界各国包括我国内地与香港地区都制定了室内空气质量相关标准（表5-6），且各标准由于针对的建筑类别不同、采用的检测方法不同，所适用的建筑类别及关注的主要污染物都有差别。美国室内空气质量标准中包括石棉和氯丹，其他国家则没有。主要原因在于美国很多房屋建筑使用大量木材，氯丹常被用于防治可损害房屋木建筑材料中的白蚁而成为室内主要污染物之一，多数国家则无此问题。相比其他国家室内空气质量标准/导则，我国国家标准《室内空气质量标准》GB 18883—2002规定空气指标最多，规定了包括化学、物理、生物和放射性指标19项限值。随着行业标准《住宅建筑室内装修污染控制技术标准》JGJ/T 436—2018和《公共建筑室内空气质量控制设计标准》JGJ/T 461—2019的颁布实施，我国的建筑工程设计中，除温度、湿度、空气流速、新风量等4项物理指标设计控制方法外，对其他室内污染性指标控制也正在逐渐完善。

室内空气质量标准与内容　　表 5-6

国家/地区	标准名称	主要内容
加拿大	办公楼空气质量技术指南	规定了 CO、CO_2、PM、Rn、NO_2、SO_2、O_3、T、RH、甲醛、空气流速 11 项物理和化学指标限值
日本	楼房卫生条例	制定 CO、CO_2、NO、O_3、RH、T、空气流速等标准
	办公楼卫生条例	规定员工所需要开窗的面积，其余如 CO、RH 等指标与楼房卫生条例相同
新加坡	办公楼良好室内空气质量指引	规定 CO、CO_2、O_3、TVOC、RH、甲醛、温度、总微生物、空气流速标准值
美国	可接受的室内空气质量通风标准	规定甲醛、乙醛、CO、石棉、铅、氯丹、氮氧化物等 12 种污染物的浓度标准以及暖通标准
中国香港	办公室及公共场所室内空气质素管理指引	规定了包括温/湿度、甲醛、PM、细菌总数等在内的物理、化学、生物指标限值
	室内空气污染物推荐标准	包括室内空气中甲醛、细菌总数、CO_2、可吸入颗粒物、氮氧化物、SO_2 以及苯并（a）芘 7 种污染物卫生标准
	室内空气质量卫生规范	规定室内空气中包括 15 种物理、化学、生物控制指标，以及通风和净化等要求
中国内地	民用建筑工程室内环境污染控制规范	根据使用功能和人们的停留时间，将民用建筑分为两类并分别提出控制要求，规定放射性氡、甲醛、氨、苯、TVOC 5 种人们普遍关注的室内典型污染物限值
	室内空气质量标准	该标准适用于住宅和办公楼，规定了化学、物理、生物和放射性 19 种控制指标，还增加了“室内空气应无毒、无害、无异常嗅味”的要求

建筑装饰装修材料、家具及室内通风换气情况是造成室内空气质量污染的三大因素，而甲醛、VOC 等则是室内空气质量污染的主要成分。装饰装修材料使用量大、污染物释放强度高、家具污染突出、房间通风换气差将导致室内空气污染加重。建筑室内化学类污染物来自各类有机类装修材料，如：油漆涂料、人造板、复合地板、壁纸壁布、胶黏剂，各类有机材料类家具也会释放出各类化学污染物，无机类放射性致癌物氡污染来自无机建筑装修材料，如：砖、水泥、混凝土、砌块、卫生陶瓷、石材等。针对上述材料在建筑室内可能产生的空气质量问题，我国也出台了一系列室内装修材料限值检测标准，包括：《室内装饰装修材料　人造板及其制品中甲醛释放量》GB 18580、《木器涂料中有害物质限量》GB 18581、《建筑用墙面涂料中有害物质限量》GB 18582、《室内装饰装修材料　胶粘剂中有害物质限量》GB 18583、《室内装饰装修材料　木家具中有害物质限量》GB 18584、《室内装饰装修材料　壁纸中有害物质限量》GB 18585、《室内装饰装修材料　聚氯乙烯卷材地板中有害物质限量》GB 18586、《室内装饰装修材料　地毯、地毯衬垫及地毯胶粘剂有害物质释放限量》GB 18587 及《混凝土外加剂中释放氨的限量》GB 18588 等。对于绿色建筑的室内空气质量评估，由于工程已竣工并投入使用。因此，上述一系列标准仅可为室内空气质量控制标准提供支撑，而无须纳入绿色建筑后评估标准体系中。

5.1.5　主要标准修订建议

1. 国家标准《民用建筑隔声设计规范》GB 50118

建议将建筑主要功能房间的夜间室内噪声限值进行提升。（1）近年来，建筑设备结构噪声导致的室内噪声污染是人民群众反映最为强烈的室内声环境投诉内容。由于建筑设备结构噪声通常为低频噪声，通常不会是全频带频率范围均产生噪声污染，低频噪声经A计权后有较大的衰减，而且通常呈窄带特性，居住者对这类噪声通常更为敏感。建议针对住宅的卧室和起居室、医院的病房和旅馆建筑的客房，提出了建筑设备结构噪声限值。(2）建议将住宅建筑卧室、旅馆建筑客房的夜间室内噪声限值进行了提升。参考其他国家类似房间夜间最低要求标准限值。住宅建筑部分，日本建筑学会编写的《建筑物遮音性能基准设计指针》第二版中，集合住宅卧室夜间的室内噪声级分为3级，最低限要求标准限值（3级）为夜间不超过35dB（A)。英国标准“Guidance on sound insulation and noise reduction for buildings”BS. 8233—2014中的住宅卧室夜间室内环境噪声级为8h等效声级不超过30dB；当室外环境噪声水平高于WHO指南推荐值，室内环境噪声目标值可最大放宽5dB，也就是说在室外环境不达标情况下，卧室夜间室内环境噪声级8h等效声级可为不超过35dB。(3）对住宅建筑分户墙、分户楼板及相邻两户房间之间的空气声隔声性能作规定，旨在控制邻居之间诸如说话声、电视音响声等噪声的干扰，以及保障居家生活中声音的私密性。建议提高卧室分户墙、分户楼板、卧室与邻户房间之间的空气声隔声性能的最低要求和高标准要求。

2. 国家标准《建筑采光设计标准》GB 50033

建议进一步完善评价指标体系的构建。考虑光和热的平衡，避免采光过度。节能是天然采光的一大优势，但从建筑整体节能的角度，需要考虑光和热的平衡，充分发挥天然采光的节能潜力。进一步与建筑照明设计及整体建筑设计相协调，明确新型采光系统的技术要求和设计、评价方法。

3. 国家标准《民用建筑工程室内环境污染控制标准》GB 50325

建议进一步严格室内空气中污染物控制要求，调整室内空气质量限值：

(1）氡：WHO于2009年发布的《室内氡手册》已将室内氡限量值设为100Bq/m^3；国家标准《室内氡及其子体控制要求》GB/T 16146—2015规定新建建筑物室内氡的年均浓度目标为100Bq/m^3；行业标准《民用建筑氡防治技术规程》JGJ/T 349—2015将幼儿园、学校、老年建筑氡浓度限量值确定为100Bq/m^3；考虑到本标准规定自然通风房间的氡检测条件是对外门窗24h封闭后进行的情况，建议本标准室内氡限量值调整为150Bq/m^3。

(2）甲醛：WHO建议室内甲醛限量值不大于0.10mg/m^3，国家标准《室内空气质量标准》GB/T 18883—2002将投入使用的建筑室内的甲醛限量值不大于0.10mg/m^3，两者所指室内环境均包含装饰装修材料、活动家具、生活工作过程等产生的甲醛污染；另外，相关研究表明，活动家具对室内甲醛污染的贡献率统计值约为30%，30℃以上高温比20℃污染物释放增加约30%（一般表现为季节影响)，两项合计约为50%～60%。从合理性讲，为给房屋使用后家具进入予留下适当净空间及考虑季节影响因素，应将甲醛等污染物限量值降低50%～60%，但考虑到可行性，建议仅降低约30%，调整后Ⅰ类民用建筑工程室内甲醛浓度限量值不应大于0.07mg/m^3。

(3）苯：由于民用建筑工程禁止在室内使用以苯为溶剂的涂料、胶粘剂、处理剂、稀释剂及溶剂，因此，近年来室内空气中苯污染状况已经大为改观，建议将Ⅰ类民用建筑空气中苯污染现场测试结果在扣除室外本底值后，限值从不大于0.09mg/m^{3}降低到不大于0.06mg/m^3。

(4) TVOC：与甲醛情况类似，考虑到为活动家具及季节影响进入预留适当净空间，建议Ⅰ类民用建筑工程室内总挥发性有机化合物（TVOC）的限量值调整为不大于 0.45mg/m^3。

5.2 建筑水耗评估与标准化

我国建筑生活用水约占城市总用水量的60%，随着城市建设的不断发展和建筑设施的不断完善，这一比例也将逐步增大。解决建筑生活用水的节水问题，既是推进城市可持续发展的重要组成部分，也是我国绿色建筑重点关注的核心。绿色建筑的水环境系统是在满足绿色建筑区用水定额、用水指标、水压和水质等要求的前提下，将水资源节约、非传统水资源开发与利用、水景景观设计与水质保障、雨水径流污染控制与利用等有机结合。

尽管近年来我国绿色建筑的推广极大促进了节水技术措施不断发展，但仍存在一些问题，其中用水定额偏高、非传统水源利用不足是两个重要原因。“十二五”期间，对我国绿色建筑中节水措施应用现状的调研显示，防超压措施、节水器具、雨水入渗、分用途用水计量的应用比例都超过了 80%（图 5-2），但中水处理及回用系统应用比例仍然不高。技术措施落实率方面，中水系统、雨水回收利用系统、绿化节水灌溉等三项技术的落实率均不到 80%（表 5-7）。

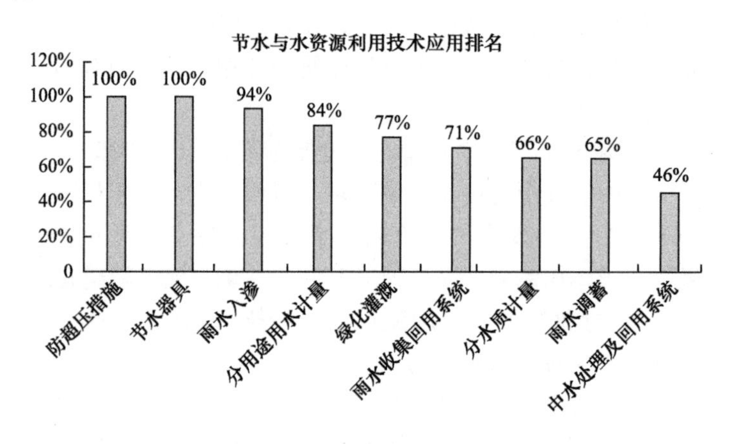

图 5-2 节水与水资源利用技术措施应用排名（公建及住宅）

节水与水资源利用部分的技术措施落实情况 **表 5-7**

类型	技术名称（关键字）	落实比例	评价结果
节水与水资源利用	中水系统	73.7%	较差
	雨水回收利用系统	72.9%	较差
	绿化节水灌溉	78.1%	较差
	用水分项/类计量	92.9%	较好

5.2.1 建筑用水定额

我国现行标准中尚未对建筑用水定额提出强制性规定，绿色建筑水耗评价主要依据国家标准《民用建筑节水设计标准》GB 50555—2010 和《建筑给水排水设计标准》GB

50015—2019，其中国家标准《民用建筑节水设计标准》GB 50555—2010 规定了建筑平均日用水定额（表5-8），国家标准《建筑给水排水设计标准》GB 50015—2019 规定了建筑最高日用水定额（表5-9）。

住宅平均日生活用水的节水用水定额　　表5-8-1

住宅类型		卫生器具设置标准	节水用水定额 q_z[L/(人·d)]								
			一区			二区			三区		
			特大城市	大城市	中、小城市	特大城市	大城市	中、小城市	特大城市	大城市	中、小城市
普通住宅	Ⅰ	有大便器、洗涤盆	100～140	90～110	80～100	70～110	60～80	50～70	60～100	50～70	45～65
	Ⅱ	有大便器、洗脸盆、洗涤盆和洗衣机、热水器和沐浴设备	120～200	100～150	90～140	80～140	70～110	60～100	70～120	60～90	50～80
	Ⅲ	有大便器、洗脸盆、洗衣机、集中供应或家用热水机组和沐浴设备	140～230	130～180	100～160	90～170	80～130	70～120	80～140	70～100	60～90
别墅		有大便器、洗脸盆、洗涤盆、洗衣机及其他设备（净身器等）、家用热水机组或集中热水供应和沐浴设备、洒水栓	150～250	140～200	110～80	100～190	90～150	80～140	90～160	80～110	70～100

宿舍、旅馆和其他公共建筑的平均日生活用水的节水用水定额　　表5-8-2

序号	建筑物名称	单位	节水用水定额 q_g(L)
1	宿舍 Ⅰ类、Ⅱ类 Ⅲ类、Ⅳ类	 每人每日 每人每日	 130～160 90～120
2	招待所、培训中心、普通旅馆 设公用卫生间、盥洗室 设公用卫生间、盥洗室、淋浴室 设公用卫生间、盥洗室、淋浴室、洗衣室 设单独卫生间、公用洗衣室	 每人每日 每人每日 每人每日 每人每日	 40～80 70～100 90～120 110～160
3	酒店式公寓	每人每日	180～240
4	宾馆客房 旅客 员工	 每床位每日 每人每日	 220～320 70～80

续表

序号	建筑物名称	单位	节水用水定额 q_g(L)
5	医院住院部 设公用厕所、盥洗室 设公用厕所、盥洗室、淋浴室 病房设单独卫生间 医务人员 门诊部、诊疗所 疗养院、休养所住房部	 每床位每日 每床位每日 每床位每日 每人每班 每病人每次 每床位每日	 90～160 130～200 220～320 130～200 6～12 180～240
6	养老院、托老所 全托 日托	 每人每日 每人每日	 90～120 40～60
7	幼儿园、托儿所 有住宿 无住宿	 每儿童每日 每儿童每日	 40～80 25～40
8	公共浴室 淋浴 浴盆、淋浴 桑拿浴（淋浴、按摩池）	 每顾客每次 每顾客每次 每顾客每次	 70～90 120～150 130～160
9	理发室、美容院	每顾客每次	35～80
10	洗衣房	每 kg 干衣	40～80
11	餐饮业 中餐酒楼 快餐店、职工及学生食堂 酒吧、咖啡馆、茶座、卡拉 OK 房	 每顾客每次 每顾客每次 每顾客每次	 35～50 15～20 5～10
12	商场 员工及顾客	 每 m^2 营业厅面积每日	 4～6
13	图书馆	每人每次	5～8
14	书店 顾客 员工	 每 m^2 营业厅每日 每人每班	 3～5 27～40
15	办公楼	每人每班	25～40
16	教学、实验楼 中小学校 高等院校	 每学生每日 每学生每日	 15～35 35～40
17	电影院、剧院	每观众每场	3～5
18	会展中心（展览馆、博物馆） 观众 员工	 每 m^2 展厅每日 每人每班	 3～5 27～40
19	健身中心	每人每次	25～40
20	体育场（馆） 运动员淋浴 观众	 每人每次 每人每场	 25～40 3

续表

序号	建筑物名称	单位	节水用水定额 q_g(L)
21	会议厅	每座位每次	6～8
22	客运站旅客、展览中心观众	每人每次	3～6
23	菜市场地面冲洗及保鲜用水	每 m^2 每日	8～15
24	停车库地面冲洗水	每 m^2 每次	2～3

住宅生活用水定额及小时变化系数　　表 5-9-1

住宅类别	卫生器具设置标准	最高日用水定额(L/人·d)	平均日用水定额(L/人·d)	最高日小时变化系数 K_h
普通住宅	有大便器、洗脸盆、洗涤盆、洗衣机、热水器和沐浴设备	130～300	50～200	2.8～2.3
	有大便器、洗脸盆、洗涤盆、洗衣机、集中热水供应（或家用热水机组）和沐浴设备	180～320	60～230	2.5～2.0
别墅	有大便器、洗脸盆、洗涤盆、洗衣机、洒水栓，家用热水机组和沐浴设备	200～350	70～250	2.3～1.8

公共建筑生活用水定额及小时变化系数　　表 5-9-2

序号	建筑物名称	单位	生活用水定额（L）		使用时间(h)	最高日小时变化系数 K_h
			最高日	平均日		
1	宿舍 居室内设卫生间 设公用盥洗卫生间	 每人每日 每人每日	 150～200 100～150	 130～160 90～120	 24 24	 3.0～2.5 6.0～3.0
2	招待所、培训中心、普通旅馆 设公用卫生间、盥洗室 设公用卫生间、盥洗室、淋浴室 设公用卫生间、盥洗室、淋浴室、洗衣室 设单独卫生间、公用洗衣室	 每人每日 每人每日 每人每日 每人每日	 50～100 80～130 100～150 120～200	 40～80 70～100 90～120 110～160	24	3.0～2.5
3	酒店式公寓	每人每日	200～300	180～240	24	2.5～2.0
4	宾馆客房 旅客 员工	 每床位每日 每人每日	 250～400 80～100	 220～320 70～80	 24 8～10	 2.5～2.0 2.5～2.0
5	医院住院部 设公用卫生间、盥洗室 设公用卫生间、盥洗室、淋浴室 设单独卫生间 医务人员 门诊部、诊疗所 病人 医务人员 疗养院、休养所住房部	 每床位每日 每床位每日 每床位每日 每人每班 每病人每次 每人每班 每床位每日	 100～200 150～250 250～400 150～250 10～15 80～100 200～300	 90～160 130～200 220～320 130～200 6～12 60～80 180～240	 24 24 24 8 8～12 8 24	 2.5～2.0 2.5～2.0 2.5～2.0 2.0～1.5 1.5～1.2 2.5～2.0 2.0～1.5

续表

序号	建筑物名称	单位	生活用水定额（L）		使用时间（h）	最高日小时变化系数 K_h
			最高日	平均日		
6	养老院、托老所 全托 日托	 每人每日 每人每日	 100～150 50～80	 90～120 40～60	 24 10	 2.5～2.0 2.0
7	幼儿园、托儿所 有住宿 无住宿	 每儿童每日 每儿童每日	 50～100 30～50	 40～80 25～40	 24 10	 3.0～2.5 2.0
8	公共浴室 淋浴 浴盆、淋浴 桑拿浴（淋浴、按摩池）	 每顾客每次 每顾客每次 每顾客每次	 100 120～150 150～200	 70～90 120～150 130～160	 12 12 12	2.0～1.5
9	理发室、美容院	每顾客每次	40～100	35～80	12	2.0～1.5
10	洗衣房	每 kg 干衣	40～80	40～80	8	1.5～1.2
11	餐饮业 中餐酒楼 快餐店、职工及学生食堂 酒吧、咖啡馆、茶座、卡拉 OK 房	每顾客每次 每顾客每次 每顾客每次	40～60 20～25 5～15	35～50 15～20 5～10	10～12 12～16 8～18	1.5～1.2 1.5～1.2 1.5～1.2
12	商场 员工及顾客	每 m^2 营业厅面积每日	5～8	4～6	12	1.5～1.2
13	办公 坐班制办公 公寓式办公 酒店式办公	 每人每班 每人每日 每人每日	 30～50 130～300 250～400	 25～40 120～250 220～320	 8～10 10～24 24	 1.5～1.2 2.5～1.8 2.0
14	科研楼 化学 生物 物理 药剂调制	 每工作人员每日 每工作人员每日 每工作人员每日 每工作人员每日	 460 310 125 310	 370 250 100 250	 8～10 8～10 8～10 8～10	 2.0～1.5 2.0～1.5 2.0～1.5 2.0～1.5
15	图书馆 阅览者 员工	 每座位每次 每人每日	 20～30 50	 15～25 40	 8～10 8～10	 1.2～1.5 1.2～1.5
16	书店 顾客 员工	 每 m^2 营业厅每日 每人每班	 3～6 30～50	 3～5 27～40	 8～12 8～12	 1.5～1.2 1.5～1.2
17	教学、实验楼 中小学校 高等院校	 每学生每日 每学生每日	 20～40 40～50	 15～35 35～40	 8～9 8～9	 1.5～1.2 1.5～1.2
18	电影院、剧院 观众 演职员	 每观众每场 每人每场	 3～5 40	 3～5 35	 3 4～6	 1.5～1.2 2.5～2.0

续表

序号	建筑物名称	单位	生活用水定额（L）		使用时间（h）	最高日小时变化系数 K_h
			最高日	平均日		
19	健身中心	每人每次	30～50	25～40	8～12	1.5～1.2
20	体育场（馆） 运动员淋浴 观众	 每人每次 每人每场	 30～40 3	 25～40 3	 4 4	 3.0～2.0 1.2
21	会议厅	每座位每次	6～8	6～8	4	1.5～1.2
22	会展中心（展览馆、博物馆） 观众 员工	 每 m² 展厅每日 每人每班	 3～6 30～50	 3～5 27～40	8～16	1.5～1.2
23	航站楼、客运站旅客	每人次	3～6	3～6	8～16	1.5～1.2
24	菜市场地面冲洗及保鲜用水	每 m² 每日	10～20	8～15	8～10	2.5～2.0
25	停车库地面冲洗水	每 m² 每次	2～3	2～3	6～8	1.0

“十三五”期间，通过对不同地区的不同功能建筑的用水定额调研结果统计（表 5-10），不难发现东北和西北地区各个建筑的用水量相对于其他地区较低，华南华东和西南地区的各个建筑的用水量整体偏大，这与各个地区的用水习惯和节水意识有一定关系，南方地区水资源相对丰富，而北方地区水资源相对缺乏。从宿舍的用水量来看，整体都在标准范围值之内，只有华北地区的用水量偏低；对于普通旅馆、培训中心来说，南方地区的用水都超过了标准范围值，只有东北地区在范围值以内。宾馆客房的用水量基本都在范围值之内，只有华中地区的用水量超过范围值，而华北地区的用水量偏低；医院住院部中，华中和华东地区的用水量超出范围值，尤其是华中地区用水量达到了 647L/(人・d)，超过范围值 3 倍；养老院和幼儿园，各个地区用水量比较恒定，基本都在范围值之内，只有华东地区的幼儿园用水量稍微大于标准值；公共浴室，东北、西北和华东地区的用水量都超过了标准值，只有西南地区在范围值之内；餐饮中（中餐酒楼），各个地区的用水量都超过了标准值，只有华中地区的用水量率低于标准值；商场的用水量整体比较恒定，西北和华中的用水量偏低；办公楼的用水量都超过了标准值；体育场的用水量各个地区差异很大，可能与其使用程度和方式有关；高校教学实验楼，用水量有高有低，主要和当地教学实验楼的使用方式有关，实验性质的建筑对水的需求量较大；住宅的用水量基本都在标准值之内，只有华中地区的用水量超过标准值。

不同地区的不同功能建筑的用水定额　　表 5-10

建筑类型	东北地区	西北地区	华东地区	西南地区	华南地区	华中地区	华北地区	节水定额
宿舍	—	—	141	174	131	—	79	100～150
普通旅馆/培训中心	90	—	148	199	192	157	66	50～100
酒店式公寓	230	—	156	—	—	—	—	200～300
宾馆客房（旅客）	250	345	430	399	373	372	347	250～400

续表

建筑类型	东北地区	西北地区	华东地区	西南地区	华南地区	华中地区	华北地区	节水定额
医院住院部（设公用盥洗室、淋浴室）	120	173	291	217	180	—	—	100～200
养老院（全托）	100	151	152	156	172	—	—	100～150
幼儿园（全托）	60	115	149	75	109	—	—	50～100
公共浴室（淋浴/澡盆加淋浴）	235	113	140	87/176	—	—	104	100
餐饮业（快餐店）	16	45	—	—	8	—	—	20～25
餐饮（中餐酒楼）	100	—	77	66	71	—	38	40～60
办公楼	50	120	61	80	71	—	63	30～50
体育场（运动员淋浴）	48	—	55	3.87	6.8	—	—	30～40
高校教学实验楼	110	110	58	44	37	—	31	40～50
住宅（有大便器，洗涤盆、洗脸盆、洗衣机、热水器和沐浴设备）	143	133	233	152	177	228	94	130～300

影响建筑用水定额的因素很多，如用水设施、节水水平、生活习惯和季节变化等。我国国家标准《民用建筑节水设计标准》GB 50555—2010 节水定额主要是依据我国主要城市节水管理部门所提供的平均日用水定额，并参照国家标准《建筑给水排水设计规范》GB 50015—2003 和《室外给水设计规范》GB 50013—2006 中相关用水定额条款进行确定的。上述两项标准中数据来源更早，且已经进行了修订。因此，有必要在实测数据的基础上进行研究分析，制定出适应我国发展需求，具有时代特性，更科学、更合理的最高日用水定额，并研究编制建筑用水定额标准。为建筑给水排水设计及设备选型等工作提供更科学、可靠的参考依据，从源头避免浪费，促进我国节水社会建设。

5.2.2 非传统水资源利用

我国自 20 世纪 80 年代开始研究城市雨水利用工程，通过不断学习国外成熟的经验、技术，经过近十几年的发展，也取得了不菲的成绩。然而后评估课题的调研结果显示，我国部分绿色建筑项目的雨水回收系统，后期运行阶段处于废弃状态。造成这一现状或是因为建设方存在投机行为，即为拿分而设置该系统，或是由于后期使用不当，造成设备损坏无法使用等。但主要原因还是因为运营维护阶段的管理力量薄弱，缺乏相关监管机制对系统的利用效果进行评估。

中水回用低在我国普遍存在，甚至无中水回用的问题。中水工程在推广中存在资金短缺、技术不成熟、基础设施建设难度大、社会使用中水的积极性不高等方面的问题。这其中，首先是管理问题，运行阶段的评价标准、管理制度不完善。其次是技术问题，建设中水回用管网难度大，管网的不完备将直接影响城市生活污水处理厂中水的有效利用；已建成的居住小区均未配套建设专门的中水输送系统，中水无法入户；中水在长距离输送过程中可能降低中水水质，丧失中水终端使用功能。

目前，我国非传统水资源利用方面的标准主要是国家标准《建筑与小区雨水控制及利用工程技术规范》GB 50400—2016 和《建筑中水设计标准》GB 50336—2018，尽管两者对于非传统水资源利用率提供了计算方法，但显然不适用于对非传统水资源技术设施运行效果的评估。因此，有必要结合我国工程建设标准化改革的要求，制定相关评估标准。

5.2.3　水质和水压

保证水质是建筑给水排水系统应具备的一项基本功能，对于不同水质的评价，我国制定了一系列标准，包括：《生活饮用水卫生标准》GB 5749、《城市污水再生利用　城市杂用水水质》GB/T 18920、《城市污水再生利用　景观环境用水水质》GB/T 18921、《城市污水再生利用　地下水回灌水质》GB/T 19772、《城市污水再生利用　工业用水水质》GB/T 19923、《城市污水再生利用　农田灌溉用水水质》GB 20922、《城市污水再生利用　城市杂用水水质》(在编)、《二次供水设施卫生规范》GB 17051 和《游泳池水质标准》CJ/T 244 等。

建筑给水系统给水压力的限定不仅是防止损坏给水配件的手段，也是避免过高的供水压力造成用水浪费的重要措施。当给水配件前的静水压大于其流出水头，出流量会大于其额定流量。控制超压出流的有效途径是控制给水系统中配水点的出水压力。我国国家标准《建筑给水排水设计标准》GB 50015 和《住宅建筑规范》GB 50368 中均对建筑各用水点的给水压力提出了要求，其中国家标准《住宅建筑规范》GB 50368—2005 中，强制规定套内分户用水点的给水压力不应小于 0.05MPa，入户管的给水压力不应大于 0.35MPa。

此外，节水器具的选择也是决定建筑水耗多少的一项重要措施，但是在绿色建筑后评估标准体系构建中，更多应该考虑建筑给水排水系统的“源头”和“结果”，节水器具的选用更多偏重于“过程”，所以对具体节水器具的相关标准仅作为体系构建中的参考标准，暂不纳入最终体系。

5.2.4　主要标准修订建议

国家标准《民用建筑节水设计标准》GB 50555 建议进一步修订建筑用水定额、完善建筑中水与雨水利用的相关技术要求。(1) 结合我国政策导向和近十年来建筑节水技术措施的发展，进一步调整我国民用建筑用水定额。(2) 提出节水评价考核指标。节水评价是采用节水设计后应达到的指标，是衡量使用者用水和节水的一种尺度。不同考核指标往往只能反映节水状况的一个侧面，为了全面衡量建筑物节水水平，应设置若干种节水考核指标进行综合评价。任何考核指标都是相对于某一种用水系统而言，即应有确定的用水系统边界，并在一定测试阶段内，各种水量的输入、输出应保持平衡。考核指标应包括采用节水器具的节水率、非传统水源利用率、冷却水的循环利用率、游泳池水的循环利用率、生活用水户表率、管网漏失率等。同时，可逐步明确各种建筑物的节水率。(3) 结合建筑给水排水与节水强制性规范的制定，提出非传统水资源评价的具体要求，并同步在国家标准《建筑与小区雨水控制及利用工程技术规范》GB 50400 和《建筑中水设计标准》GB 50336 修订中细化具体技术措施。

5.3 建筑能耗评估与标准化

建筑能耗与工业能耗、交通能耗并列为三大能耗之一，这一观点已得到社会的广泛认同。我国建筑用能具有以下三方面的特点：(1) 我国建筑用能耗占全社会能源消费总量比例低于欧美发达国家，但增长迅速。从建筑能耗总量来看，欧美发达国家建筑能耗占全社会能源消费总量的比例可达 1/3 左右。由于我国目前正处在城镇化快速发展阶段，第三产业占 GDP 比例逐年加大，且建筑规模十分巨大，导致建筑能耗的总量逐年上升，所占全国能源消费总量比例也将逐步升高。(2) 我国建筑总能耗存在总量限值，用能形势紧张。终端能源消费主要用于工业、交通和建筑运行。从当前我国终端用能结构来看，工业用能约占总能耗的 70%，远高于发达国家的 30%～40%的比例；交通能耗约占 10%，与发达国家相比，人均交通能耗还处于非常低的水平，也只有世界平均水平的 1/2；建筑能耗约占 20%，人均用能强度远低于发达国家水平。由于我国能源消耗量自身存在的上限约束，考虑到我国建筑用能强度仍存在上升趋势，每年新增建筑面积达 10 亿 m^2，建筑用能总体形势不容乐观。(3) 我国建筑用能总量呈现“四分天下”态势，建筑能耗用能强度仍处于较低水平。从用能总量来看，我国北方城镇供暖用能、城镇住宅用能（不包括北方地区的供暖)、公共建筑用能（不包括北方地区的供暖）以及农村住宅用能四类用能各占建筑能耗的 1/4 左右。随着公共建筑规模的增长及平均能耗强度的增长，公共建筑的能耗已经成为我国建筑能耗中比例最大的一部分。从建筑能耗强度来看，我国农村能耗水平低于城镇水平，但我国城镇能耗较高的水平仍低于发达国家能耗水平：单位面积能耗为欧洲与亚洲发达国家的 1/2 左右，为美洲国家的 1/3 左右；人均能耗为欧洲与亚洲发达国家的 1/4 左右，为美洲国家的 1/8 左右。

随着“十一五”和“十二五”期间，建筑节能和绿色建筑工作的不断推广和普及，我国建筑技术的应用取得长足的发展，更多高效节能的技术在绿色建筑中得到了应用（图 5-3)，同时工作的考核评价方式也正在逐渐发生根本性转变。由过去针对技术措施的控制方式，如考核采用节能技术的数量、围护结构性能指标、系统和设备的能效等，逐渐转向用能总量的控制方式，即通过采用用能限额等控制方法，鼓励采用技术结合使用模式实现能耗总量控制。这既是我国能源形势的迫切需要，也是进一步深化建筑节能和绿色建筑工作的迫切需要。

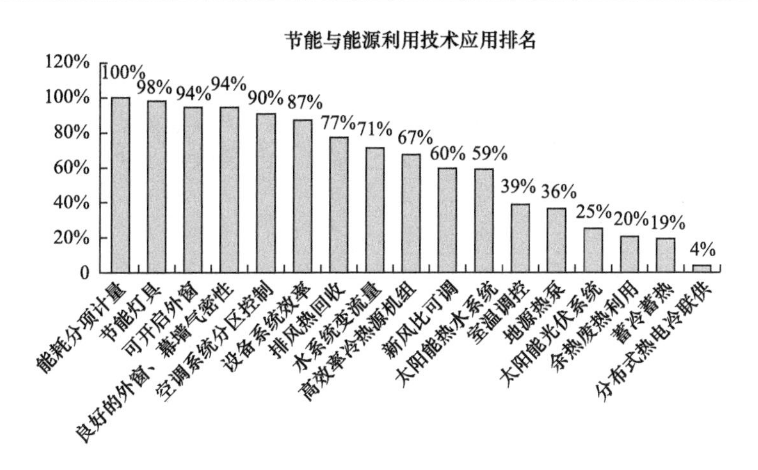

图 5-3　节能与能源利用技术措施应用排名（公建及住宅）

5.3.1　建筑能耗约束指标

2016 年我国颁布实施了国家标准《民用建筑能耗标准》GB/T 51161—2016，作为目标层级的国家标准，《民用建筑能耗标准》GB/T 51161—2016 通过实际建筑能耗数据基础，对我国当前国情下建筑能耗指标提出了目标性要求，同时，强化了对建筑终端能用强度的控制与引导。在我国当前实施的“过程节能”的基础上，通过确定建筑能耗指标，引导规范建筑实际运行与管理，以达到降低建筑物的“实际运行能耗”的最终目的，从而实现建筑节能的根本目标。国家标准《民用建筑能耗标准》GB/T 51161—2016 中居住建筑和典型办公建筑的能耗约束指标见表 5-11 和表 5-12，严寒和寒冷地区建筑供暖能耗约束指标见表 5-13。

居住建筑能耗指标约束值　　表 5-11

气候分区	综合电耗指标约束值［kW·h/(a·H)］	燃气消耗指标约束值［m^3/(a·H)］
严寒地区	2200	150
寒冷地区	2700	140
夏热冬冷地区	3100	240
夏热冬暖地区	2800	160
温和地区	2200	150

办公建筑能耗指标的约束值和引导值　　表 5-12-1

建筑分类		严寒和寒冷地区		夏热冬冷地区		夏热冬暖地区		温和地区	
		约束值	引导值	约束值	引导值	约束值	引导值	约束值	引导值
		［kWh/(m^2·a)］		［kWh/(m^2·a)］		［kWh/(m^2·a)］		［kWh/(m^2·a)］	
A类	党政机关办公建筑	55	45	70	55	65	50	50	40
	商业办公建筑	65	55	85	70	80	65	65	50
B类	党政机关办公建筑	70	50	90	65	80	60	60	45
	商业办公建筑	80	60	110	80	100	75	70	55

宾馆酒店建筑能耗指标的约束值和引导值 表 5-12-2

<table>
<tr><td colspan="2" rowspan="3">建筑分类</td><td colspan="2">严寒和寒冷地区</td><td colspan="2">夏热冬冷地区</td><td colspan="2">夏热冬暖地区</td><td colspan="2">温和地区</td></tr>
<tr><td>约束值</td><td>引导值</td><td>约束值</td><td>引导值</td><td>约束值</td><td>引导值</td><td>约束值</td><td>引导值</td></tr>
<tr><td colspan="2">[kWh/(m² · a)]</td><td colspan="2">[kWh/(m² · a)]</td><td colspan="2">[kWh/(m² · a)]</td><td colspan="2">[kWh/(m² · a)]</td></tr>
<tr><td rowspan="3">A类</td><td>三星级及以下</td><td>70</td><td>50</td><td>110</td><td>90</td><td>100</td><td>80</td><td>55</td><td>45</td></tr>
<tr><td>四星级</td><td>85</td><td>65</td><td>135</td><td>115</td><td>120</td><td>100</td><td>65</td><td>55</td></tr>
<tr><td>五星级</td><td>100</td><td>80</td><td>160</td><td>135</td><td>130</td><td>110</td><td>80</td><td>60</td></tr>
<tr><td rowspan="3">B类</td><td>三星级及以下</td><td>100</td><td>70</td><td>160</td><td>120</td><td>150</td><td>110</td><td>60</td><td>50</td></tr>
<tr><td>四星级</td><td>120</td><td>85</td><td>200</td><td>150</td><td>190</td><td>140</td><td>75</td><td>60</td></tr>
<tr><td>五星级</td><td>150</td><td>110</td><td>240</td><td>180</td><td>220</td><td>160</td><td>95</td><td>75</td></tr>
</table>

商场建筑能耗指标的约束值和引导值 表 5-12-3

<table>
<tr><td colspan="2" rowspan="3">建筑分类</td><td colspan="2">严寒和寒冷地区</td><td colspan="2">夏热冬冷地区</td><td colspan="2">夏热冬暖地区</td><td colspan="2">温和地区</td></tr>
<tr><td>约束值</td><td>引导值</td><td>约束值</td><td>引导值</td><td>约束值</td><td>引导值</td><td>约束值</td><td>引导值</td></tr>
<tr><td colspan="2">[kWh/(m² · a)]</td><td colspan="2">[kWh/(m² · a)]</td><td colspan="2">[kWh/(m² · a)]</td><td colspan="2">[kWh/(m² · a)]</td></tr>
<tr><td rowspan="5">A类</td><td>一般百货店</td><td>80</td><td>60</td><td>130</td><td>110</td><td>120</td><td>100</td><td>80</td><td>65</td></tr>
<tr><td>一般购物中心</td><td>80</td><td>60</td><td>130</td><td>110</td><td>120</td><td>100</td><td>80</td><td>65</td></tr>
<tr><td>一般超市</td><td>110</td><td>90</td><td>150</td><td>120</td><td>135</td><td>105</td><td>85</td><td>70</td></tr>
<tr><td>餐饮店</td><td>60</td><td>45</td><td>90</td><td>70</td><td>85</td><td>65</td><td>55</td><td>40</td></tr>
<tr><td>一般商铺</td><td>55</td><td>40</td><td>90</td><td>70</td><td>85</td><td>65</td><td>55</td><td>40</td></tr>
<tr><td rowspan="3">B类</td><td>大型百货店</td><td>140</td><td>100</td><td>200</td><td>170</td><td>245</td><td>190</td><td>90</td><td>70</td></tr>
<tr><td>大型购物中心</td><td>175</td><td>135</td><td>260</td><td>210</td><td>300</td><td>245</td><td>90</td><td>70</td></tr>
<tr><td>大型超市</td><td>170</td><td>120</td><td>225</td><td>180</td><td>290</td><td>240</td><td>100</td><td>80</td></tr>
</table>

建筑供暖能耗指标的约束值和引导值（燃煤为主） 表 5-13-1

<table>
<tr><td rowspan="3">省份</td><td rowspan="3">城市</td><td colspan="4">建筑供暖能耗指标 [kgce/(m² · a)]</td></tr>
<tr><td colspan="2">约束值</td><td colspan="2">引导值</td></tr>
<tr><td>区域集中供暖</td><td>小区集中供暖</td><td>区域集中供暖</td><td>小区集中供暖</td></tr>
<tr><td>北京</td><td>北京</td><td>7.6</td><td>13.7</td><td>4.5</td><td>8.7</td></tr>
<tr><td>天津</td><td>天津</td><td>7.3</td><td>13.2</td><td>4.7</td><td>9.1</td></tr>
<tr><td>河北省</td><td>石家庄</td><td>6.8</td><td>12.1</td><td>3.6</td><td>6.9</td></tr>
<tr><td>山西省</td><td>太原</td><td>8.6</td><td>15.3</td><td>5.0</td><td>9.7</td></tr>
<tr><td>内蒙古自治区</td><td>呼和浩特</td><td>10.6</td><td>19.0</td><td>6.4</td><td>12.4</td></tr>
<tr><td>辽宁省</td><td>沈阳</td><td>9.7</td><td>17.3</td><td>6.4</td><td>12.3</td></tr>
<tr><td>吉林省</td><td>长春</td><td>10.7</td><td>19.3</td><td>7.9</td><td>15.4</td></tr>
<tr><td>黑龙江省</td><td>哈尔滨</td><td>11.4</td><td>20.5</td><td>8.0</td><td>15.5</td></tr>
<tr><td>山东省</td><td>济南</td><td>6.3</td><td>11.1</td><td>3.4</td><td>6.5</td></tr>
<tr><td>河南省</td><td>郑州</td><td>6.0</td><td>10.6</td><td>3.0</td><td>5.6</td></tr>
<tr><td>西藏自治区</td><td>拉萨</td><td>8.4</td><td>15.2</td><td>3.6</td><td>6.9</td></tr>
<tr><td>陕西省</td><td>西安</td><td>6.3</td><td>11.1</td><td>3.0</td><td>5.6</td></tr>
<tr><td>甘肃省</td><td>兰州</td><td>8.3</td><td>14.8</td><td>4.8</td><td>9.2</td></tr>
<tr><td>青海省</td><td>西宁</td><td>10.2</td><td>18.3</td><td>5.7</td><td>11.0</td></tr>
<tr><td>宁夏回族自治区</td><td>银川</td><td>9.1</td><td>16.3</td><td>5.7</td><td>11.0</td></tr>
<tr><td>新疆维吾尔自治区</td><td>乌鲁木齐</td><td>10.6</td><td>19.0</td><td>6.9</td><td>13.3</td></tr>
</table>

建筑供暖能耗指标的约束值和引导值（燃气为主） **表 5-13-2**

省份	城市	建筑供暖能耗指标［$Nm^3/(m^2 \cdot a)$］					
		约束值			引导值		
		区域集中供暖	小区集中供暖	分栋分户供暖	区域集中供暖	小区集中供暖	分栋分户供暖
北京	北京	9.0	10.1	8.7	4.9	6.6	6.1
天津	天津	8.7	9.7	8.4	5.1	6.9	6.4
河北省	石家庄	8.0	9.0	7.7	3.9	5.3	4.8
山西省	太原	10.0	11.2	9.7	5.3	7.3	6.7
内蒙古自治区	呼和浩特	12.4	13.9	12.1	6.8	9.3	8.6
辽宁省	沈阳	11.4	12.7	11.1	6.8	9.3	8.6
吉林省	长春	12.7	14.2	12.4	8.5	11.7	10.9
黑龙江省	哈尔滨	13.4	15.0	13.1	8.5	11.7	10.9
山东省	济南	7.4	8.2	7.1	3.6	4.9	4.5
河南省	郑州	7.0	7.9	6.7	3.1	4.2	3.8
西藏自治区	拉萨	10.0	11.2	9.7	3.9	5.3	4.8
陕西省	西安	7.4	8.2	7.1	3.1	4.2	3.8
甘肃省	兰州	9.7	10.9	9.4	5.1	6.9	6.4
青海省	西宁	12.0	13.5	11.8	6.1	8.3	7.7
宁夏回族自治区	银川	10.7	12.0	10.4	6.1	8.3	7.7
新疆维吾尔自治区	乌鲁木齐	12.4	13.9	12.1	7.3	10.0	9.3

建筑耗热量指标的约束值和引导值 **表 5-13-3**

省份	城市	建筑折算耗热量指标［$GJ/(m^2 \cdot a)$］	
		约束值	引导值
北京	北京	0.26	0.19
天津	天津	0.25	0.20
河北省	石家庄	0.23	0.15
山西省	太原	0.29	0.21
内蒙古自治区	呼和浩特	0.36	0.27
辽宁省	沈阳	0.33	0.27
吉林省	长春	0.37	0.34
黑龙江省	哈尔滨	0.39	0.34
山东省	济南	0.21	0.14
河南省	郑州	0.20	0.12
西藏自治区	拉萨	0.29	0.15
陕西省	西安	0.21	0.12
甘肃省	兰州	0.28	0.20
青海省	西宁	0.35	0.24
宁夏回族自治区	银川	0.31	0.24
新疆维吾尔自治区	乌鲁木齐	0.36	0.29

国家标准《民用建筑能耗标准》GB/T 51161既可规范和约束建筑工程的设计、建造和运行管理，同时也可对建筑的实际用能水平进行评价。标准中规定的约束指标应作为新

建建筑规划时的用能目标值，建设阶段各个环节都应该对用能状况进行评估，保证实际用能不超过这一上限。建筑工程投入运行后，约束指标也应作为该建筑运行的用能额定值，从而实施用能总量管理。对于既有建筑的能耗评估，当实际用能量高于标准中给出的约束指标时，说明该建筑用能偏高，需要进行节能改造；当实际用能量位于约束指标和引导指标之间时，说明该建筑用能状况处于正常水平；当实际用能量低于引导指标时，说明该建筑真正属于节能建筑。

目前，我国已经颁布实施了系统的建筑节能设计标准，包括：《严寒和寒冷地区居住建筑节能设计标准》JGJ 26、《夏热冬冷地区居住建筑节能设计标准》JGJ 134、《夏热冬暖地区居住建筑节能设计标准》JGJ 75、《温和地区居住建筑节能设计标准》JGJ 475以及《公共建筑节能设计标准》GB 50189，这些标准作为技术规范性标准，给出了建筑设计和机电系统设计中实现建筑节能的主要措施。《建筑节能工程施工质量验收标准》GB 50411和一系列运行管理标准规范了建筑施工验收和运行管理这两个环节中实现建筑节能的技术条件和主要措施。上述标准明确了实现建筑节能的途径和办法，国家标准《民用建筑能耗标准》GB/T 51161则提出了这些途径和办法所要实现的目标，两者相辅相成，协调统一。同时，相对于建筑能效，建筑能耗是在千差万别的实际运行和使用方式下产生，对处于实际运行阶段的建筑更能反映其客观真实的用能情况。以建筑能耗约束性指标作为评价基线，对于各类建筑，特别是大型公共建筑等高能耗建筑实施强制性改造，以实际建筑节能效果为导向，严格控制建筑能耗增长，对实现建筑节能最佳效果更具现实意义。

5.3.2 围护结构

围护结构作为建筑内外环境热交换的重要通道，对建筑整体能耗有着很大影响。我国现行标准《严寒和寒冷地区居住建筑节能设计标准》JGJ 26、《夏热冬冷地区居住建筑节能设计标准》JGJ 134、《夏热冬暖地区居住建筑节能设计标准》JGJ 75、《温和地区居住建筑节能设计标准》JGJ 475以及《公共建筑节能设计标准》GB 50189，在建筑设计阶段分别针对建筑体形系数、窗墙面积比、遮阳措施、热工性能、幕墙和门窗的气密性要求等提出一系列强制性规定。

对我国现行标准中主要围护结构性能指标与国外相关标准进行了对比。就居住建筑而言，由于我国城镇居住建筑绝大多数为多层和高层，我国居住建筑节能设计标准中重点关注围护结构热工性能。对比我国寒冷地区与英国、丹麦、德国等气候条件类似国家，非透光围护结构热工性能我国要求略低于欧洲，外窗性能和欧洲国家要求基本持平。对比我国夏热冬冷地区和美国的相近气候区，外墙热工性能要求基本相当，屋面和外窗的性能要求我国略低（表5-14）。

我国与国外气候相似国家居住建筑围护结构传热系数比较　　表5-14

建筑部位	中国	英国	丹麦	德国	美国	日本
寒冷地区［W/(m^2·K)］						
外墙	0.35	0.30	0.15	0.28	—	—
屋面	0.30	0.20	0.10	0.20	—	—
外窗	1.80	2.00	1.40	1.40	—	—

续表

建筑部位	中国	英国	丹麦	德国	美国	日本
夏热冬冷地区［W/(m²·K)］						
外墙	0.60	—	—	—	0.592	0.87（平均）
屋面	0.40	—	—	—	0.273	
外窗	2.50	—	—	—	3.70	

公共建筑中，对于非透光围护结构，我国节能设计标准中主要考虑屋面、外墙（包括非透光幕墙）、地下室外墙、非供暖房间与供暖房间的隔墙或楼板、底面接触室外空气的架空楼板或外挑楼板、地面等。美国标准 ASHRAE90.1 将屋面分为无阁楼、带阁楼和金属建筑三类，将外墙分为地面以上和地面以下两大类，其中地面以上外墙又分为重质墙、金属建筑墙、钢框架、木框架四种类型；将楼板其细分为重质楼板、工字钢、木框架三类；将不透光门分为平开和非平开两类等。选择美国标准 ASHRAE90.1 中 2、3、5、7 气候区中对非透明围护结构的重质墙体，与我国标准中的相关要求进行比较（表 5-15）。从表中可以看出，在严寒和寒冷地区，我国公共建筑墙体节能要求已经略高于美国现行标准，考虑到我国公共建筑节能设计标准为全国强制执行，且部分地方节能标准高于国家标准，可以说此气候区我国公共建筑节能设计标准围护结构要求已经整体高于美国；在夏热冬冷和夏热冬暖地区，整体来看，围护结构要求较美国现行标准略低。

中美公共建筑节能标准地面以上重质墙体传热系数限值比较　　表 5-15

气候区	中国［W/(m²·K)］	美国［W/(m²·K)］
严寒地区	0.35	0.404
寒冷地区	0.50	0.513
夏热冬冷地区	0.80	0.701
夏热冬暖地区	1.50	0.701

5.3.3　建筑设备

建筑设备能耗是影响建筑能耗的重要因素。近年来我国相继出台了一系列设备能效限值标准（表 5-16）。这些标准对主要设备的能效限值和能效等级做出了强制性规定，而工程建设标准中的设计标准对建筑设备具体能效等级的选择提出了强制性规定，两者构成了建筑设备选择的完整要求。

建筑设备能效限值标准　　表 5-16

序号	标准名称	相关内容
1	《工业锅炉能效限定值及能效等级》GB 24500	燃液体燃料、天然气锅炉名义工况下的热效率；燃生物质锅炉名义工况下的热效率；燃煤锅炉名义工况下的热效率
2	《家用燃气快速热水器和燃气采暖热水炉能效限定值及能效等级》GB 20665	户式燃气供暖热水炉的热效率
3	《家用燃气灶具能效限定值及能效等级》GB 30720	家用燃气灶具的性能

续表

<table>
<tr><th>序号</th><th>标准名称</th><th>相关内容</th></tr>
<tr><td>4</td><td>《冷水机组能效限定值及能效等级》
GB 19577</td><td>名义制冷工况和规定条件下冷水机组的制冷性能</td></tr>
<tr><td>5</td><td>《单元式空气调节机能效限定值及能效等级》
GB 19576</td><td>名义制冷工况和规定条件下单元式空气调节机的制冷性能</td></tr>
<tr><td>6</td><td>《多联式空调（热泵）机组能效限定值及能源效率等级》
GB 21454</td><td>多联式空调（热泵）水冷机组制冷综合性能</td></tr>
<tr><td>7</td><td>《溴化锂吸收式冷水机组能效限定值及能效等级》
GB 29540</td><td>直燃型溴化锂吸收式冷（温）水机组的性能</td></tr>
<tr><td>8</td><td>《清水离心泵能效限定值及节能评价值》
GB 19762</td><td>给水泵的性能</td></tr>
<tr><td>9</td><td>《热泵热水机（器）能效限定值及能效等级》
GB 29541</td><td>热泵机组的性能</td></tr>
<tr><td>10</td><td>《管形荧光灯镇流器能效限定值及能效等级》
GB 17896</td><td rowspan="10">光源、灯具、镇流器及 LED 模块控制装置的性能</td></tr>
<tr><td>11</td><td>《普通照明用双端荧光灯能效限定值及能效等级》
GB 19043</td></tr>
<tr><td>12</td><td>《普通照明用自镇流荧光灯能效限定值及能效等级》
GB 19044</td></tr>
<tr><td>13</td><td>《单端荧光灯能效限定值及节能评价值》
GB 19415</td></tr>
<tr><td>14</td><td>《高压钠灯能效限定值及能效等级》
GB 19573</td></tr>
<tr><td>15</td><td>《高压钠灯用镇流器能效限定值及节能评价值》
GB 19574</td></tr>
<tr><td>16</td><td>《金属卤化物灯用镇流器能效限定值及能效等级》
GB 20053</td></tr>
<tr><td>17</td><td>《金属卤化物灯能效限定值及能效等级》
GB 20054</td></tr>
<tr><td>18</td><td>《电力变压器能效限定值及能效等级》
GB 20052</td></tr>
<tr><td>19</td><td>《室内照明用 LED 产品能效限定值及能效等级》
GB 30255</td></tr>
</table>

供暖、通风和空气调节设备是建筑节能标准最重要的组成部分之一，包括冷水机组、单元式空调机、分散式房间空调器、多联式空调（热泵）机组、锅炉等设备。对于相关设备，中美标准根据不同制冷量（制热量）划分等级方式不同，且我国标准按气候区不同给出不同限值，美国标准不分气候区对其性能进行统一要求，为方便比对，选择离心式水冷冷水机组的制冷性能系数进行比对。美国标准以名义制冷量 528kW、1055kW、1407kW、2110kW 为节点，将离心式冷水机组按名义制冷量范围划分为 5 个等级，我国标准以名义制冷量 1163kW、2110kW 为节点，将离心式冷水机组按名义制冷量范围划分为 3 个等级。将相同（或相近）名义制冷量的离心机组性能要求作对比（表 5-17 和表 5-18）。对制冷性

能系数 *COP* 限值的要求，美国标准 ASHREA90.1—2010 的要求比我国建筑节能设计标准高 3%～10%不等；美国标准 ASHREA90.1—2013 调整后差距有所扩大，其要求比我国建筑节能设计标准整体高 6%～18%不等，但名义制冷量越大的机组差距逐渐减小。对综合部分负荷性能系数 *IPLV* 限值的要求，美国标准 ASHREA90.1—2010 的要求比我国建筑节能设计标准高 5%～14%不等；美国标准 ASHREA90.1—2013 调整后差距有所扩大，其要求比我国建筑节能设计标准整体高 13%～24%不等，名义制冷量越大的机组差距也在不断缩小。

中美节能标准离心式水冷冷水机组制冷性能系数 *COP* 限值比较　　表 5-17

我国建筑节能设计标准中各气候区 COP 限值（W/W）							美国 ASHRAE 标准中 COP 限值（W/W）		
名义制冷量范围	严寒 A、B 区	严寒 C 区	温和地区	寒冷地区	夏热冬冷地区	夏热冬暖地区	名义制冷量范围	2010 版	2013 版
CC≤1163	5.20	5.20	5.30	5.40	5.50	5.60	CC≤1055	5.553	5.771
1163<CC≤2110	5.50	5.60	5.60	5.70	5.80	5.80	1055<CC≤2110	6.112	6.286
CC>2110	5.90	5.90	5.90	6.00	6.30	6.30	CC>2110	6.176	6.286

中美节能标准离心式水冷冷水机组综合部分负荷性能系数 *IPLV* 限值比较　　表 5-18

中国各气候区 IPLV 限值							美国 ASHRAE 标准 IPLV 限值		
名义制冷量范围	严寒 A、B 区	严寒 C 区	温和地区	寒冷地区	夏热冬冷地区	夏热冬暖地区	名义制冷量范围	2010 版	2013 版
CC≤1163	5.15	5.15	5.25	5.35	5.45	5.55	CC≤1055	5.907	6.401
1163<CC≤2110	5.40	5.50	5.55	5.60	5.75	5.85	1055<CC≤2110	6.412	6.770
CC>2110	5.95	5.95	5.95	6.10	6.20	6.20	CC>2110	6.531	7.041

建筑照明节能标准也是除供暖、通风和空气调节设备外，建筑节能标准的另一重要组成。实测数据表明，我国建筑照明能耗，特别是大型办公建筑中，照明能耗能够占到建筑总能耗的 20%～40%。我国建筑照明标准包括：《建筑照明设计标准》GB 50034、《室外作业场地照明设计标准》GB 50582、《体育场馆照明设计及检测标准》JGJ 153、《城市道路照明设计标准》CJJ 45、《城市夜景照明设计规范》JGJ/T 163 和《绿色照明检测及评价标准》GB/T 51268。其中，《建筑采光设计标准》GB 50033—2013 和《建筑照明设计标准》GB 50034—2013，分别对主要建筑不同功能房间的采光标准值和照明功率密度值提出了强制性限值要求（表 5-19）。

主要建筑不同功能房间的照明功率密度要求　　表 5-19

房间或场所	照度标准值（lx）	照明功率密度限值（W/m²）	
		现行值	目标值
普通办公室	300	≤9.0	≤8.0
高档办公室、设计室	500	≤15.0	≤13.5
会议室	300	≤9.0	≤8.0
服务大厅	300	≤11.0	≤10.0
一般商店营业厅/高档商店营业厅	300/500	≤10.0/≤16.0	≤9.0/≤14.5
一般超市营业厅/高档超市营业厅	300/500	≤11.0/≤17.0	≤10.0/≤15.5
专卖店营业厅	300	≤11.0	≤10.0
仓储超市	300	≤11.0	≤10.0

5.3.4 可再生能源的应用

太阳能系统是建筑节能和绿色建筑中广泛应用的技术措施之一，目前关于太阳能系统的评价标准包括：《可再生能源建筑应用工程评价标准》GB/T 50801、《民用建筑太阳能热水系统应用技术标准》GB 50364、《民用建筑太阳能热水系统评价标准》GB/T 50604、《光伏发电站设计规范》GB 50797、《太阳能供热采暖工程技术标准》GB 50495、《民用建筑太阳能空调工程技术规范》GB 50787、《建筑光伏系统应用技术标准》GB/T 51368、《光伏建筑一体化系统运行与维护规范》JGJ/T 264 和《太阳能光伏玻璃幕墙电气设计规范》JGJ/T 365。产品标准则相对较多，例如：《平板型太阳能集热器》GB/T 6424、《真空管型太阳能集热器》GB/T 17581、《建筑光伏组件用聚乙烯醇缩丁醛（PVB）胶膜》JG/T 449、《建筑光伏组件用乙烯-醋酸乙烯共聚物（EVA）胶膜》JG/T 450 等。

热泵系统评价的相关标准包括：《可再生能源建筑应用工程评价标准》GB/T 50801、《地源热泵系统工程技术规范》GB 50366、《民用建筑供暖通风与空气调节设计规范》GB 50736 和《水（地）源热泵机组》GB/T 19409，其中《水（地）源热泵机组》GB/T 19409 中首次提出了全新参数“全年综合性能系数（*ACOP*）”，作为水（地）源热泵机组的能效水平考核指标。

对于可再生能源对于建筑能耗的影响，应该更多考虑将其贡献纳入对建筑整体能耗限值的影响，单独考虑可再生能源系统自身的性能评价仍然缺乏实际应用价值。

5.3.5 主要标准修订建议

国家标准《民用建筑能耗标准》GB/T 51161 是我国第一部建筑领域对于建筑用能强度控制与引导的建筑节能国家标准，是从节能率向节能量引导与管理的标志性突破，在建筑节能“过程控制”的基础上引入“结果控制”，对于建筑领域落实能源消费总量控制要求具有重要意义。(1) 建议扩大标准的覆盖面。包括增加城市的覆盖面和增加公共建筑类型的覆盖面，如增加能耗强度较大的学校、医疗等类型公共建筑，体现用能公平性。(2) 进一步完善指标限值。随着社会的进步、技术的发展和人民生活水平的提高，我国建筑能耗强度也将出现相应的变化，建议根据能耗大数据的不断完善，评估修正标准能耗约束值和引导值，并根据各地的差异性，完善修正值。(3) 增加能耗指标项。新时期的建筑节能工作已向更深层级发展，除了关注建筑物总能耗外，还需要关注供暖、空调制冷等建筑物内重点系统的能耗强度，如夏热冬冷地区供暖能耗和空调制冷能耗强度、夏热冬暖地区空调制冷能耗强度等，完善这部分内容将更有助于提升夏热冬冷和夏热冬暖地区建筑节能工作的效果。(4) 加强与建筑节能、绿色建筑等相关现行标准和在编标准之间的关系、内涵、能耗边界等相关性研究，增强标准之间的引用率。如根据《建筑节能与可再生能源利用通用规范》，进一步完善公共建筑节能设计标准和不同气候区居住建筑节能设计标准的相关技术要求。

国家标准《建筑照明设计标准》GB 50034 建议参照国外相关技术标准，继续降低照明功率密度，进一步实现节能。(1) 目前，发达国家均以照明功率密度（LPD）作为照明节能的评价指标，其中美国和日本的照明节能标准更为完善。美国从 20 世纪 90 年代制定照明节能标准以来，已多次降低照明功率密度（LPD）限值。我国从《建筑照明设计标准》GB 50034—2004 开始以照明功率密度（LPD）作为评价指标，从7类建筑逐渐发展到《建筑照明设计标准》GB 50034—2013 的15类建筑，同时，不断降低限值标准。相比于2004版标准，我国民用建筑照明功率密度（LPD）限值平均降低19%，限值低于美、日等国家标准，节能效益高于国外水平。随着智能照明系统的发展，毋庸置疑，降低照明功率密度（LPD）限值的空间更大，实现节能减排的效益会更加显著。但是，现行标准中只规定了各类房间和场所的照明功率密度（LPD）限值，仍缺少对整栋建筑的限值规定，相比国外标准仍有待进一步完善。(2) 相比于国外标准，我国照明节能评价仍略显粗放，缺少精确可靠的节能评价。例如，日本的节能标准中，以照明功率密度（LPD）限值为基础，使用年实际照明用电量与规定的标准用电量之比小于1的照明能耗系数来评价照明节能。此外，还规定了一系列修正系数，如按年工作日天数和每天点灯时间、照明设备的不同控制方法的修正系数、采用不同种类灯具的修正系数、不同建筑房间的照度修正系数等。(3) 为避免室内光污染，明确当设置室外夜景照明时，提出居住空间窗户外表面上产生的垂直面照度和居住空间产生的发光强度的限值要求。

5.4 相关技术应用案例

5.4.1 恒通·帝景蓝湾（江都）（住宅，运行标识三星级）

恒通·帝景蓝湾（江都）项目位于扬州市江都区，项目由1幢商业、15幢住宅建筑组成。总用地面积为49546m²，总建筑面积104974m²，容积率1.5，绿地率38%，共计住宅643户（图5-4）。项目坚持“以人为本、生态宜居、可持续发展”的理念，采用标准化、产业化的设计，充分利用地源热泵技术，集中供热、制冷、提供生活热水，配合外墙砂加气自保温混凝土砌块，冷桥部位采用A级防火的复合发泡水泥保温板、断桥隔热铝合金中空玻璃窗、外遮阳卷帘，有效改善居住环境，达到系统节能65%以上。同时，采用雨水回用、节水喷灌等节水技术，大大节约能源和资源，并在室内应用风机盘管+地板辐射末端空调系统，有效提升室内舒适度。

图5-4 恒通·帝景蓝湾（江都）项目概况

1. 围护结构节能设计

建筑的体型系数、窗墙面积比、围护结构的传热系数均小于规范限值，符合现行行业标准《夏热冬冷地区居住建筑节能设计标准》JGJ 134 的有关规定。外墙采用 240.00mm 砂加气砌块（B06 级），热桥部位采用 50.00mm 复合发泡水泥板保温，外墙平均传热系数 0.67W/(m^2·K)。屋顶采用 100.00mm 复合发泡水泥板保温。屋顶传热系数为 0.56W/(m^2·K)。窗框采用断桥隔热铝合金型材，玻璃采用 6+12A+6 的 Low-E 玻璃，外窗传热系数 2.5W/(m^2·K)。建筑外窗采用卷帘外遮阳（图 5-5），在夏季起到遮阳目的，用户可自由控制遮阳开度，在冬季夜间遮阳还能起到一定的保温效果。同时通过合理的围护结构节能设计、高效的保温材料及精细的施工管理，较好的降低了项目冷热负荷，节约了空调系统运行费用。

图 5-5　建筑外遮阳设计

图 5-6　地源热泵机房

2. 可再生能源利用

采用地源热泵系统，不仅作为冬夏季空调系统的冷热源，同时能提供全年不间断的生活热水（图 5-6）。空调系统末端为风机盘管+地板辐射的供冷采暖方式。水系统分为空调冷冻水系统、地源水系统、冷却水系统和卫生热水系统。空调冷冻水系统为一次泵变流量，实行台数和变频控制，分集水器间设差压控制阀。冷却水系统为辅助冷却系统，夏季负荷较大，地源侧冷却不能满足系统要求或经分析需进行热量平衡时，启动冷却塔。地源热泵系统主机的性能系数均大于 5.9，同时在每户设置新风热回收机组，有效降低了采暖空调及生活热水能耗，每年节省电费 196 万元。

3. 水资源综合利用

经水系统规划设计，通过采用分类分级的计量水表和节水率二级以上的节水型卫生器具，人均用水量符合现行国家标准《民用建筑节水设计标准》GB 50555 的有关规定。实施的绿色雨水生态回用系统包括雨水收集处理系统、绿化节水喷灌系统、喷灌智能控制系统（图 5-7）。系统紧紧围绕减少径流系数，缓解城市排水压力，缓冲洪峰，降低地表水污染，最大程度收集利用、渗透，减少雨污混流，通过这些设备对雨水进行有效管理，让雨水恢复原生态循环，实现低冲击开发雨水利用理念。通过绿色雨水生态回用系统项目非传统水源利用率达到 13%，全年可减少市政用水量 2.8 万吨，每年节约水费及运行费用 30 万元。

图 5-7　绿色雨水生态回用系统

4. 地下车库空气质量

地下车库设置 CO 浓度在线监测系统（图 5-8），系统通过布置在监测点位的探测器可实时监测环境中 CO 及温湿度的实时数据，变送器可将空气质量信号上传至控制器，控制器与通风系统联动，当 CO 浓度超出 25ppm 时，自动控制风机进行低速排风，当 CO 浓度超出 50ppm 时，自动控制风机进行高速排风。在保证人身健康的情况下实现节能环保。

图 5-8　CO 浓度在线监测系统

5.4.2　蓝湾国际（住宅，运行标识三星级）

扬州蓝湾国际项目位于扬州市邗江区，由多层、中高层和高层建筑组成，建筑最大高度为 53.70m。项目总建筑面积 259988.71m^2，其中地上建筑面积为 181424.00m^2，地下建筑面积 78564.71m^2，总户数为 1632 户（图 5-9）。项目顺应扬州“江南水乡”的城市特征，融合了古典园林美学与现代居住需求，依据地形特征布置了景观多样化的居住组团，为居民创造出和谐而有意趣的生活休闲空间；遵循“绿色住区，以人为本”理念，结合不同客户群体需求和地方气候特征，合理进行户型多样化设计和住宅节能设计，营造了人性化而舒适的室内环境；采用多项适宜的绿色建筑技术措施，建立高效的住宅物业管理体系，打造了一个高水平的绿色健康住区。同时，通过采用高性能围护结构、高效地源热泵机组、地下室全通透以及雨水回收利用等绿色建筑设备与技术应用，大幅度降低了住宅运营和使用成本。

图 5-9　蓝湾国际项目概况

1. 围护结构节能设计

依据江苏省地方标准《江苏省居住建筑热环境和节能设计标准》DGJ32/J 71—2008和《江苏省居住建筑热环境和节能设计标准》DGJ32/J 71—2014，对围护结构采取保温措施。小区外围护结构的节能率达到 65%，各楼栋建筑全年的全年计算负荷相比现行行业标准《夏热冬冷地区居住建筑节能设计标准》JGJ134 降低幅度达到 15%。其中，外墙采用 40mm 聚氨酯（外墙外保温）+加气混凝土砌块（B06 级）200mm+水泥砂浆 20mm；屋顶采用细石混凝土（双向配筋）40mm+水泥砂浆 20mm+聚氨酯（屋面保温）55mm+水泥砂浆 20mm+炉渣混凝土（ρ=1300）20mm+钢筋混凝土 120mm；外窗选用 Low-E 中空玻璃断桥隔热铝合金窗。同时住区各建筑东、南、西向设置活动外遮阳（图 5-10）。供暖空调全年计算负荷降低幅度达到 15%，通过加强住宅建筑围护结构节能设计，实现建设生态住宅的目标，有利于改善建筑热环境的质量，降低住房使用成本。

图 5-10　建筑外遮阳设计

2. 可再生能源利用

利用地源热泵作为可再生能源，满足住户供冷供热以及全年 24h 热水需求。住户夏季采用风机盘管系统供冷，冬季采用地板辐射系统供暖，地源热泵系统全年可为住户提供舒适环境（图 5-11）。热泵机组 *COP* 最低为 5.95，机组能效指标相比现行国家标准《公共建筑节能设计标准》GB 50189 规定的标准值提升 6%以上。系统地源侧和空调侧均为变频水泵，同时采用设备自动控制系统，能够监测系统的各项指标，实现机房的自动控制，保证系统的正常运行。住户末端分别设置温控面板，实现分户控温。每户在阳台设全热新风交换器，采用初效+中效过滤装置，可提供 24h 新鲜空气。

图 5-11　地源热泵机房、全热新风换热器、自控系统、温控面板图

3. 建筑节能技术

采用高效低耗变压器，力求使变压器的实际负荷接近设计的最佳负荷，提高变压器的技术经济效益，减少变压器损耗；低压电容集中补偿，采用自动补偿方式，使得补偿后功率因数提高到 0.92 以上。建筑照明设计符合现行国家标准《建筑照明设计标准》GB 50034 的有关规定，住宅的楼梯间、前室、走廊采用节能灯和节能自熄开关控制（红外）。公共部位普通照明灯用红外感应开关控制，住户内、储藏室及电表间内照明灯用翘板开关就地控制。地下车库照明采用细管直型 T5 荧光灯、紧凑型荧光灯，采用分区控制方式，有效降低照明能耗。所有区域照明满足照明功率目标值的要求。住宅内每单元设置 1 部消防电梯、担架电梯、无障碍电梯，使用的电梯设备均采取变频调速节电措施。

4. 水资源综合利用

设置雨水收集系统供场地内后期项目建设使用，其中雨水收集池容积为 1150m^3，绿化用清水池和景观补水清水池各 50m^3，可以满足小区雨水用水量的需求。通过收集屋面雨水，经处理后用于室外绿化灌溉、道路浇洒和水景补水等（图 5-12）。

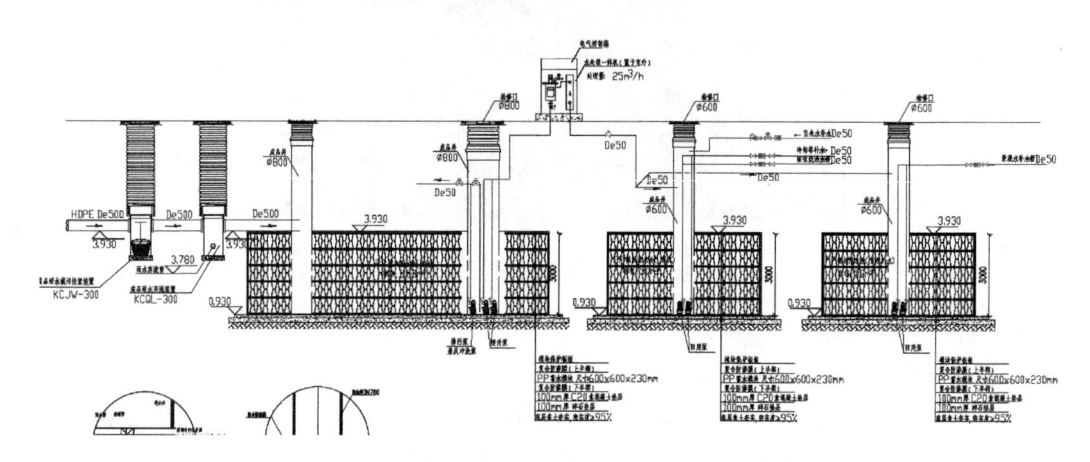

图 5-12　雨水处理工艺流程图

采用雨、污分流制，污废合流制。厨房与卫生间的排水立管分别设置。建筑为保证用水点供水压力不大于 0.2MPa，每层均设置减压阀组，阀后压力小于 0.20MPa。用水计量住宅水表一户一表，水表采用远传智能水表。同时室外场地的绿化浇洒、道路浇洒、雨水回收利用系统补水均分别设置用水计量装置。所有卫生器具均选用节水器具，满足三级节水器具的要求。卫生器具和配件符合现行行业标准《节水型生活用水器具》CJ 164 的有关规定。经过对 1 年用水数据分析，生活用水实际用水量为 81.62L/人・d。

室外采用微喷灌系统进行植物灌溉（图 5-13），并设置土壤湿度感应器，同时室外道路浇洒采用节水型高压水枪，可降低物业人员劳动强度，提高清扫效率，地面清洁度高，减少室外用水。全年使用非传统水源量为 9939m^3，全年总用水量为 54365m^3，非传统水源利用率达 18.28%。

5. 环境质量控制

部分房间内安装空气品质监测装置，可测量室内家具环境的温度、湿度、CO_2、$PM_{2.5}$、PM_{10}等参数，户内配置平板可随时查看室内污染物的监测数据。小区周围声环境满足现行国家标准《声环境质量标准》GB 3096 中 1 类声环境功能区的规定，场地北侧噪声值最大，昼间为 53.8dB，夜间为 42.2dB；室外 SO_2、CO、NO_2、可吸入颗粒物 PM_{10} 浓度等参数均满足标准要求。小区场地内设置多处采光井，尺寸为 2.4m×2.4m，兼具采光和通风的作用。项目 24.43%的地下空间面积的采光系数在 0.5%以上，可有效降低照明能耗。为保证地下空间的空气品质，项目在地下车库设置 CO 浓度监测装置，并与排风设备进行联动。当 CO 浓度超标时，可实行报警功能（浓度限值为 25ppm），并与通风系统联动。

图 5-13　室外节水灌溉

5.4.3　杭州生物医药科技创业基地（公建，运行标识三星级）

杭州生物医药科技创业基地项目位于杭州市滨江区，地上建筑面积 61895m²，地下 20392m²，总建筑面积 82287m²；地下 2 层；两座主体塔楼，创业楼 37 层，创新楼 27 层；附配楼 5 层、门厅大堂 1 层（图 5-14）。项目集合了多项创新的绿色建筑节能技术，以科技为先，绿色为本，打造了一个节能、环保、绿色的城市精英栖息绿岛。

图 5-14　杭州生物医药科技创业基地项目概况

1. 围护结构节能设计

项目位于夏热冬冷地区，设计过程中采用了超高标准的围护结构保温材料。其中外墙采用 100mm 厚膨胀聚苯板进行保温，屋面部分采用 200mm 厚的挤塑聚苯板进行保温，外窗采用隔热金属型材，玻璃采用 6mm 中透光 Low-E＋12mm 氩气＋6mm 透明的镀银 Low-E 玻璃（图 5-15）。围护结构的热工性能比现行国家标准《公共建筑节能设计标准》GB 50189 提高了 20%以上。

图 5-15　外窗全部采用镀银 Low-E 双层中空玻璃实景

2. 可再生能源利用

充分利用了地处江边的优势，江边的土壤里水分的含量很高，是很好的能量储存环境，适合采用地源热泵系统。对地源热泵埋管区域进行了岩土热响应测试，结果表明本项目所在地较适合采用地源热泵空调系统。地下换热器采用垂直埋管的形式，地下埋管为双 U 形，管径为 *DN*32，孔深 40m，基坑内埋管井位为 256 口。本项目冷热源机组为 2 台螺杆式地源热泵机组和 3 台螺杆式冷水机组，地源热泵机组制冷量为 1070kW、制热量为 1142kW、机组的 *COP* 达到 5.25、*IPLV* 值为 6.2，冷水机组制冷量为 1049kW、机组的 *COP* 达到 5.27、*IPLV* 值为 6.8。

3. 建筑节能技术

全楼共设 10 个新风系统，除地下餐厅新风机组不带热回收装置，其余 9 台新风机组均采用全热交换器回收热量（图 5-16 和图 5-17），夏季热回收效率为 60%，冬季热回收效率为 63%。

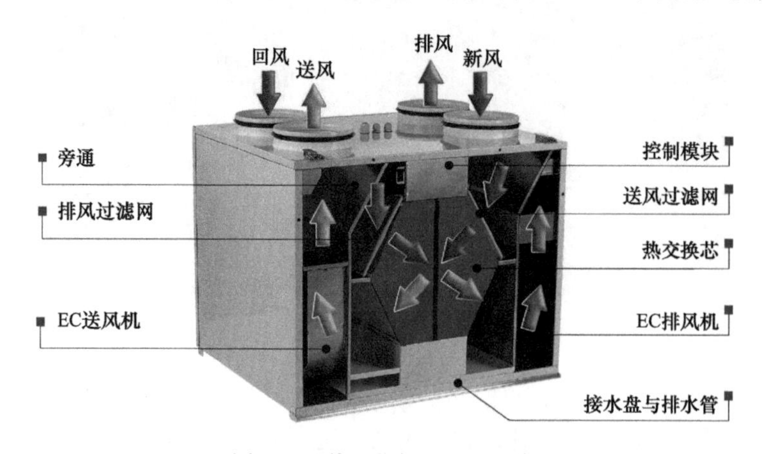

图 5-16　热回收新风机组示意

图 5-17　热回收新风机组

4. 水资源综合利用

采用雨水回用技术以节约水资源，对屋面、道路、绿化以及景观水体的雨水进行收集，首先在弃流池将初期雨水弃流，随后通过混合器絮凝、助凝进行过滤之后进入雨水收集池（图 5-18），雨水收集池有混凝沉淀作用，然后用泵提升至一体化雨水处理装置，处理后的雨水经过消毒装置进入雨水清水池，通过变频水泵将处理好的雨水用于绿化灌溉、道路浇洒、景观补水以及冷却塔补水。一体化雨水处理装置是多介质过滤器与生物过滤器的完美结合，其首先采用无烟煤、细砂、细碎的石榴石或其他材料作为床层，除去水中剩余的悬浮颗粒，降低水的 SDI 值，接着采用生物滤床对其进行深层生物降解，除去水中的胶体物质，进一步降低浊度、减少有机物，从而提高出水水质。

采用自动喷灌系统，以电磁阀组控制，分批喷灌（图 5-19）。每次开启一组，并在分支管上设置阀门，当电磁阀产生故障时可手动开启和关闭阀门。草坪喷灌喷头选用 10 系列 MPR 喷嘴，共 25 个，喷灌半径 3m。电磁阀选用 100-DV，共 3 个，通过雨量控制器控制自动灌溉系统，以节约水资源。

图 5-18　雨水收集

图 5-19　自动喷灌系统

创业楼 4 层～5 层支管阀门前加装直接式减压阀，17 层～19 层支管阀门前加装直接式减压阀；创新楼 4 层～5 层支管阀门前加装直接式减压阀，17 层～19 层支管阀门前加装直接式减压阀；北附楼 4 层～5 层支管阀门前加装直接式减压阀，阀后压力为 0.20MPa。

5. 环境质量控制

建筑布局采用筒中筒建筑形式，整体呈圆筒形，中间部位为卫生间、茶水间、楼梯间等非功能区域，而周边一圈为办公室、会议室、洽谈室等功能空间，通过外窗可有效引入自然光（图 5-20），项目整体约有 81％的地上主要功能空间采光系数达到现行国家标准《建筑采光设计标准》GB 50033 相关功能房间最小采光系数的要求。

图 5-20　采光实景

采用置换式新风系统，新风以较低速度从地板送出，从顶棚排出，提高舒适度的同时可以降低室内空调系统能耗的送风系统（图 5-21）。置换式新风系统能够全天 24h 持续不断地将室内污浊空气及时排出，同时引入室外新鲜空气，并有效控制风量大小、增加能量回收营造健康良好的室内高品质生活环境，为用户打造健康、节能的工作环境。

图 5-21　置换新风监控地板示意图

天棚柔和辐射系统是在建筑物的内部，用来供暖和制冷的水管均匀地埋设在混凝土楼板中，冬天提供 26℃的热水，夏天提供 20℃的冷水，由于建筑良好的保温体系隔绝了外部环境，使得建筑的表面辐射温度就和室内的温度非常的接近（图 5-22 和图 5-23）。这样，用很小功率的电能即能实现人工采暖和制冷，从而使室内气温均匀而柔和。

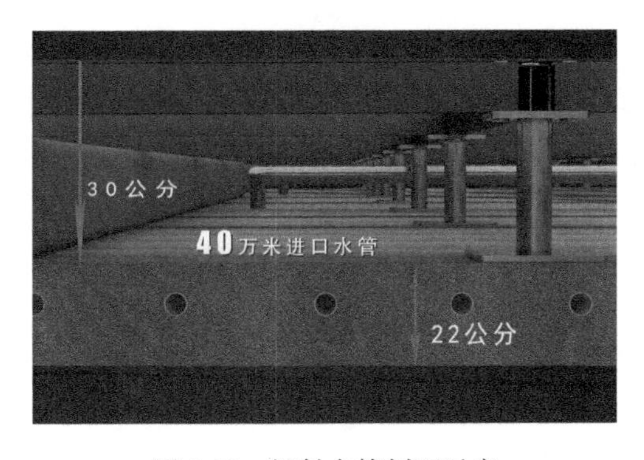

图 5-22 辐射水管剖面示意

图 5-23 辐射空调原理示意图

北附楼四层多为大型会议室，考虑到人员密度变化相对较大，为了保证会议室室内的空气质量，因此在会议室安装了二氧化碳监测器。采用室内墙装式二氧化碳传感器，根据室内二氧化碳传感器测得的二氧化碳浓度来调节新风机频率以控制新风量，当二氧化碳浓度超过设定值 1200ppm（设定值可调节）时，加大风机频率，增加新风量，以维持室内空气清新。地下室设置一氧化碳监控装置，并与新风系统联动。当地下车库一氧化碳浓度高于国家要求标准时，排风设备自动启动。一氧化碳监控装置按照防火分区设置，每个防火分区一氧化碳监控装置数量不少于 1 个，共设置 8 个一氧化碳监控装置。

5.4.4 武汉未来科技城（公建，运行标识三星级）

武汉未来科技城位于中国中部战略支点城市武汉，依托第二个国家自主创新示范区——中国光谷。武汉未来科技城是光谷发展的核心区，其起步区一期建设项目位于武汉东湖国家自主创新示范区东部，主要建设内容为：展示中心、研发区、孵化区、华为武汉公司配套设施、商业区及地下停车场等配套工程，总建筑面积 598705m^2，其中地上建筑面积 456042m^2、地下建筑面积 142663m^2，容积率 1.14，绿化率 23%。2014 年竣工的 A08 地块规划总用地面积 87379.43m^2，总建筑面积 68480m^2，其中地上面积 56655m^2，地下面积 11825m^2。B 楼（主塔楼）是武汉新能源研究院的办公楼，建筑下部为钢筋混凝土框架结构，上部为钢结构。面积 19346m^2。D 楼为地下停车库，位于基地东南方向总体绿化的下面，以满足基地停车需要，并在此设计人防区域，建筑面积 11825m^2（图 5-24）。

图 5-24 武汉未来科技城

1. 围护结构节能设计

主楼的建筑外形为牵牛花，下部由 600 多 m^2 过渡到 10 层以上 1000 多 m^2，屋顶花园达到 2200 多 m^2。主楼的独特造型能使楼体置于其自身的荫蔽之下，具有很好的建筑自遮阳效果，因而极大地减少了来自外部的热载荷。同时建筑体形系数仅 0.19，也有利于保温隔热。

屋面采用 50mm 酚醛板，外墙采用 150mm 岩棉板，都具有良好的保温效果，建筑门窗同样采用保温门窗，使节能达到现行国家标准《公共建筑节能设计标准》GB 50189 的要求。出于外观效果的考虑，建筑设计有较大的窗墙比，在获得良好外观和景观效果的同时也增加了夏季的室内得热，除了主楼部分采用建筑自遮挡外，裙房连廊设计了可调节外遮阳系统，可以自由调节，实现在不同需求情况下对阳光的合理利用和分配，但是由于造价较高，对其使用上要避免盲目性，应根据实际需求合理调配。

项目主楼与裙房之间由位于二层的连廊连接，这些连廊均采用了清透澄澈的全玻璃立面。由于建筑地处中纬度地区，太阳辐射季节性差别大，光照充足，年平均日照达到 1843h，夏季酷热。采用模拟分析空调季太阳辐射得热量，来确定遮阳方案。在该建筑体型和朝向条件复杂的情况下，建筑外遮阳的遮阳效果很难进行直观判断，在设计中，通过夏季太阳辐射量模拟来分析不同遮阳形式的遮阳效果从而确定遮阳方案，区分不同的热情况，分别设计可调节遮阳和不同类型的固定遮阳（图 5-25），即保证了节能效果，又将费用从超过 400 万元压缩到 180 万元左右，避免了资金的盲目投入和浪费，兼顾了节能率和经济性。

图 5-25　连廊遮阳实景

2. 可再生能源利用

建筑设计考虑了绿色需要，牵牛花外形的主楼顶层达到 2200 多 m^2，最上部的太阳能光伏板斜坡屋面为 6060m^2，是专门为了放置光伏板而特殊设计的，其倾斜角度取光伏发电最优倾斜度，是建筑设计和设备需求完美结合的典例。主楼屋顶设置有光伏发电系统和风力发电系统。风力发电设 12kW 轴向发电机 1 台。光伏发电部分配置光伏并网逆变器总容量为 350kW，共安装光伏并网逆变器 18 台，各自连接 2～4 串光伏组件，每串串联的光伏组件数量为 22 块；变压器 2 台，每台连接逆变器 9 台；1 号变压器光伏组件装机容量为 190.74kWp，配置光伏并网逆变器 170kW；2 号变压器光伏组件装机容量为 201.96kWp，配置光伏并网逆变器 180kW；项目光伏组件总装机容量为 392.7kWp，共安装多晶硅太阳能电池组件1540块。主楼风力发电机系统总装机容量为8kW，安装8kW垂直式风力发电机1台，装于钢塔顶部，发电机使用盘式永磁发电机采用稀土永磁材料和直线发电机原理的外转式（盘式）旋转发电风力发电系统，为独立并网发供电模式。风力发电系统通过断路器接至微网汇集母线处，通过汇集母线与储能系统、光伏发电系统、一楼与十六楼的负载相连接，最后通过并网开关柜并入配电房低压馈线柜上，风力发电系统发出的电既可以用来给大楼负载供电，又可以向储能系统供电，多余的电还可以送入电网系统。通过微网保护运行控制系统可以看到风机逆变器上送的电流、电压、功率等数据，并且能够控制风机逆变器的启停，从而实现了微网对风力发电运行的控制。参评当年项目全年用电量1879697kWh，全年可再生能源发电234474kWh，可再生能源发电量占建筑用电的12.47%。

3. 建筑节能技术

采用“水蓄冷+电动制冷机+热电厂蒸汽”技术建立集中式能源站（图5-26）。通过接入高新热电管网蒸汽，根据实际生产需要自行设置终端调压站来满足园区采暖热水的需求。同时采取“水蓄冷”空调，在夜间电网低谷时间，同时也是空调负荷很低的时间，制冷主机制冷并由蓄冷设备将冷量以低温冷水的方式蓄存起来，待白天电网高峰用电时间，同时也是空调负荷高峰时间，再将冷量释放出来满足高峰空调负荷的需要或生产工艺用冷的需求。制冷系统的大部分耗电发生在夜间用电低谷期，而在白天用电高峰期只有辅助设备在运行，实现用电负荷的“移峰填谷”。水蓄冷系统可提供5℃低温冷水，从而实现大温差低温供冷水，降低冷水输送费用和输送管网系统投资。将水蓄冷技术和大温差低温送水与低温送风相结合，充分利用了电力峰谷差价和蓄冷能力，降低蓄冷空调初期投资和运行费用。同时在停电的情况下，也能保证园区的空调供给，提高了能源供应安全。由于能源站供应热水，所以建筑冬季空调供热和热水供应全部由板式换热器实现，节省了供热空调的设备投资和运行能耗。

图5-26 集中式能源站

根据实际情况合理设置暖通系统，并全部采用节能设备和节能运行、控制方式。低区设置一套中央空调系统，空调系统冷负荷约为1025kW，选用2台水冷螺杆冷水机组（制冷量为550kW）作为冷源，COP为4.64；高区设置一套中央空调系统，空调系统冷负荷约为1090kW。选用2台高温型水冷螺杆冷水机组（制冷量为550kW）作为冷源，COP为4.70，机组均放置在D楼地下车库冷冻机房内。高、低区热源从园区能源站接入一路热源，空调系统总热负荷约为1523kW，低区热负荷约为704kW，高区热负荷约为819kW，地下室锅炉房设两台不锈钢水-水板式换热器，除空调外，大楼所需热水也有换热器制备。低、高区空调冷水系统均为各自独立的一次泵系统，低、高区空调热水系统为一套二次泵系统，空调低、高区水系统均为两管制系统。低区办公区域采用风机盘管加新风系统，一层大堂采用薄型空调箱加新风系统，高区办公区域采用冷梁加新风系统。设计考虑了过渡季节的全新风运行模式，自控系统对中央空调冷、热源机组运行进行监测，吊顶式空调箱及风机盘管、冷梁回水管路上设电动二通双位阀，用于控制室温，过渡季节通过有组织的通风系统使用室外新风供冷，同时配置与送风风机联动的排风风机，明显缩短了制冷系统的全年运行时间。空调冷热源机组的部分负荷性能系数为4.43。风机冷热水系统的输送能效比为0.02366。

5.4.5 苏州工业园区厂房改造（公建，运行标识三星级）

苏州工业园区星海街9号厂房改造项目位于中新合作苏州工业园区首期开发的南部工业区。项目总用地面积为18547.19m^2，改造前建筑面积为6800m^2（建筑面积1.31万m^2），是一栋外资生产飞机起落架的工业厂房。厂房为钢筋混凝土结构框架结构，生产区单层层高8.6m，局部2层。原地块的使用单位搬迁后，计划将原容纳100人左右的厂房改为可容纳700人左右的办公及研发用房，并根据使用需要和使用特点对厂房进行节能改造。希望通过对此类既有建筑的更新改造，延长建筑的使用寿命，融入高效健康人性化的使用空间，最大限度地节约资源（图5-27和图5-28）。

图5-27 苏州工业园区星海街9号厂房改造前后外观概况

图 5-28　苏州工业园区星海街 9 号厂房改造前后内部概况

改造前，建筑的进深过大，自然通风情况下室内换气次数低，室内自然采光不能满足办公建筑要求，且节能率较低。为此，通过在建筑平面中设置 2 个中庭，将原有的屋面固定采光孔改造为可开启的通风采光孔，南立面和西立面增加生态遮阳走廊等一系列措施，有效地解决了自然通风、自然采光和生态遮阳，同时也提高了建筑的节能率。针对星海街 9 号改造项目，结合建筑新的使用要求，围绕以下主要设计目标来进行整个项目改造设计（图 5-29）：(1) 营造能激发设计创意的办公环境；(2) 改造后的建筑在保留原有工业厂房主体结构基础上，融合苏州地方特色与时尚元素；(3) 建设成为可持续发展的绿色生态建筑。

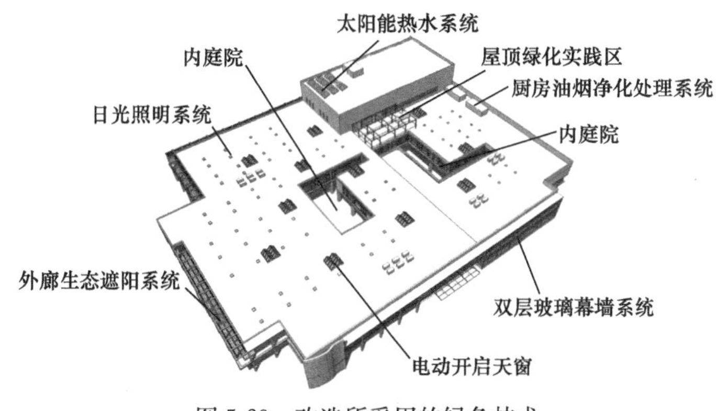

图 5-29　改造所采用的绿色技术

1. 围护结构

原有建筑外围的实墙进行改造，综合运用外墙上的玻璃窗采光。对原有建筑屋顶的11个天窗也进行改造，保证设计空间的照明需要。根据办公楼占地面积大、层数少的特点，采用了日光照明系统。结合建筑原有采光天窗、落地外窗等建筑形式，日光照明系统可通过高效的光导管和带有紫外线滤除功能的透光罩将屋面四周的日光引入室内，建筑内二层的走道、门厅、大开间办公室、会议室等场所白天利用自然采光，基本不需人工照明，最大限度地节约了照明用电消耗。

建筑物墙体外维护采用了自保温的墙体材料，外墙选用90%反射率的白色涂料，可反射大部分热辐射。外窗采用了断热铝合金型材和中空隔热玻璃，西侧外墙增加的绿色攀缘植物也提升了建筑的隔热保温效果。

2. 建筑设备

根据设计院办公的特性，房间数量较多，人员加班频繁，同时使用率不高，采用了变制冷剂多联空调系统，该系统使用灵活，各办公区域温度可独立控制，IPLV高于国家规定的一级能效3.55。并且可根据各核算单位进行分别计量，便于能量的考核、管理。系统运行时使用灵活、空调效果明显、节能性好、运行成本低。

一层绿色办公区域空调冷热源由地源热泵机组提供，夏季机组排放的热量经地埋管释放至土壤内支取空调冷冻水，冬季机组通过地埋管吸收土壤内的热量取得供暖用热水。其夏季制冷能效比EER为4.95，冬季制热能效比COP为4.2。

办公区共排风系统设置热回收装置，回收排风部分能量，并提供室内新风。办公区空调设计时考虑到人员滞留时间较长，需设排风系统及新风系统。为了更好地节约能源，回收排风部分的能量，设置了全热交换式新风换气机，全热交换式新风换气机可回收显热部分负荷的65%和潜热部分负荷的45%，新风部分可节能30%。

建筑生活热水供给全负荷采用太阳能热水系统。因苏州属于太阳能资源一般区（太阳能资源Ⅲ类地区），所以选用高效太阳能集热板产品，设置太阳能预热储热水箱辅助智能即热燃气热水器。太阳能热水系统供建筑物内健身淋浴器及餐饮厨房的热水，热水供应量达到生活热水消耗量的40%以上。

3. 水资源综合利用

给水排水改造时根据建筑类型及当地供水状况，生活给水充分利用城市供水压力，由城市自来水压直接供水，避免再次增压的供水方式。给水管道采用C-PVC塑料给水管，粘接连接；选用性能高的阀门、零泄漏阀门并进行管道水压试验避免管道渗漏。小便器及大便器均采用感应冲水器等。为了有效地减少管网的漏损率，选用符合现行产品行业标准要求的高品质管材，选用高品质防泄漏阀门，合理选择提升泵，避免管网超压。同时保留了原厂区内的大部分主要给水排水管道。

设置雨水回用系统，利用雨水进行景观灌溉绿化（图5-30）。雨水回用水采用分质供水，其中室外绿化浇灌用水采用雨水直接沉淀、澄清后由变频泵直接供给，对于用水水质较高的水景补水、绿化灌溉用水、洗车用水另在变频泵后过滤供给。非传统水源利用率达到22.3%。按用途设置用水计量水表，在大门口、厨房、公共卫生间各单元、雨水回用管处等均安装了水表，所有计量水表均选用了高灵敏度计量水表，计量水表安装率达100%。

图 5-30　改造后雨水回用系统

第 6 章　绿色建筑后评估标准体系构建

6.1　标准体系构建技术路线

绿色建筑后评估标准体系构建立足于我国工程建设标准体系的整体框架，结合我国绿色建筑后评估工作的现状和发展，依据国家标准《标准体系构建原则和要求》GB/T 13016—2018 的相关技术规定，按照体系构建、体系评价和体系完善三个阶段逐步完成（图 6-1）。

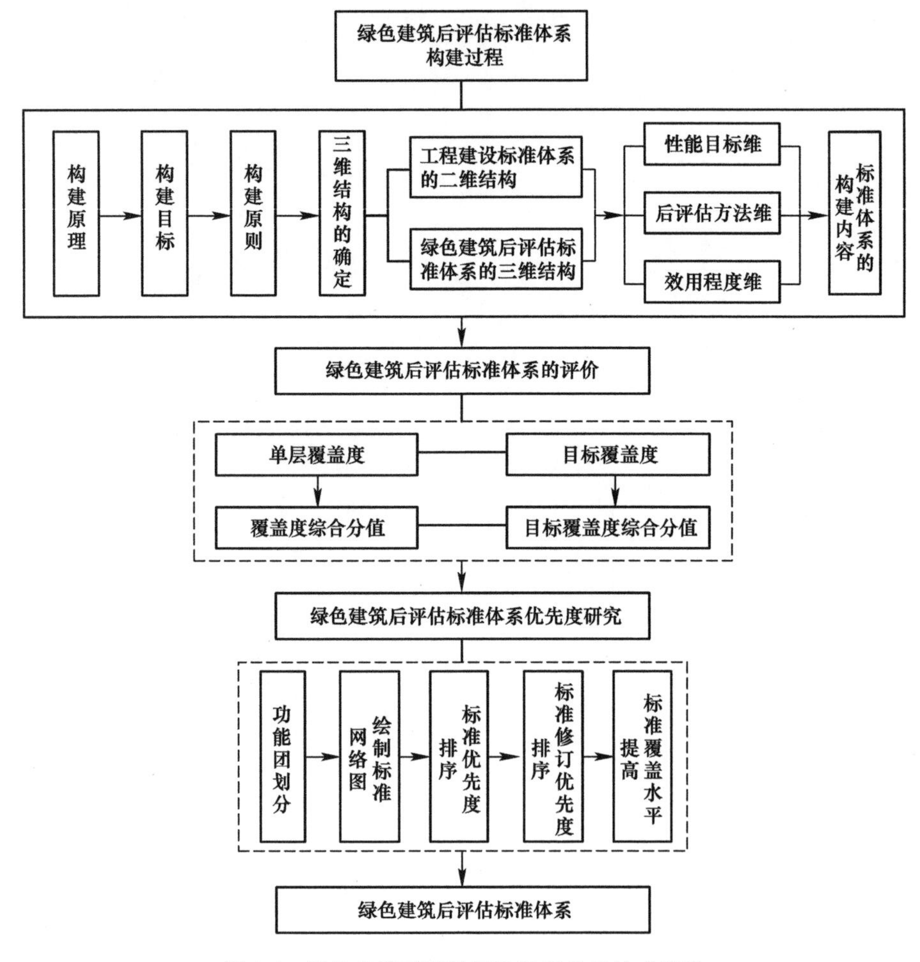

图 6-1　绿色建筑后评估标准体系构建技术路线

6.1.1　体系构建

分析绿色建筑发展现状及趋势，结合政策导向要求和相关基本理论，确定绿色建筑后评估标准体系构建的目标、原则，提取绿色建筑后评估基本标准化要素，构建绿色建筑后评估标准体系的三维维度框架，依据各要素间的相互关系和支撑各要素的紧密程度，初步确定绿色建筑后评估标准体系中的各项标准。

6.1.2　体系评价

结合绿色建筑后评估标准体系的构建目标，针对绿色建筑后评估标准体系的单层覆盖度和目标覆盖度开展评价，通过标准体系覆盖度的评分，对绿色建筑后评估标准体系整体的完善程度、覆盖范围以及与相关课题研究成果的结合程度进行评价。

6.1.3　体系完善

结合管理学的方法，通过对绿色建筑后评估标准体系中功能团的划分、标准网络图的绘制、标准优先程度的排序，逐步提高绿色建筑后评估标准体系的覆盖程度，按照绿色建筑后评估标准体系框架和相关标准体系表的栏目设置，最终确定的纳入绿色建筑后评估标准体系的标准项目，完成绿色建筑后评估标准体系的最终构建。

6.2　标准体系框架结构分析

框架结构是标准体系内各要素的组成形式，反映了各要素之间的相互关系。框架结构决定着绿色建筑后评估标准体系的本质，确定合理适宜的标准体系结构是绿色建筑后评估标准体系构建的重要内容。根据绿色建筑后评估工作的实际需要，结合我国标准化改革的实际情况，分别从性能目标、后评估方法和效用程度三个方面对绿色建筑后评估标准体系进行构建。

6.2.1　性能目标

绿色建筑后评估是以绿色建筑的性能为基础，对其实际运行过程中发生的性能进行评估。根据现行国家标准《绿色建筑评价标准》GB/T 50378，对绿色建筑性能目标可从安全耐久、健康舒适、生活便利、资源节约、环境宜居等五个方面进行评估。但与绿色建筑评价中所适用的范围不同，绿色建筑后评估标准体系主要关注于项目红线内的建筑性能，不考虑项目红线外对建筑性能的影响，例如项目周边配套设施的完善、交通的便捷等。其原因主要由于目前绿色建筑后评估在我国还属于刚刚起步阶段，现阶段重点关注实际需求还在于项目本体，结合标准体系的可扩展性，随着绿色建筑后评估工作的实际发展，相关内容在现有绿色建筑后评估标准体系的基础上逐步扩展和完善。

6.2.2　后评估方法

绿色建筑后评估方法主要从指标阈值、客观评估方法和主观评价方法三个方面进行。结合我国工程建设标准化改革的方向，目前我国工程建设标准正在开展强制性技术法规的制定，其中对于建筑能耗、水耗和环境质量均提出了具体指标阈值的规定。客观评估方法包括效果评价方法、能耗检测方法、水耗检测方法、环境检测方法。其主要区别在于效果评价致力于一定时间范围内客体功能性能所表现出的实际状态，绿色建筑的后评估通常是在投入运行一年后进行，对于建筑结构相关的功能性能而言，其效果评价与验收评价并无差异，但对于能耗、水耗和环境质量而言，效果评价与验收评价存在根本的差异。因此，除了对建筑用能设备、用水设施和环境效果实际状态的评价方法标准进行梳理外，特别强调梳理了聚焦于长期监测和短期检测的具体方法标准。满意度评价方法更多侧重于通过使用者的实际使用感受，对能耗、水耗和环境质量的评价。

6.2.3 效用程度

根据《中华人民共和国标准化法》规定，标准主要包括国家标准、行业标准、地方标准和团体标准、企业标准；法律、行政法规和国务院决定对强制性标准的制定另有规定的，从其规定。根据《中华人民共和国建筑法》、《建设工程质量管理条例》（国务院令第279号）、《实施工程建设强制性标准监督规定》（原建设部令第81号）和《住房和城乡建设部关于印发深化工程建设标准化工作改革意见的通知》（建标〔2016〕166号）的规定和要求，结合工程建设标准化改革的具体方向，标准的效用程度可分为强制性规范（即目前在编的全文强制性规范）、政府推荐性标准（推荐性国家标准和推荐性行业标准）、其他引领性标准（即相关社团编制的团体标准）。

6.2.4 体系结构框架

霍尔三维结构理论是美国系统工程专家A·D·霍尔于1969年提出的一种系统工程方法论。它根据总体目标的需要，对系统的组成要素、组织结构、信息交换、动态控制等功能进行分析研究，从而实现设计最优化、管理最优化、控制最优化的目标。1969年，美国系统工程学者霍尔在总结前人观点的基础上创新地提出了系统工程三维结构，为解决大型复杂系统的规划、组织、协调、控制提供了一种系统而全面的思想方法，至今得到了广泛的认可和使用。

将霍尔三维结构应用于绿色建筑后评估标准体系的构建过程，结合绿色建筑后评估的实际需求，绿色建筑后评估标准体系可由性能目标、后评估方法和效用程度构成三维结构体系（图6-2）。其中，每一项标准均能在三维体系结构图中找到对应的相应位置，三个维度的交汇点便构成了每一项标准的存在，如图6-3中可对应解释为涉及健康舒适性能方面能耗检测方法的强制性规范。

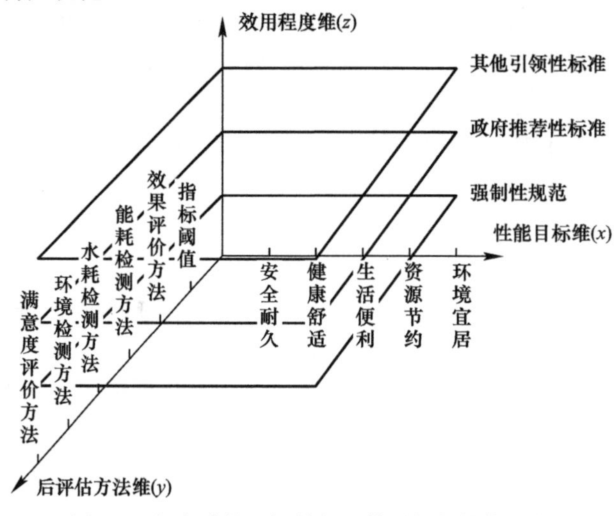

图6-2 绿色建筑后评估标准体系框架结构示意

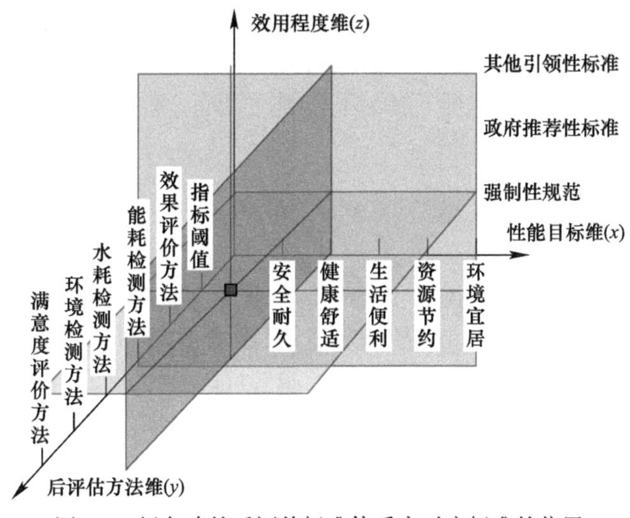

图 6-3　绿色建筑后评估标准体系中对应标准的位置

6.3　标准体系结构图

标准体系结构图用于表达标准体系的范围、边界、内部结构以及意图，其结构关系一般包括上下层之间的"层次"关系，或按一定的逻辑顺序排列起来的"序列"关系，也可由以上几种结构相结合的组合关系。绿色建筑后评估标准体系结构如图 6-4 所示。带文字

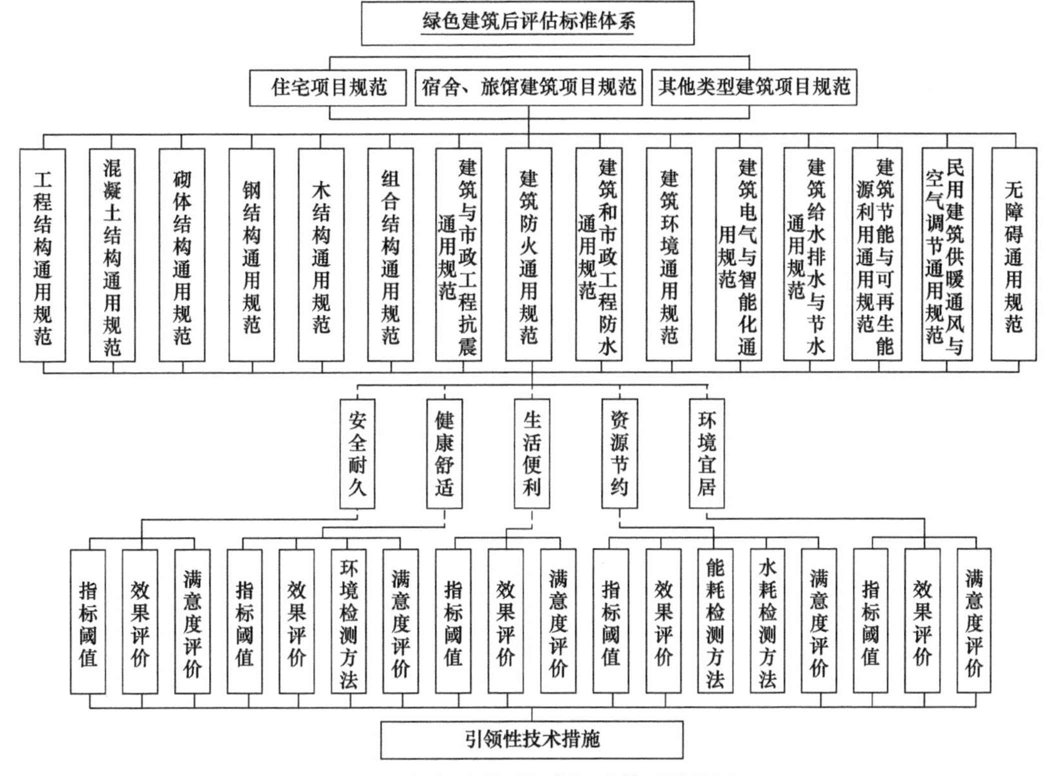

图 6-4　绿色建筑后评估标准体系结构图

下划线的方框仅表示体系标题，不包含具体标准；矩形方框代表一组若干标准，其中文字为该组标准的名称。用实线表示方框间的层次关系、序列关系和关联关系，不表示上述关系的连线用虚线接连。图中由上至下展示了强制性规范、政府推荐性标准和团体标准三个不同效用程度的层次。

6.4 标准体系覆盖度评价

绿色建筑后评估标准体系是在对相关专业领域现行标准归纳汇总基础上进行构建的，标准体系中对绿色后评估相关标准按照绿色建筑后评估实现目标和相关领域后评估方法的不同维度，进行标准体系的分解，并提出标准制修订的具体建议。以此为基础，进一步对已经构建的绿色建筑后评估标准体系在覆盖绿色建筑后评估目标和后评估方法阶段的程度进行有效测度，可以得到现行标准数量水平下，现行标准对绿色建筑后评估实现目标和相关领域后评估方法的实际覆盖程度，为标准体系的进一步发展和建设提供方向指引。

由于标准体系是从目标维、方法维和效用程度维构建的，因此对标准体系覆盖水平的评价应从后评估方法（对应后评估方法维）和全性能目标（对应性能目标维）两个方面来进行，分别称为标准体系的后评估方法覆盖度评价和全性能目标覆盖度评价，通过标准体系在后评估方法的测度和全性能目标的测度转换为评分值，并运用熵权法对不同阶段和目标进行赋权，再采用综合指数评价法计算现阶段标准水平下后评估方法覆盖度分值和全性能目标覆盖度分值，将最终分值作为现阶段的绿色建筑后评估标准体系对绿色建筑性能目标和后评估方法满意度的一种相对评价值。

6.4.1 评价模型

计算绿色建筑后评估标准体系的后评估方法和全性能目标的综合覆盖度分值，首先要对各个阶段和目标进行赋权。熵权法是一种可用于多对象、多指标的综合评价方法，其评价结果主要依据客观资料，几乎不受主观因素的影响，可以在很大程度上避免主观因素的干扰。将熵权法引入标准体系的评价过程，对各目标和阶段进行赋权，再结合综合指数评估法进行综合评价，得到覆盖度综合评分值，这一过程可以有效提高评价结果的准确性。

在具体使用过程中，熵权法根据各指标的变异程度，利用信息熵计算出各指标的熵权，再通过熵权对各指标的权重进行修正，从而得到较为客观的指标权重。熵权法计算权重的过程如下：

有 m 个待评项目，n 个评价指标，形成原始数据矩阵：

$$R=\begin{Bmatrix} r_{11} & r_{12} & \cdots & r_{1j} \\ r_{21} & r_{22} & \cdots & r_{2j} \\ \cdots & \cdots & & \cdots \\ r_{i1} & r_{i2} & \cdots & r_{ij} \end{Bmatrix} \tag{6.4.1}$$

其中 r_{ij} 为第 j 个指标下第 i 个项目的评价值。

求各个指标权重的过程为：

1）计算第 j 个指标下第 i 个项目的指标值的比重 p_{ij}：

$$p_{ij}=r_{ij}/\sum_{i=1}^{m}r_{ij} \tag{6.4.2}$$

2）计算第 j 个指标的熵值 e_j：

$$e_j = -k\sum_{i=1}^{m} p_{ij} \cdot \ln p_{ij}\text{，其中 } k = 1/\ln_m \tag{6.4.3}$$

3）计算第 j 个指标的熵权 w_j：

$$w_j = (1-e_j)/\sum_{j=1}^{n}(1-e_j) \tag{6.4.4}$$

得到每项指标的权重之后，再采用综合指数法对绿色建筑后评估标准体系在目标维度和后评估方法维度进行综合评价。综合指数评估法是根据指数分析的基本原理，在确定各指标权数后加权算指数公式，对评估对象进行综合评估分析的一种方法。加权平均法是使用最广泛的综合指数分析方法，它先用权重 w_j 来反映各指标对综合评估结果的不同影响程度，这样就使计算变得相对简单和方便，并且结果也比较科学。因此，可选用加权平均法来进行综合评估。

1）评估方法覆盖度综合分值计算公式：

$$A = \sum_{j=1}^{m} w_i R_j(x) \tag{6.4.5}$$

式中：A——评估方法覆盖的评估总分值；

w_i——第 i 个指标相对于总体目标的权重；

$R_j(x)$——单项评估的标准分值。

2）绿色建筑目标覆盖度综合分值计算公式：

$$T = \sum_{j=1}^{m} \partial_i P_j(x) \tag{6.4.6}$$

式中：T——目标覆盖的评估总分值；

∂_i——第 i 个指标相对于总体目标的权重；

$P_j(x)$——单项评估的标准分值。

6.4.2　后评估方法单层覆盖度

经计算统计得出绿色建筑后评估标准体系中，标准不同效用程度一后评估方法平面的数据（表6-1），并计算单层覆盖度。

标准按不同效用程度一后评估方法平面投影数据统计表　　表6-1

效用程度＼方法	指标阈值	效果检测方法	能耗检测方法	水耗检测方法	环境检测方法	满意度评价方法	引领性技术方法	合计
强制性规范	2.58	1.48	0.00	0.00	0.00	0.00	0.00	4.05
政府推荐性标准	5.80	16.40	1.03	3.76	1.00	0.00	1.64	29.62
其他推荐性标准	0.09	0.16	0.26	1.50	0.75	0.24	21.48	24.48
单层评价得分	8.46	18.04	1.29	5.26	1.75	0.24	23.11	58.15
单层覆盖度	14.56%	31.02%	2.21%	9.05%	3.01%	0.41%	39.75%	100%

将绿色建筑后评估方法的单层标准覆盖度绘制成柱状图进行对比分析（图6-5）。

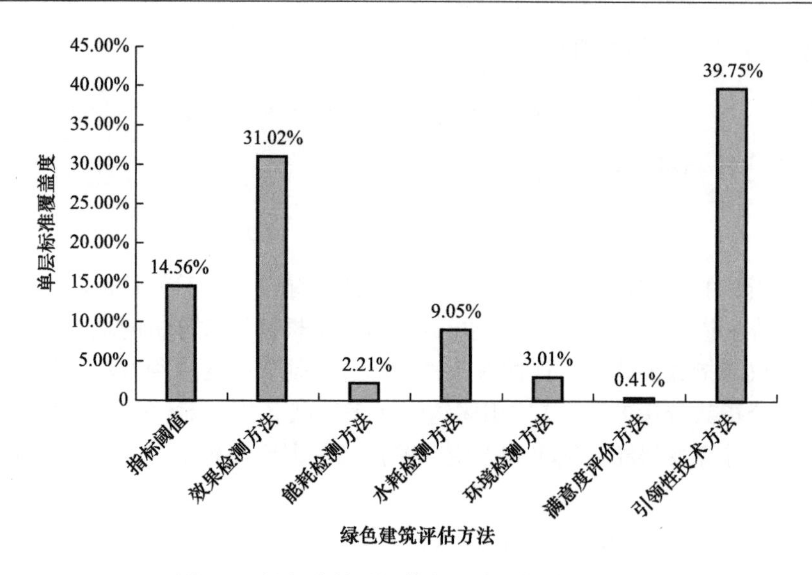

图 6-5　绿色建筑后评估方法单层标准覆盖度

从表格中可以看出在各个方法维度下，强制性规范中除了指标阈值和效果检测方法外，能耗检测方法、水耗检测方法、环境检测方法、满意度评价方法、引领性技术方法与效用程度维度不具备关联性，换句话说也就是在绿色建筑评估标准中，强制性规范只规定绿色建筑的性能阈值和效果检测方法，具体到能耗、水耗和环境检测的具体方法由其他推荐性标准规定，体现了绿色建筑后评估标准体系构建高度贴近标准化改革的相关要求。通过绿色建筑后评估方法的单层标准覆盖度分析，还可以明显看出，现有绿色建筑后评估相关标准中，在满意度评价方法方面明显存在不足，需要加大在这方面相关标准的制定和应用。

6.4.3　性能目标单层覆盖度

经计算统计得出绿色建筑后评估标准体系中，标准不同效用程度—性能目标平面的数据（表 6-2），并计算单层覆盖度。

标准按不同效用程度—性能目标平面投影数据统计表　　**表 6-2**

方法 / 效用程度	安全耐久	健康舒适	生活便利	资源节约	环境宜居	合计
强制性规范	3.165	2.15	1.057	1.512	1.368	9.25
政府推荐性标准	9.917	8.6	0.755	18.396	2.223	39.89
其他推荐性标准	1.055	3.01	0.755	26.46	0.171	31.45
单层评价得分	14.137	13.76	2.567	46.368	3.762	80.59
单层覆盖度	18.00%	17.00%	3.00%	58.00%	5.00%	100%

将绿色建筑各性能目标的单层标准覆盖度绘制成柱状图进行对比分析（图 6-6）。

从表格中可以得出，政府推荐性标准和其他引领性标准在效用程度维度上很好的地覆盖了五大绿色目标。总体从目标轴上看过去，资源节约目标的单层贡献度比较高，其余目标单层覆盖度标准相对较低，总体保持均衡。但是，由于绿色建筑后评估标准体系构建中，对于生活便利性能目标局限于项目本体，而没有更多考虑项目的相关辅助配套设施的便利性，导致生活便利性这一目标的单层贡献度较低，同时也说明在生活便利目标方面的相关标准仍显欠缺。

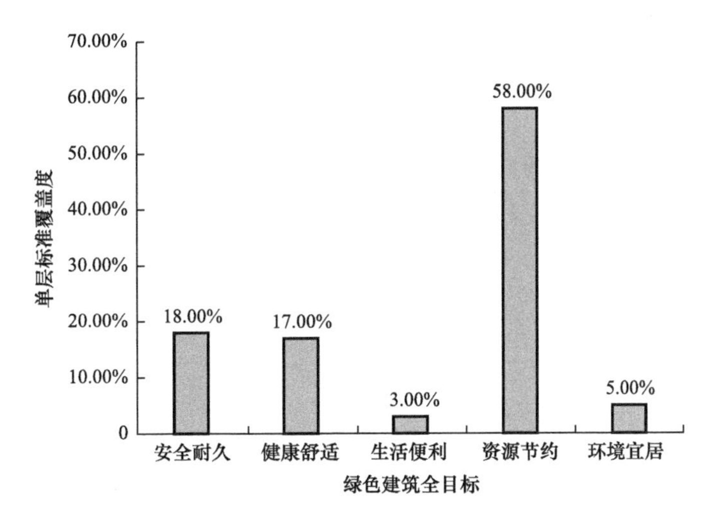

图 6-6　绿色建筑各目标单层标准覆盖度

6.4.4　后评估方法覆盖度分值

绿色建筑后评估标准体系在方法维度具体可划分为指标阈值、效果检测方法、能耗检测方法、水耗检测方法、环境检测方法、满意度评价方法、引领性技术方法共七个不同方法，视作评价的七个指标，通过标准对各方法的覆盖情况进行评价，可以分析标准体系在不同发展阶段对建筑物评估方法要求的满足程度，从而更加客观地衡量其先进性。

将绿色建筑后评估标准体系测度得到的数据作为原始数据矩阵。由熵值法得到现阶段标准水平下绿色建筑标准体系的评估方法覆盖度分值，具体计算结果如表 6-3 所示。

绿色建筑后评估标准体中评估方法覆盖度分值　　**表 6-3**

目标		指标阈值	效果检测方法	能耗检测方法	水耗检测方法	环境检测方法	满意度评价方法	引领性技术方法
熵权		0.09	0.16	0.13	0.11	0.09	0.24	0.18
得分	强制性规范	2.58	1.48	0.00	0.00	0.00	0.00	0.00
	政府推荐性标准	5.80	16.40	1.03	3.76	1.00	0.00	1.64
	其他推荐性标准	0.09	0.16	0.26	1.50	0.75	0.24	21.48
各目标分值		8.46	18.04	1.29	5.26	1.75	0.24	23.11
覆盖度分值		58.15						

从表 6-3 结果可以看出，绿色建筑后评估标准体系中覆盖度最高的为引领性技术方法，其次是效果检测方法，而满意度评价方法的覆盖度较低，这与绿色建筑后评估方法单层覆盖度分析结果一致。

6.4.5 性能目标覆盖度分值

绿色建筑后性能目标维度主要反映了绿色建筑的基本特征和属性，即绿色建筑后评估标准体系的设计要达到什么样的目的。将标准体系测度得到的数据作为原始数据矩阵。由熵值法得到现阶段标准水平下绿色建筑标准体系的目标覆盖度综合分值，具体结果如表 6-4 所示。

绿色建筑后评估标准体中性能目标覆盖度分值 **表 6-4**

目标		安全耐久	健康舒适	生活便利	资源节约	环境宜居
熵权		0.21	0.22	0.15	0.25	0.17
得分	强制性规范	3.17	2.15	1.06	1.51	1.37
	政府推荐性标准	9.92	8.60	0.76	18.40	2.22
	其他推荐性标准	1.06	3.01	0.76	26.46	0.17
各目标分值		14.14	13.76	2.57	46.37	3.76
覆盖度分值		80.59				

从表 6-4 结果可以看出，资源节约的分值最高，其覆盖度最高；而生活便利和环境宜居的得分较低，说明绿色建筑后评估标准体中上述标准覆盖度不广，需要进一步拓展完善。

6.4.6 标准体系动态评价

绿色建筑后评估方法覆盖度分值和绿色建筑目标覆盖度分值代表的是现阶段标准水平下，纳入标准体系框架内的所有标准对绿色建筑后评估方法的覆盖情况和对绿色建筑所有目标的覆盖情况。当绿色建筑后评估标准经过一段时间的制修订完善后，可以重新计算这两个分值，通过前后分值的对比，可以反映出这一段时间内标准体系水平的提高幅度。

通过对绿色建筑后评估标准体系的测度，得到现阶段标准对绿色建筑性能目标的单层覆盖度和对后评估方法的单层覆盖度，之后通过建立评价模型，从绿色建筑后评估性能目标覆盖度分值和绿色建筑评估方法覆盖度分值两个方面测算现阶段标准水平下绿色建筑标准体系的构建水平，测算出目标实现度分值和评估方法覆盖度分值，可以反映出在目前标准水平下标准体系对目标维度的覆盖情况和对方法维度的覆盖情况。从单层覆盖率可以反映出现阶段标准没有覆盖到或者覆盖率不高的区域，这些区域也就是未来标准编制工作的重点和方向，从目标实现度分值和方法覆盖度分值可以定量地反映出现阶段绿色标准对全部目标和全部方法的构建水平高低。通过制修订标准的加入，补充到标准体系中，形成标准体系覆盖水平的动态调整机制，之后可以通过这两个分值的测算，得到标准体系调整后的体系水平值，这就为标准体系的动态发展和完善水平提供定量的测算，也是对一段时间以来我国绿色建筑后评估标准化工作完成情况的客观评价，有利于科学指导我国绿色建筑标准的发展（图 6-7）。

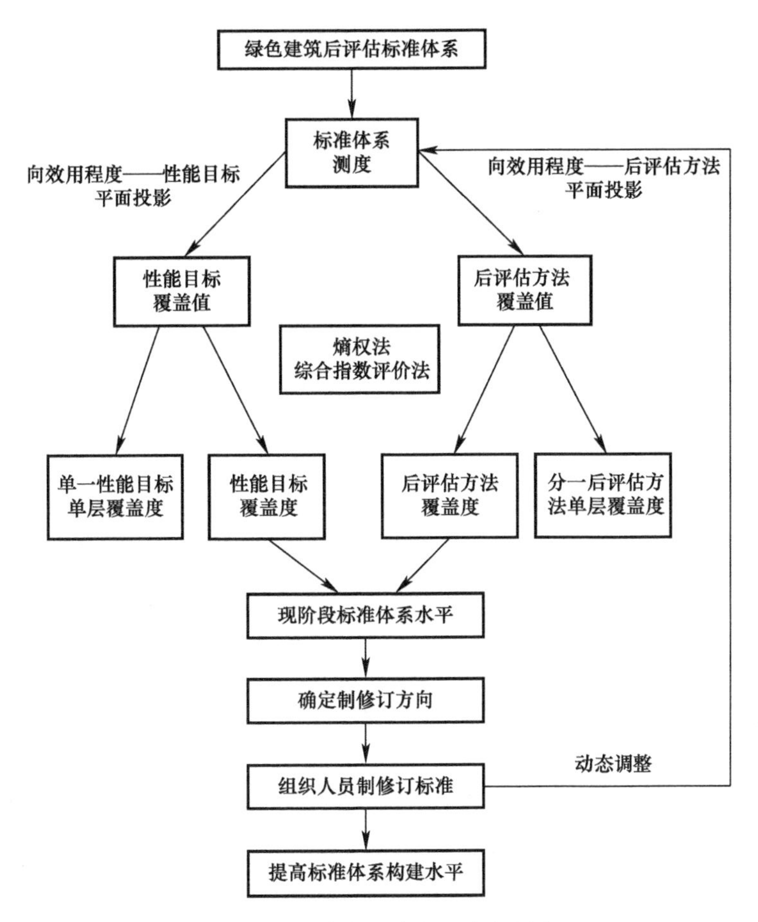

图 6-7　覆盖水平动态调整流程图

6.5　标准优先度分析

将绿色建筑后评估标准体系应用于标准的中远期规划并科学指导绿色建筑后评估相关标准的制修订工作，从而提高标准体系的覆盖水平才是构建绿色建筑后评估标准体系最实际的目标。上文通过对绿色建筑后评估标准体系的评价研究，得到了性能目标单层覆盖度和评估方法单层覆盖度，通过建立评价模型计算出现阶段标准体系的综合覆盖度分值，以此为依据确定了现阶段标准体系的新编和修编方向。然而，在现行标准管理的机制下，选择标准进行修编时具有盲目性和无序性，缺少对标准内容之间协调关系的考虑，容易导致标准内容的重复和矛盾。事实上，由于标准体系具有层次性和复杂性，每个标准在体系中所处的重要程度是不同的。面对众多需要制修订的标准，就需要对各项标准在体系中的重要程度进行排序，制修订标准的顺序兼顾现状并考虑今后一定时期内技术发展的需要，同时参照重要性的高低依次进行，从而可以提高新编和修编工作的科学性，避免标准内容的重复和矛盾，实现以最少的资源投入获得最大标准化的效果，以合理的标准数量覆盖最大的范围并且提高标准体系的覆盖水平。

6.5.1 标准功能团分析

根据标准体系的复杂性分析，可以对标准体系进行逐层解构，得到众多由若干个标准组成的功能团。每一功能团中又包含若干个强制性规范、政府推荐性标准和其他引领性标准，这些标准之间彼此存在联系，它们的联系反映在这些标准内容上具有某些相关性。同一个标准可能出现在不同的功能团中，因此标准功能团并不是孤立存在的，相邻功能团之间可以相互影响。在一个标准功能团中的所有标准就构成了彼此相互影响和关联的网络，评价标准的重要程度，就是评价该标准在其所在网络中的地位。这里需要说明的是由于室内环境指标标准体系所涉及标准规范众多，难以进行全局分析，所以将其分为强制性规范、政府推荐性标准和其他引领性标准分别进行优先度排序，其中近期编制的优先度大于远期编制。

在对功能团里的标准进行制修订时，可能会出现两种情况：一种是为了提高功能团对标准体系覆盖度的贡献水平，需要对该功能团所有标准进行修订，此种情况为了避免标准内容的重复，需要按照标准优先度的排序进行修订；另一种是先确定了要修编某项标准，但是为了确保标准之间内容的协调性，此时要通过该标准所在功能团的标准优先度排序，先修编优先度比其高的。这两种情况，都需要对功能团中的标准进行优先度排序（图 6-8）。

由于标准功能团可以抽象为一个复杂网络，我们可以引入复杂网络拓扑结构理论（第 4.4 节），将标准重要性评价转化为网络节点重要性评价。

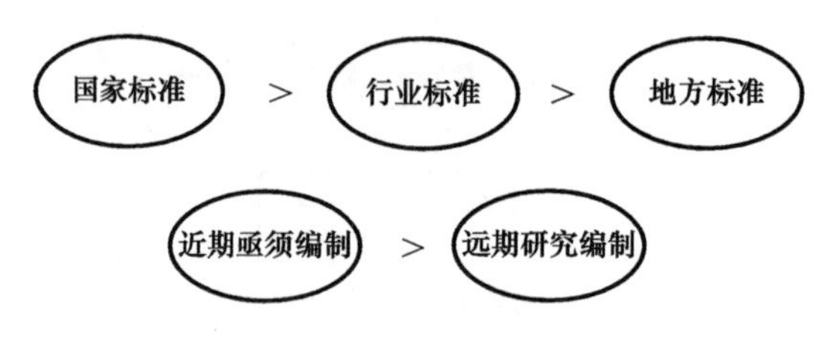

图 6-8 不同级别标准优先度比较

6.5.2 网络节点重要性评价

通过网络节点重要性评价得到标准团中不同标准的优先度顺序。网络节点的重要性评价主要有社会网分析领域内的节点重要性排序算法和系统科学领域的节点重要性评价方法。前者基于“重要性等价于显著性”，即节点重要性等价于该节点与其他节点的连接而使其具有的显著性。典型的节点重要性度量有节点度、介数和中心接近度等。以节点的连接度（节点连接的边数）作为节点重要度的衡量标准这种方法较为简单，认为与节点相连的边越多则该节点越重要。然而这种评估方法具有片面性，有些重要的“核心节点”并不一定具有较大的连接度，比如只有两条边相连的“桥节点”。介数能很好地衡量节点的重要度，即经过该节点的最短路径越多则该节点越重要，但计算节点的介数非常复杂，不仅要计算各个节点对之间的最短路径长度，还要记录这些最短路径的路线。后者基于“破坏性等价于重要性”，即通过度量节点（集）被删除后对网络连通的破坏程度来定义其重要性，典型的算法有 PageRank 和 HITS 算法。

实际中的网络非常庞大和复杂，不管是主观分析或者是利用排序算法都很难精确的找出网络中最重要的节点，所以可以尝试将网络中最不重要的节点删除，每删除一批，将这些节点记录下来，直到删除的最后一批节点，那么这些节点就可认为是网络中最重要的节点。

这里假设最不重要的节点是网络中度最小的节点，或者删除后对网络造成影响最小的节点。比如网络中的孤立节点，因为它与网络中任意其他节点都不相连，故将它删除对网络几乎不会造成影响，就可认为它是最不重要的节点。又比如叶子节点，它只与网络中的一个节点相连接，所以即使把它删除也不会影响网络的连通性，而且对其他节点之间的路径也不会产生太大的影响，即对网络的平均最短路径影响也很小，所以也可以将这些节点删除。剥落一遍之后，网络中会露出新的叶子节点，或者是产生新的度最小的节点，再用同样的规则进行剥落，一轮一轮的剥落到最后，剩下的就是那些最重要的节点。

从概率上讲，节点在网络中生存的时间越长，就越容易变成一个有很大度的节点。把复杂网络想象成一个空间的球体，这个球从开始的一个或者多个节点慢慢成长，直到变成一个庞大的复杂网络，即一个巨大的球体。那么越处于这个球体中间的节点可认为是加入网络时间比较早的点，相对来说也越重要，越处于球边缘的节点，说明该节点加入网络中的时间越短，则越不重要。从网络图上看，可将叶子节点视为最后加入网络的节点，但网络中的叶子节点不一定就是刚加进来的点，因为可能有部分节点加入网络变成叶子节点之后，再也没有新的节点加进来与它相连。即便这些叶子节点不是刚加入的，也可以认为该节点在网络中的位置不重要，因为如果该节点重要，按照优先连接原则，随着时间的推移，就会有新的节点加进来与它相连，使它变为非叶子节点。根据以上思想，提出了基于排除思想的剥落排序算法。

6.5.3　剥落排序算法

复杂网络可用图 $G=(V, E)$ 来表示，假设网络有 N 个节点，则 $V=(v_1, v_2, v_3, \cdots, v_n)$ 代表顶点的集合，$E=(e_1, e_2, e_3, \cdots, e_n)$ 代表网络中边的集合，图 G 中各节点之间的关系用邻接矩阵 A_{ij} 来表示，其中：

$$a_{ij}=\left\{\begin{matrix} 1 & e_{ij}\in E \\ 0 & e_{ij}\notin E \\ -1 & i=j \end{matrix}\right\} \tag{6.5.3-1}$$

由于网络是无向的，即 $<i, j>$ 和 $<j, i>$ 对应的是一条边，所以邻接矩阵 A 是对称矩阵。

定义 1：对于非空网络 G 中的任意节点 v_i，如果 $\exists v_j\in v(j\neq i)$，且 $e_{ij}\in E$，则 e_{ij} 称为 v_{ij} 的临边。

定义 2：从节点非空网络 G 中删除一个节点 v_i，即从该网络的边集 E 中删除 v_i 所有的邻边，再从该网络的节点集 V 中删除 v_i，并生成新的网络 G'。

定义 3：节点非空网络中度最小的一个或多个节点构成的集合称为最外层节点集，用 $l_0=\{v_{01}, v_{02}, v_{03}, \cdots\}$ 表示。将任意网络的 l_0，l_1，…，$l_{n-1}(n>0)$，的节点全部删除后，在剩下的节点中，度最小的一个或多个节点构成的集合称为第 n 层节点集，记为 $l_n=\{v_{n1}, v_{n2}, v_{n3}, \cdots\}$。

定义 4：对于 $l_n(n\geqslant 0)$ 中的一个节点 v_i，l_{n+1} 中与 v_i 相邻的所有节点的平均度称为节点 v_i 的内度，记为 D_i。

定义 5：对于 $l_n(n>0)$ 中的一个节点 v_i，l_{n-1} 中与 v_i 相邻的节点个数称为节点 v_i 的外层邻点个数，记为 B_i。

定义 6：对于$\forall v_i \in G$，v_i 的重要性 P_i 可由下式计算：

$$P_i = \begin{cases} nk_{\max} + D_i & n = 0 \\ nk_{\max} + B_i & n > 0 \end{cases} \quad (v_i \in l_n) \tag{6.5.3-2}$$

其中，$k_{\max} = \max\{k_j\} \quad (V_j \in G)$

剥落排序算法每一轮都会从待排序的节点中删除一批最不重要的节点，这些最不重要的节点是以度排序进行挑选的。然而这一批最不重要的节点中可能只有一个，也可能有很多个节点。如果有多个，那这些节点的重要性也是不相同的，因此需要用另一个度量值来进行衡量，即外层邻点个数 B_i，B_i 越大说明节点 v 已删除的邻居个数越多，在当前的网络状态下同样度值的节点，已删除邻居个数越多，说明该节点 v 在原始状态的复杂网络中连接的节点越多，则地位也越重要；反之则越不重要。

根据上面的定义和分析，可以给出复杂网络中节点重要性剥落排序算法的计算步骤：

1 用公式初始化邻接矩阵 A；

2 遍历所有节点，构造第 0 层节点集 $l_0 = \{v_{01}, v_{02}, v_{03}, \cdots\}$；

3 对 l_0 中的所有节点 $\{v_{01}, v_{02}, v_{03}, \cdots\}$ 计算内度，记为 D_{01}，D_{02}，D_{03}，…；

4 按照 D_{01}，D_{02}，D_{03}，…的值，从大到小对 $\{v_{01}, v_{02}, v_{03}, \cdots\}$ 进行排序，并将排序结果存为最终结果集；

5 从网络中删除 l_0 中的所有节点，令 $n \leftarrow 1$；

6 如果网络为空，则结束，否则转（7）；

7 遍历所有节点，构造第 n 层节点集 $l_n = \{v_{n1}, v_{n2}, v_{n3}, \cdots\}$；

8 对 l_n 中的所有节点 $\{v_{n1}, v_{n2}, v_{n3}, \cdots\}$ 计算外层邻点个数，记为 B_{n1}，B_{n2}，B_{n3}，…；

9 按照 B_{n1}，B_{n2}，B_{n3}，…的值，从大到小对 $\{v_{n1}, v_{n2}, v_{n3}, \cdots\}$ 进行排序，并将最终结果插入到最终结果集的左端；

10 令 $n \leftarrow n+1$，转（6）。

剥落排序算法是从最不重要的节点开始找，将最不重要的节点从网络中删除，直到最后网络中所有的节点被全部删除，即得出了整个网络节点的重要性排序结果。因为现实中的复杂网络非常庞大，不管是主观分析或者是利用排序算法，都很难精确的找出网络中最重要的节点。所以就从不重要的节点开始找，这里利用了网络所具有的两个重要的属性：动态生成和优先连接。在时间上，假设越是靠后加入网络的节点越不重要。在空间上，假设越处于网络边缘的节点越不重要。第一步找出最外层的节点，将其从网络中剥落，此时会产生新的网络，在新的网络再找出最外层节点，这样逐层将网络剥落，直到网络中没有节点时，所有的节点已排序完成。

该算法不像度排序要计算每个节点的度，也不像接近度排序和介数排序都会给每个节点求出一个具体的值，通过对这些值的比较从而对节点进行排序。剥落排序算法会通过度来找出最不重要的点，将其剥落，越先被剥落的节点越不重要，从而最后会找到一个剥落的顺序，将它的顺序倒过来，就是节点重要性由大到小的排序。剥落排序算法最后得到的是一个顺序，而不是一个剥落值。这里采用度排序找每一轮中最不重要的节点是因为度排序的简单直观性及计算复杂度低的特性。

剥落排序算法不仅考虑了节点的度，还考虑了节点在网络中的位置以及邻点的重要程度，因此与传统的排序算法相比具有准确性上的优势。

6.5.4　标准优先度排序

根据工程建设标准主管部门的统一安排，由于工程建设强制性规范正在同步进行编制，绿色建筑后评估标准体系构建过程中，对工程建设强制性规范不再考虑优先度排序。以下对政府推荐性标准和其他引领性标准修订的优先度排序进行分析。

1 政府推荐性标准优先度排序

通过剥落排序算法对绿色建筑后评估标准政府推荐性标准网络图（图 6-9）的节点重要性进行排序。叙述剥落排序算法的执行过程，并通过结果验证该算法的有效性和准确性。图 6-7 显示的是初始状态。首先，按度排序，可以找出最小度值为 0 的节点集 l_0＝{45，60，78，91，93，95，96，97，98，99，100，101，102，103，104，105，106，107，108，109，110，120，121，123，124，125，126，128，129，130，131，132，133，142}，也就是图中的孤立节点，这些节点与其他的节点没有任何关联关系，所以将这些节点删除对网络中其他节点之间的通信和联系都没有影响，也不会影响网络的连通性，所以剥落的第一轮是将 l_0 中所有节点从 G 中删除，使其变为无效节点。

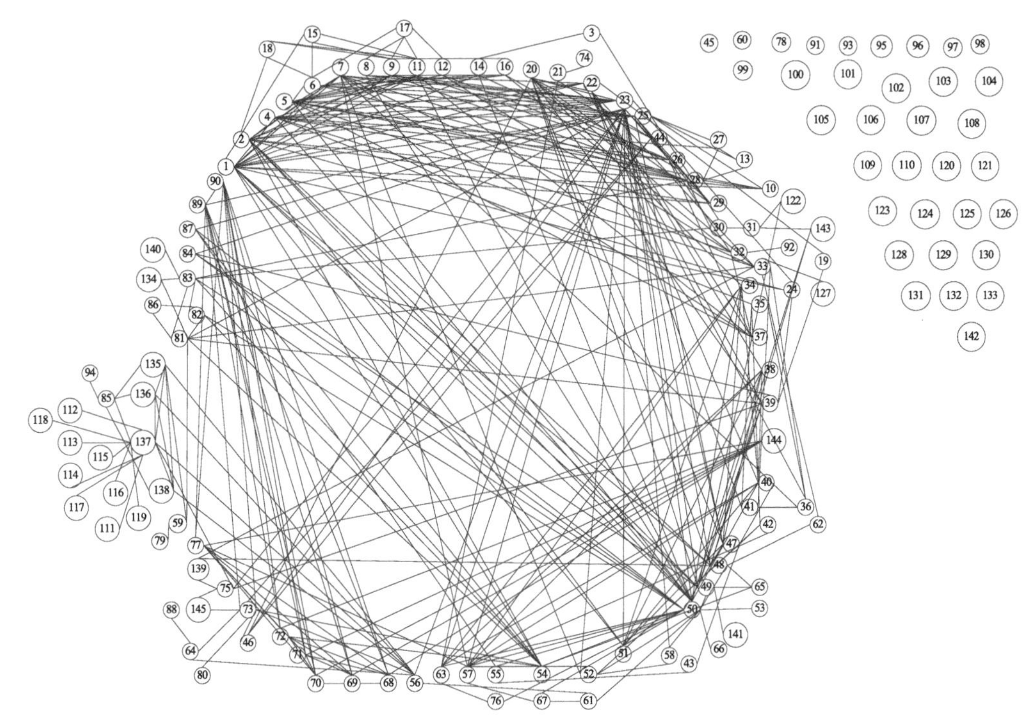

图 6-9　绿色建筑后评估标准体系中政府推荐性标准网络图 G

将 l_0 中所有点从 G 中删除后，生成新的网络 G^1，如图 6-10 所示。此时，按度排序，找出最小度值为 1 的节点集 l_1＝{53，66，74，79，80，88，92，94，111，112，113，114，115，116，117，118，119，127，140，141}，初始时这些点的内度分别为 D_{53}＝13，D_{66}＝13，D_{74}＝3，D_{79}＝1.5，D_{80}＝3，D_{88}＝1.5，D_{92}＝3，D_{94}＝2.5，D_{111}＝7.5，D_{112}＝7.5，D_{113}＝7.5，D_{114}＝7.5，D_{115}＝7.5，D_{116}＝7.5，D_{117}＝7.5，D_{118}＝7.5，D_{119}＝7.5，D_{127}＝5，D_{140}＝4，D_{141}＝5.5。所以 l_1 节点集中节点的重要性排序是 53＝66＞111＝112＝113＝114＝115＝116＝117＝118＝119＞141＞127＞140＞74＝80＝92＞94＞79＝88。

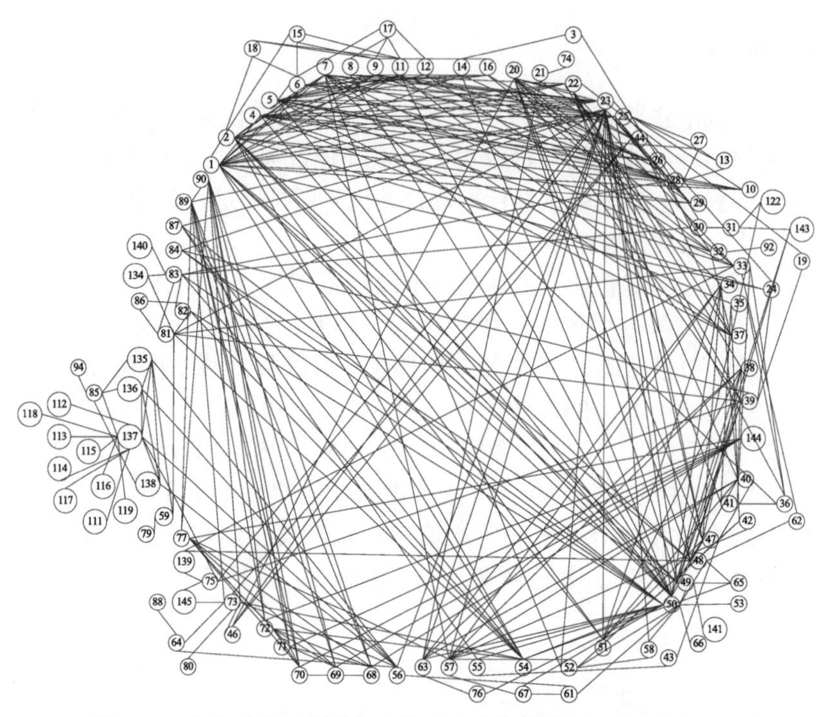

图 6-10　绿色建筑后评估标准体系中政府推荐性标准网络图 G^1

将 l_1 中所有点从 G^1 中删除后，生成新的网络 G^2，如图 6-11 所示。按度排序，找出 G^2 中度最小的节点集 $l_2=\{3，19，43，59，62，64，76，86，122，134，145\}$，由于 $B_3=0$，$B_{19}=0$，$B_{43}=0$，$B_{59}=1$，$B_{62}=0$，$B_{64}=1$，$B_{76}=0$，$B_{86}=0$，$B_{122}=0$，$B_{134}=0$，$B_{145}=0$。所以 l_2 节点集中节点的重要性排序是 59=64>3=19=43=62=76=86=122=134=145。

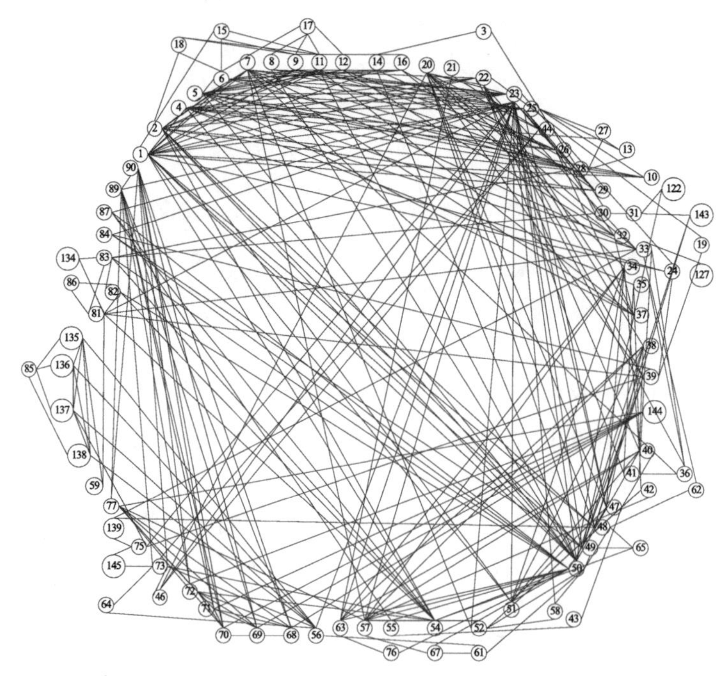

图 6-11　绿色建筑后评估标准体系中政府推荐性标准网络图 G^2

将 l_2 中所有点从 G^2 中删除，生成新的网络 G^3，如图 6-12 所示。按度排序，找出 G^3 中度最小的节点集 $l_3=\{55\}$。

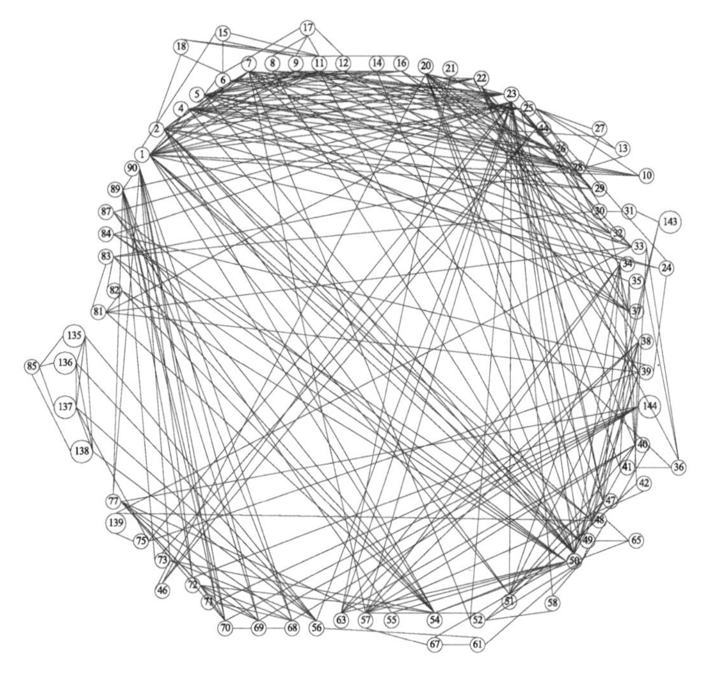

图 6-12　绿色建筑后评估标准政府推荐性标准网络图 G^3

将节点 55 从 G^3 中删除，生成新的网络 G^4，如图 6-13 所示。找出 G^4 中度最小的节点集 $l_4=\{13,\ 31,\ 58,\ 61,\ 65,\ 67,\ 143\}$。由于 $B_{13}=0$，$B_{31}=1$，$B_{58}=0$，$B_{61}=0$，$B_{65}=0$，$B_{67}=0$，$B_{143}=0$。所以 l_4 节点集中节点的重要性排序是 31>13=58=61=65=67=143。

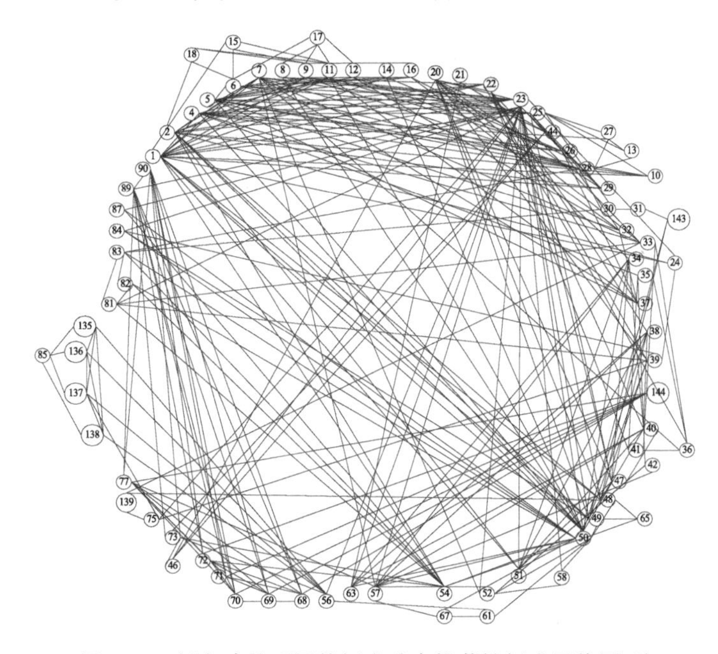

图 6-13　绿色建筑后评估标准政府推荐性标准网络图 G^4

将 l_4 中所有节点从 G^4 中删除，生成新的网络 G^5，如图 6-14 所示。找出 G^5 中度最小的节点集 $l_5=\{27，139\}$。由于 $B_{27}=1$，$B_{139}=0$。所以 l_5 节点集中节点的重要性排序是 27>139。

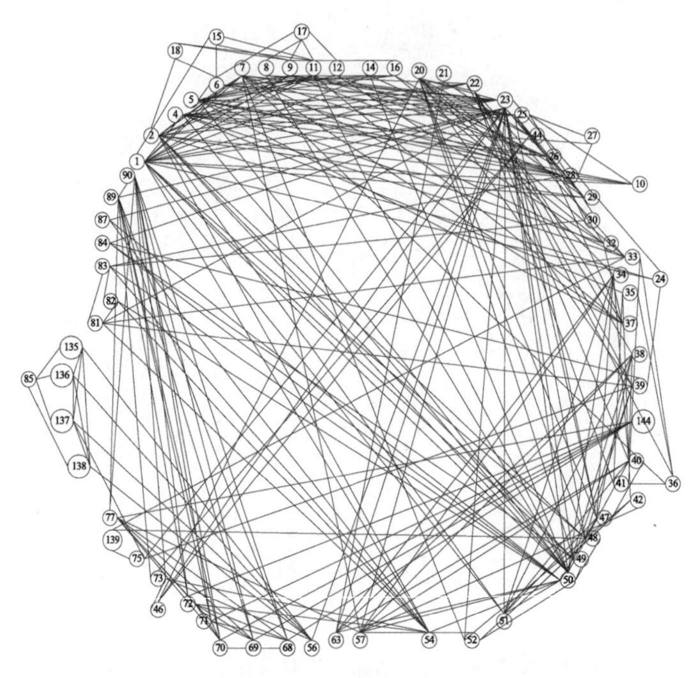

图 6-14　绿色建筑后评估标准政府推荐性标准网络图 G^5

将 l_5 中所有节点从 G^5 中删除，生成新的网络 G^6，如图 6-15 所示。找出 G^6 中度最小的节点集 $l_6=\{30\}$。

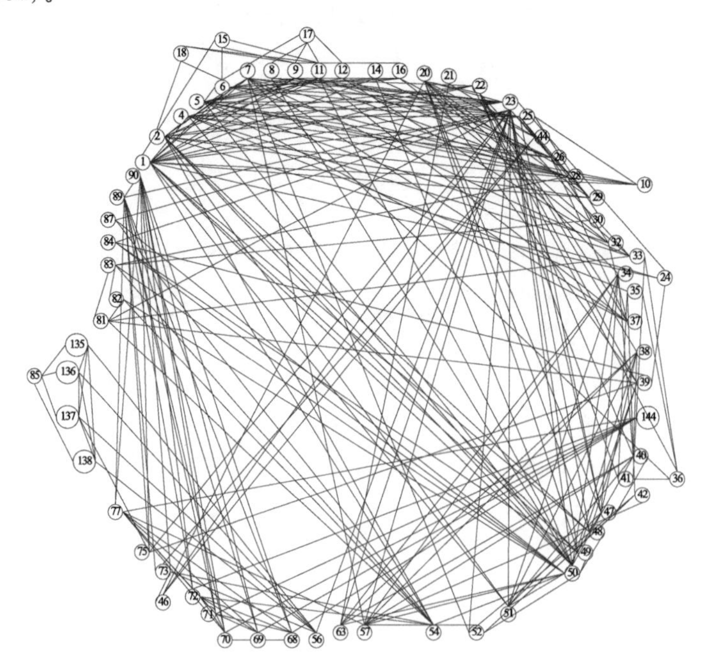

图 6-15　绿色建筑后评估标准政府推荐性标准网络图 G^6

将节点 30 从 G^6 中删除，生成新的网络 G^7，如图 6-16 所示。找出 G^7 中度最小的节点集 $l_7=\{8, 12, 15, 18, 24, 41, 42, 46, 82, 84, 85\}$。由于 $B_8=0$，$B_{12}=0$，$B_{15}=0$，$B_{18}=0$，$B_{24}=0$，$B_{41}=0$，$B_{42}=0$，$B_{46}=0$，$B_{82}=1$，$B_{84}=0$，$B_{85}=0$。所以 l_7 节点集中节点的重要性排序是 82>8=12=15=18=24=41=42=46=84=85。

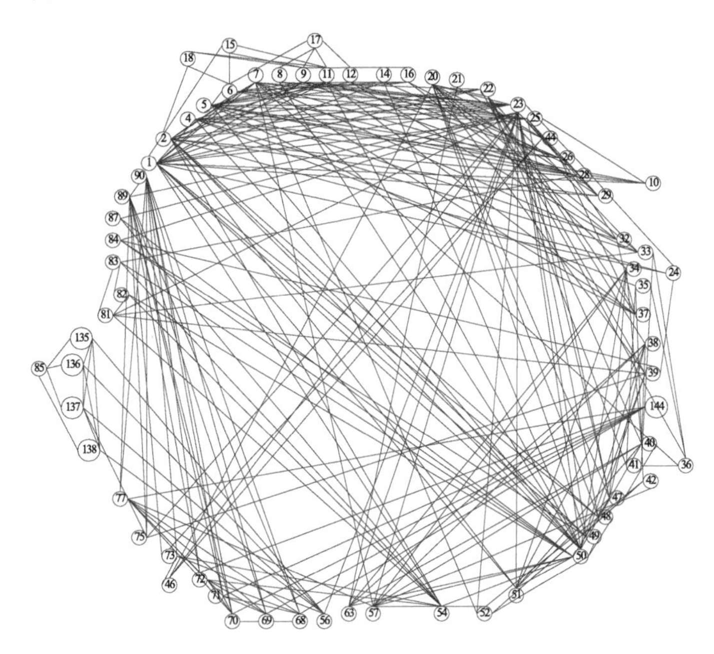

图 6-16　绿色建筑后评估标准政府推荐性标准网络图 G^7

将 l_7 中所有节点从 G^7 中删除，生成新的网络 G^8，如图 6-17 所示。找出 G^8 中度最小的节点集 $l_8=\{17, 21\}$。由于 $B_{17}=3$，$B_{21}=4$。所以 l_8 节点集中节点的重要性排序是 21>17。

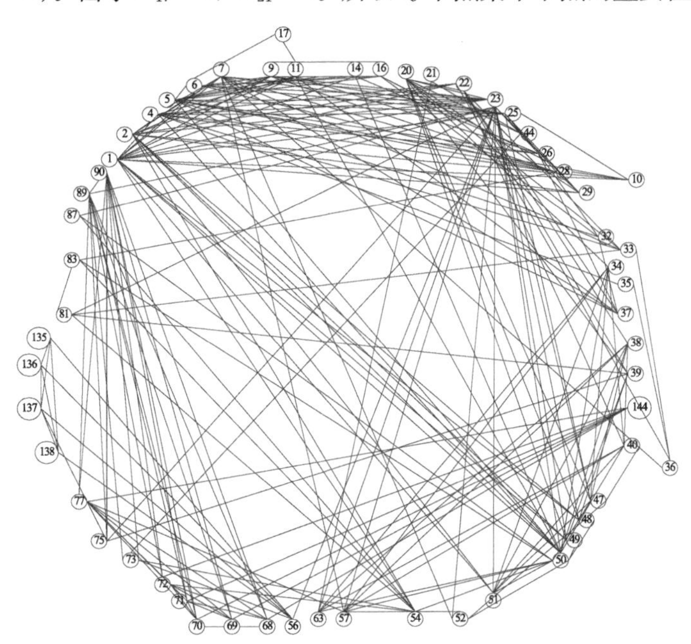

图 6-17　绿色建筑后评估标准政府推荐性标准网络图 G^8

将 l_8 中所有节点从 G^8 中删除，生成新的网络 G^9，如图 6-18 所示。找出 G^9 中度最小的节点集 $l_9=\{35，44，87\}$。由于 $B_{35}=2$，$B_{44}=2$，$B_{87}=1$。所以 l_9 节点集中节点的重要性排序是 35=44>87。

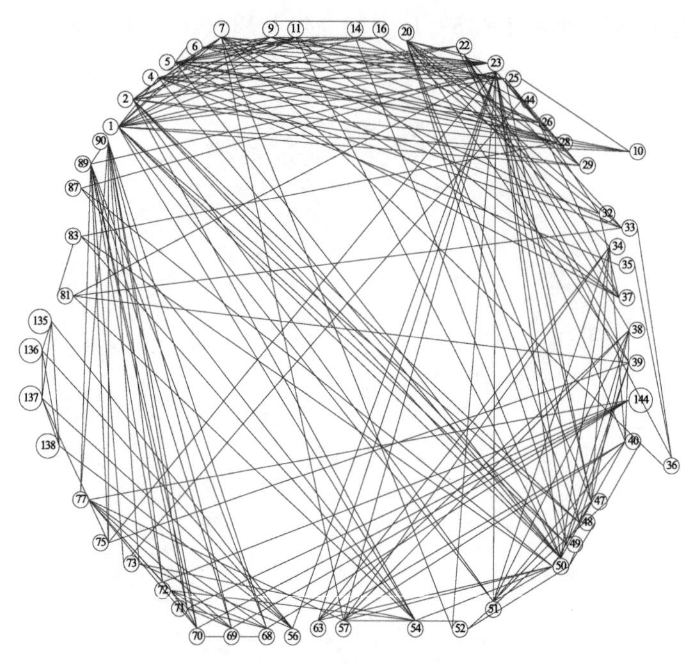

图 6-18　绿色建筑后评估标准政府推荐性标准网络图 G^9

将 l_9 中所有节点从 G^9 中删除，生成新的网络 G^{10}，如图 6-19 所示。找出 G^{10} 中度最小的节点集 $l_{10}=\{18，32，36，73，83，136，138\}$。由于 $B_{32}=2$，$B_{36}=1$，$B_{73}=2$，$B_{83}=4$，$B_{136}=1$，$B_{138}=1$。所以 l_{10} 节点集中节点的重要性排序是 83>32=73>36=136=138。

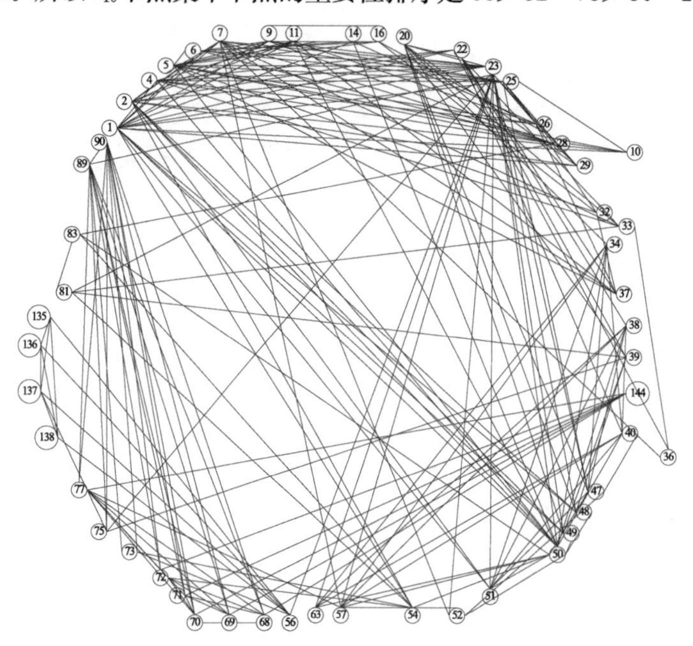

图 6-19　绿色建筑后评估标准政府推荐性标准网络图 G^{10}

将 l_{10} 中所有节点从 G^{10} 中删除，生成新的网络 G^{11}，如图 6-20 所示。找出 G^{11} 中度最小的节点集 $l_{11}=\{135\}$。

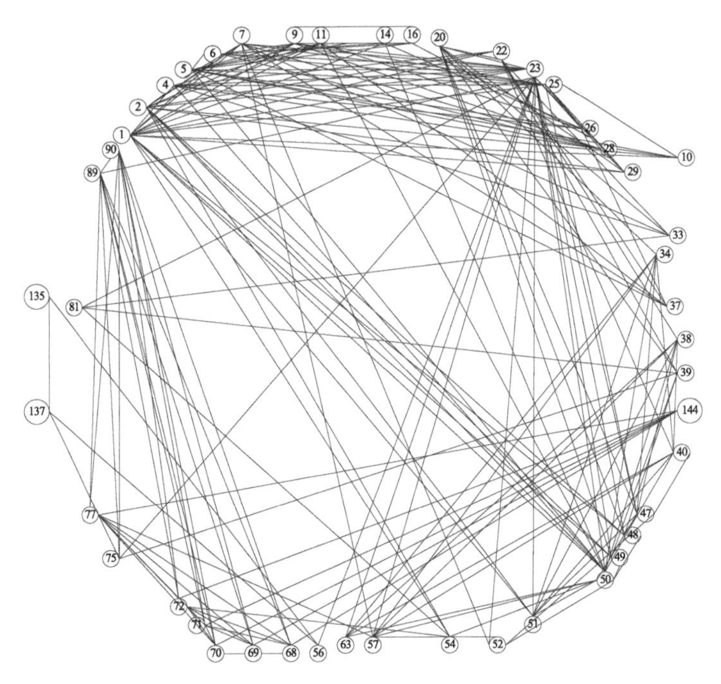

图 6-20　绿色建筑后评估标准政府推荐性标准网络图 G^{11}

将节点 135 从 G^{11} 中删除，生成新的网络 G^{12}，如图 6-21 所示。找出 G^{12} 中度最小的节点集 $l_{12}=\{56，137\}$。由于 $B_{56}=6$，$B_{137}=13$。所以 l_{12} 节点集中节点的重要性排序是 137>56。

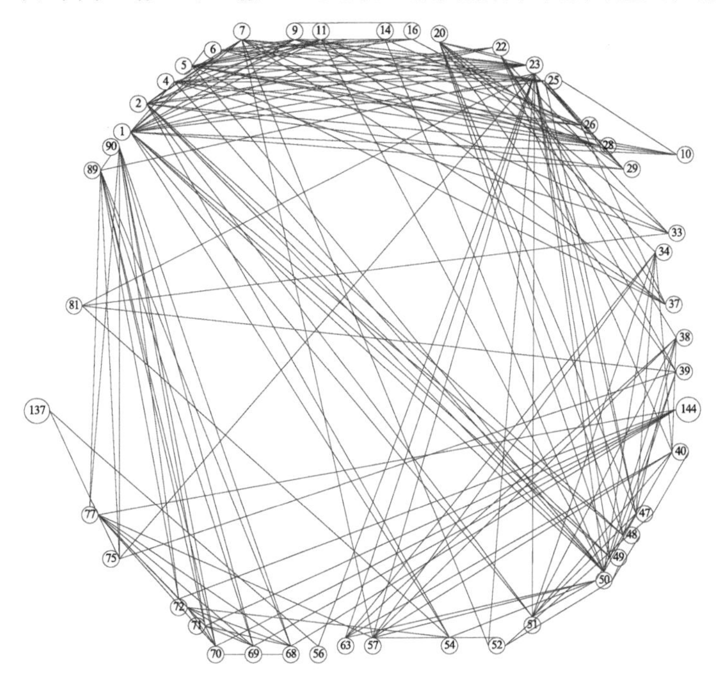

图 6-21　绿色建筑后评估标准政府推荐性标准网络图 G^{12}

将 l_{12} 中所有节点从 G^{12} 中删除后，生成新的网络 G^{13}，如图 6-22 所示。按度排序，找出 G^{13} 中度最小的节点集 $l_{13}=\{75, 81\}$。由于 $B_{75}=3$，$B_{81}=5$。所以 l_{13} 节点集中节点的重要性排序是 81>75。

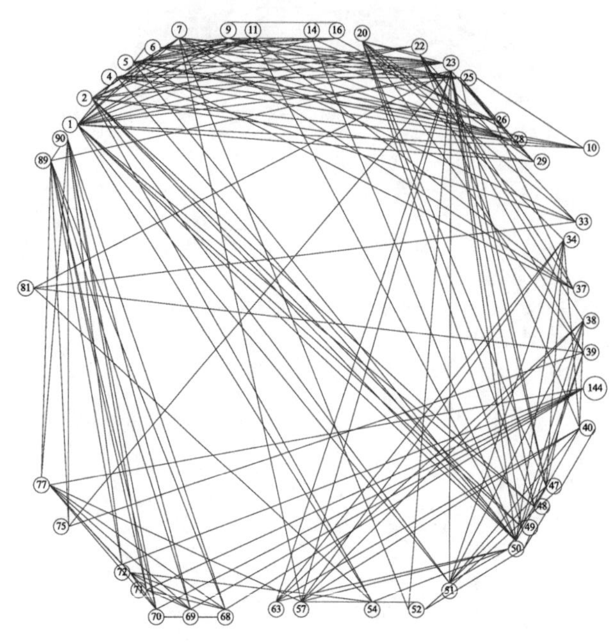

图 6-22　绿色建筑后评估标准政府推荐性标准网络图 G^{13}

将 l_{13} 中所有节点从 G^{13} 中删除后，生成新的网络 G^{14}，如图 6-23 所示。按度排序，找出 G^{14} 中度最小的节点集 $l_{14}=\{33, 39\}$。由于 $B_{33}=6$，$B_{39}=3$。所以 l_{14} 节点集中节点的重要性排序是 33>39。

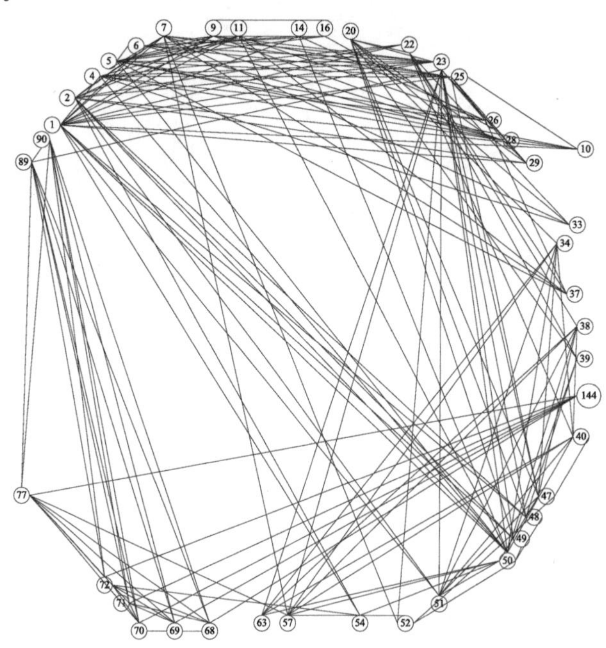

图 6-23　绿色建筑后评估标准政府推荐性标准网络图 G^{14}

将 l_{14} 中所有节点从 G^{14} 中删除后，生成新的网络 G^{15}，如图 6-24 所示。按度排序，找出 G^{15} 中度最小的节点集 $l_{15}=\{14，37，49，52，63\}$。由于 $B_{14}=0$，$B_{37}=0$，$B_{49}=6$，$B_{52}=3$，$B_{63}=1$。所以 l_{15} 节点集中节点的重要性排序是 49＞52＞63＞14＝37。

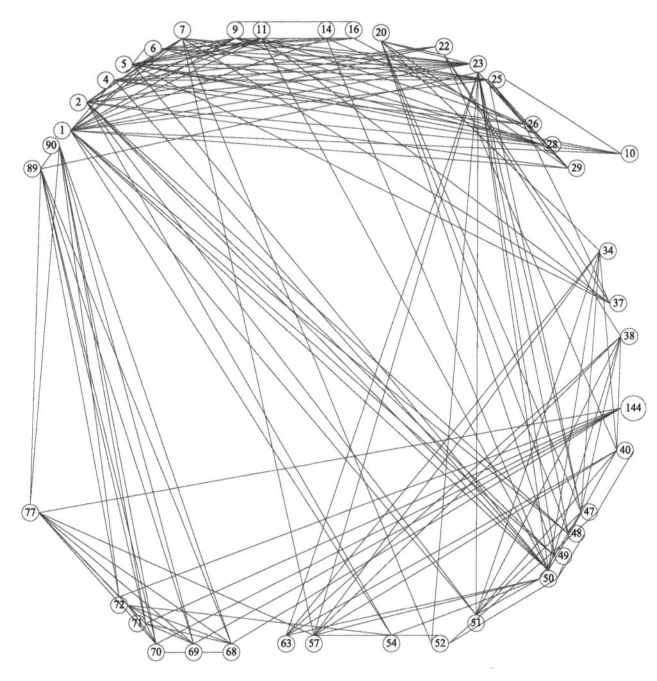

图 6-24　绿色建筑后评估标准政府推荐性标准网络图 G^{15}

将 l_{15} 中所有节点从 G^{15} 中删除后，生成新的网络 G^{16}，如图 6-25 所示。按度排序，找出 G^{16} 中度最小的节点集 $l_{16}=\{54\}$。

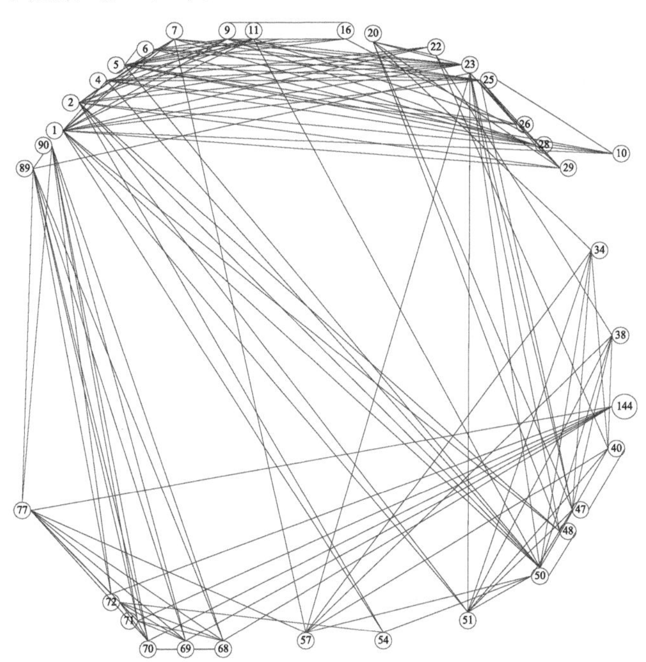

图 6-25　绿色建筑后评估标准政府推荐性标准网络图 G^{16}

将 l_{16} 中所有节点从 G^{16} 中删除后，生成新的网络 G^{17}，如图 6-26 所示。按度排序，找出 G^{17} 中度最小的节点集 $l_{17}=\{10\}$。

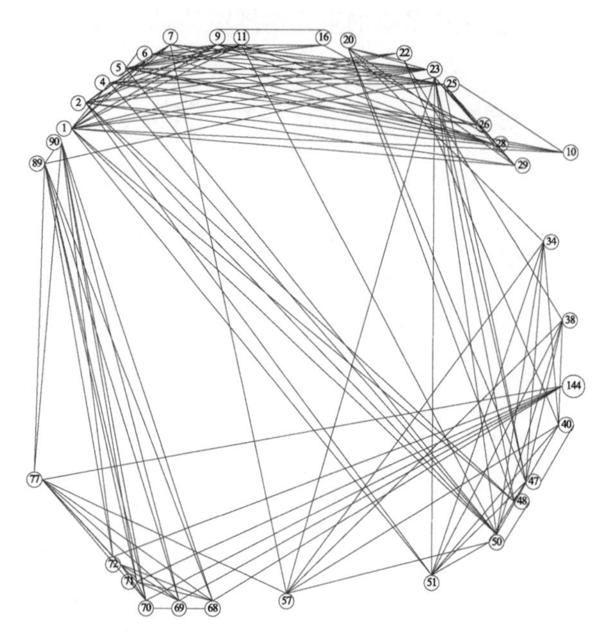

图 6-26　绿色建筑后评估标准政府推荐性标准网络图 G^{17}

将 l_{17} 中所有节点从 G^{17} 中删除后，生成新的网络 G^{18}，如图 6-27 所示。按度排序，找出 G^{18} 中度最小的节点集 $l_{18}=\{16，20，22，26，29，34，38，48，69，144\}$。由于 $B_{16}=0$，$B_{20}=5$，$B_{22}=8$，$B_{26}=4$，$B_{29}=1$，$B_{34}=2$，$B_{38}=1$，$B_{48}=5$，$B_{69}=2$，$B_{144}=0$。所以 l_{18} 节点集中节点的重要性排序是 $22>20=48>26>34=69>29=38>16=144$。

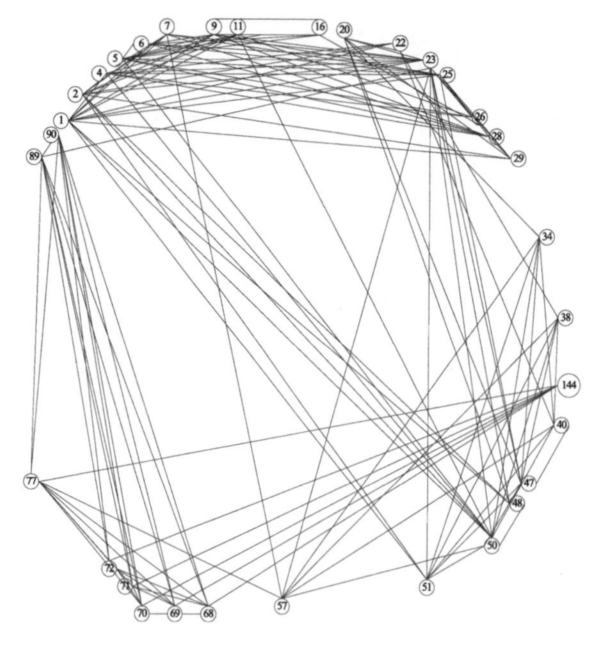

图 6-27　绿色建筑后评估标准政府推荐性标准网络图 G^{18}

将 l_{18} 中所有节点从 G^{18} 中删除后，生成新的网络 G^{19}，如图 6-28 所示。按度排序，找出 G^{19} 中度最小的节点集 $l_{19}=\{40\}$。

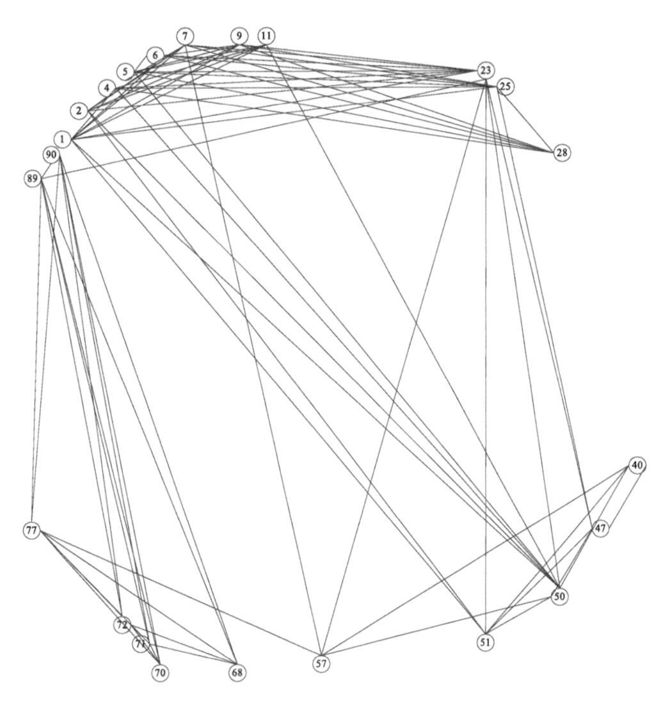

图 6-28　绿色建筑后评估标准政府推荐性标准网络图 G^{19}

将 l_{19} 中所有节点从 G^{19} 中删除后，生成新的网络 G^{20}，如图 6-29 所示。按度排序，找出 G^{20} 中度最小的节点集 $l_{20}=\{47, 57\}$。由于 $B_{47}=8$，$B_{57}=6$。所以 l_{20} 节点集中节点的重要性排序是 47>57。

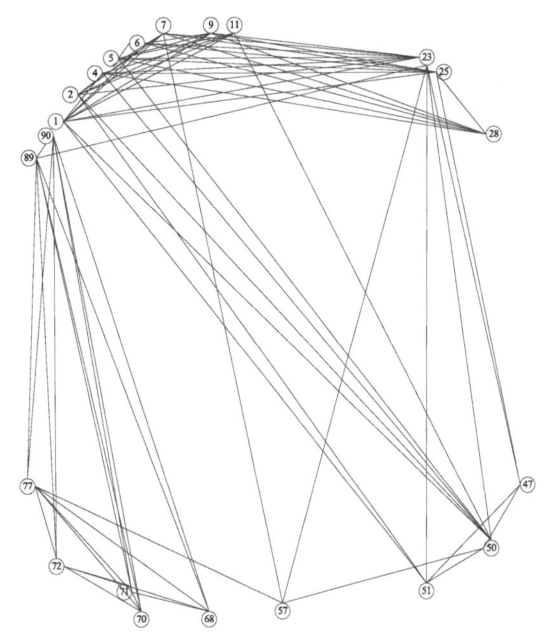

图 6-29　绿色建筑后评估标准政府推荐性标准网络图 G^{20}

将 l_{20} 中所有节点从 G^{20} 中删除后，生成新的网络 G^{21}，如图 6-30 所示。按度排序，找出 G^{21} 中度最小的节点集 $l_{21}=\{51\}$。

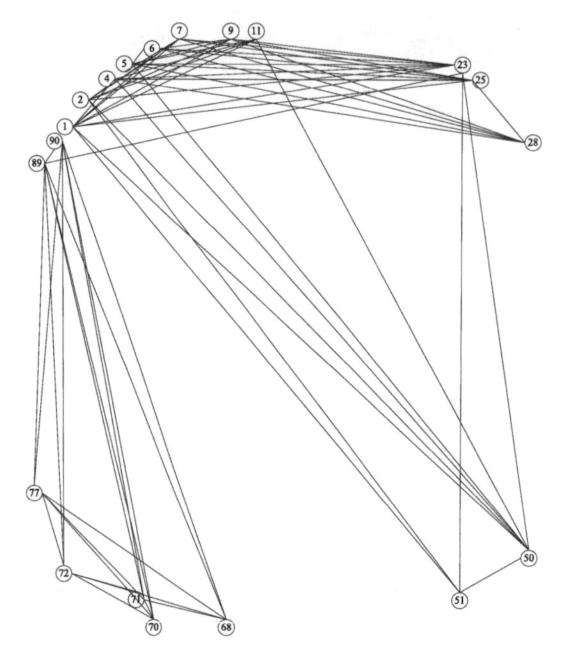

图 6-30　绿色建筑后评估标准政府推荐性标准网络图 G^{21}

将 l_{21} 中所有节点从 G^{21} 中删除后，生成新的网络 G^{22}，如图 6-31 所示。按度排序，找出 G^{22} 中度最小的节点集 $l_{22}=\{11，68，70\}$。由于 $B_{11}=5$，$B_{68}=2$，$B_{70}=2$。所以 l_{22} 节点集中节点的重要性排序是 11>68=70。

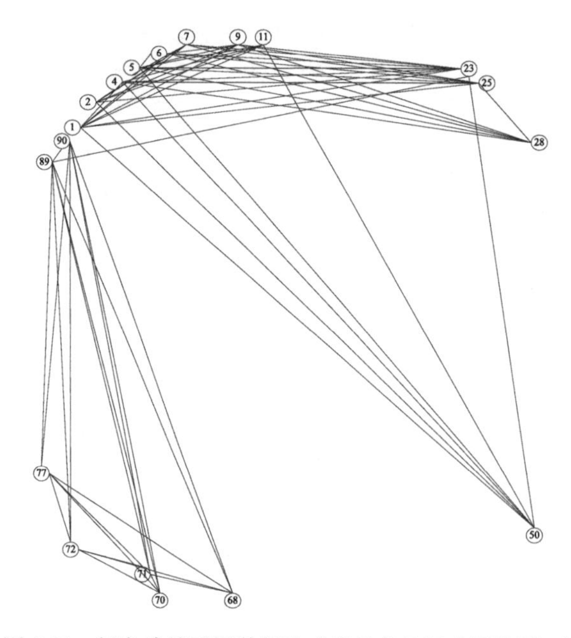

图 6-31　绿色建筑后评估标准政府推荐性标准网络图 G^{22}

将 l_{22} 中所有节点从 G^{22} 中删除后，生成新的网络 G^{23}，如图 6-32 所示。按度排序，找出 G^{23} 中度最小的节点集 $l_{23}=\{71，72，77，90\}$。由于 $B_{71}=4$，$B_{72}=5$，$B_{77}=4$，$B_{90}=4$。所以 l_{23} 节点集中节点的重要性排序是 72>71=77=90。

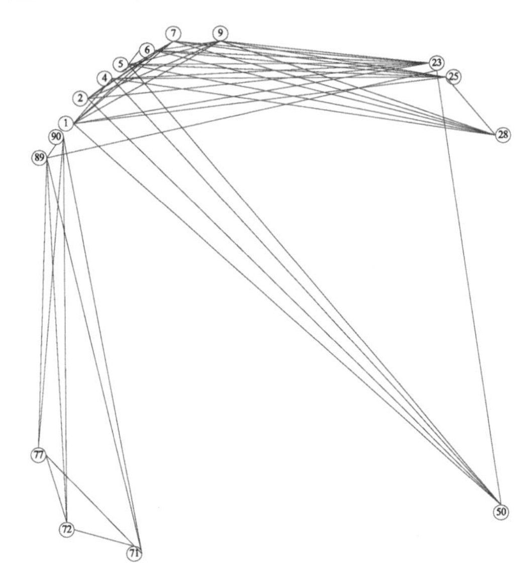

图 6-32　绿色建筑后评估标准政府推荐性标准网络图 G^{23}

将 l_{23} 中所有节点从 G^{23} 中删除后，生成新的网络 G^{24}，如图 6-33 所示。按度排序，找出 G^{24} 中度最小的节点集 $l_{24}=\{89\}$。

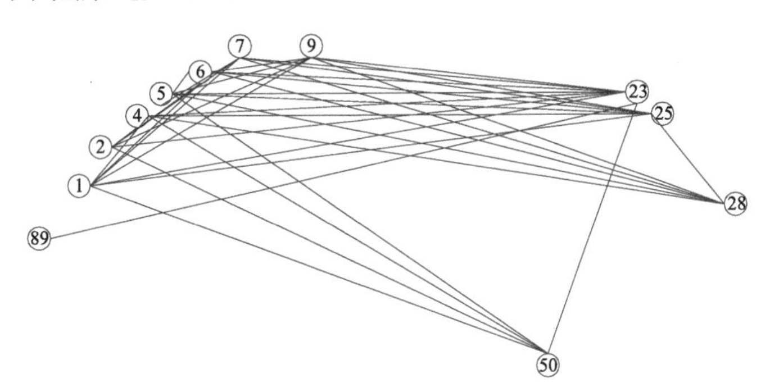

图 6-33　绿色建筑后评估标准政府推荐性标准网络图 G^{24}

将节点 89 从 G^{24} 中删除后，生成新的网络 G^{25}，如图 6-34 所示。按度排序，找出 G^{25} 中度最小的节点集 $l_{25}=\{50\}$。

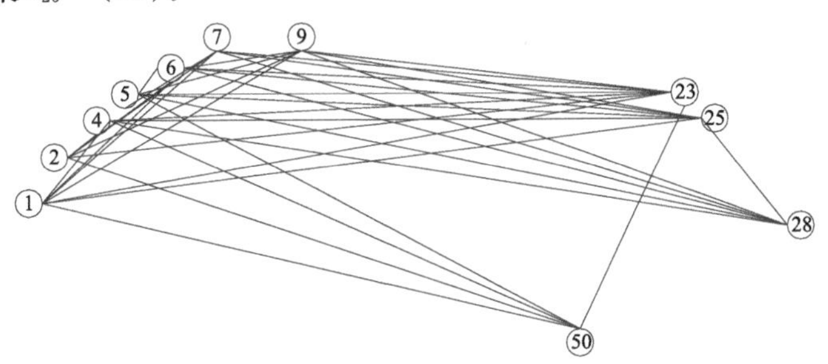

图 6-34　绿色建筑后评估标准政府推荐性标准网络图 G^{25}

将节点 50 从 G^{25} 中删除后，生成新的网络 G^{26}，如图 6-35 所示。按度排序，找出 G^{26} 中度最小的节点集 $l_{26}=\{1, 2, 4\}$。由于 $B_1=12$，$B_2=11$，$B_4=5$。所以 l_{26} 节点集中节点的重要性排序是 1＞2＞4。

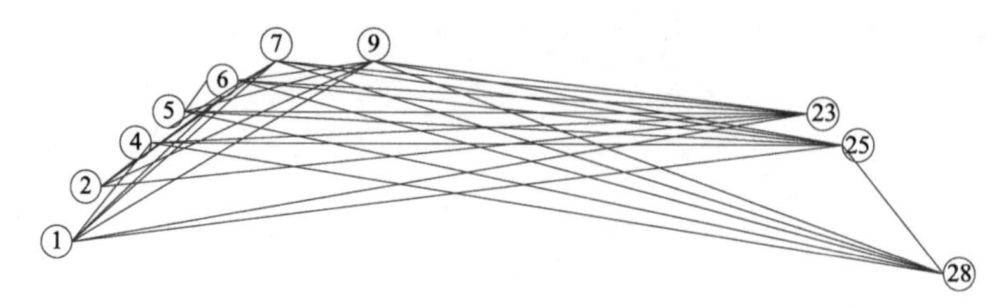

图 6-35　绿色建筑后评估标准政府推荐性标准网络图 G^{26}

将 l_{26} 中所有节点从 G^{26} 中删除后，生成新的网络 G^{27}，如图 6-36 所示。按度排序，找出 G^{27} 中度最小的节点集 $l_{27}=\{7\}$。

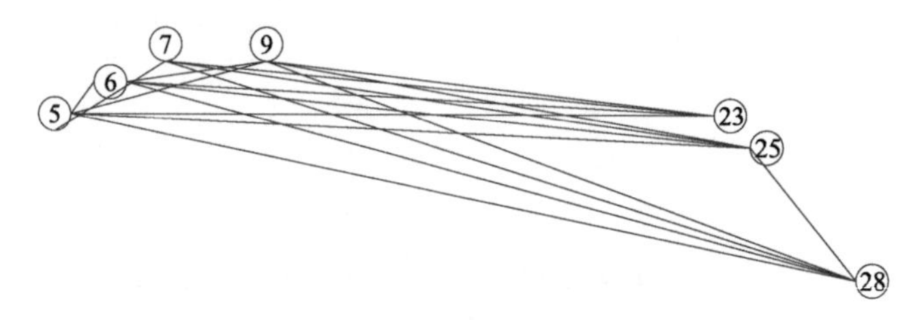

图 6-36　绿色建筑后评估标准政府推荐性标准网络图 G^{27}

将节点 7 从 G^{27} 中删除后，生成新的网络 G^{28}，如图 6-37 所示。按度排序，找出 G^{28} 中度最小的节点集 $l_{28}=\{23, 25, 28\}$。由于 $B_{23}=25$，$B_{25}=10$，$B_{28}=8$。所以 l_{28} 节点集中节点的重要性排序是 23＞25＞28。

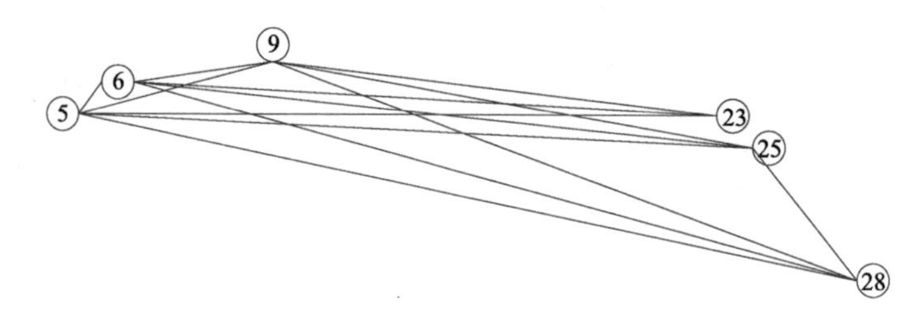

图 6-37　绿色建筑后评估标准政府推荐性标准网络图 G^{28}

将 l_{28} 所有节点从 G^{28} 中删除后，生成新的网络 G^{29}，如图 6-38 所示。按度排序，找出 G^{29} 中度最小的节点集 $l_{29}=\{5, 6, 9\}$。由于 $B_5=12$，$B_6=10$，$B_9=9$。所以 l_{29} 节点集中节点的重要性排序是 5＞6＞9。

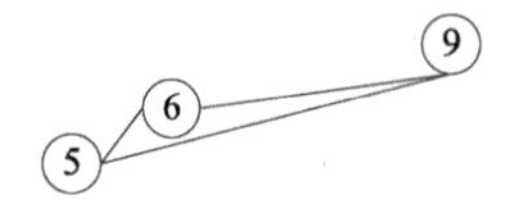

图 6-38　绿色建筑后评估标准政府推荐性标准网络图 G^{29}

最后采用剥落排序算法得到的节点重要性排序顺序为：5＞6＞9＞23＞25＞28＞7＞1＞2＞4＞50＞89＞72＞71＝77＝90＞11＞68＝70＞51＞47＞57＞40＞22＞20＝48＞26＞

34＝69＞29＝38＞16＝144＞10＞54＞49＞52＞63＞14＝37＞33＞39＞81＞75＞135＞137＞56＞83＞32＝73＞36＝136＝138＞35＝44＞87＞21＞17＞82＞8＝12＝15＝18＝24＝41＝42＝46＝84＝85＞30＞27＞139＞31＞13＝58＝61＝65＝67＝143＞55＞59＝64＞3＝19＝43＝62＝76＝86＝122＝134＝145＞53＝66＞111＝112＝113＝114＝115＝116＝117＝118＝119＞141＞127＞140＞74＝80＝92＞94＞79＝88＞45＝60＝78＝91＝93＝95＝96＝97＝98＝99＝100＝101＝102＝103＝104＝105＝106＝107＝108＝109＝110＝120＝121＝123＝124＝125＝126＝128＝129＝130＝131＝132＝133＝142。

2 其他引领性标准

通过剥落排序算法对绿色建筑后评估标准其他推荐性标准网络图（图 6-39）的节点重要性进行排序。叙述剥落排序算法的执行过程，并通过结果验证该算法的有效性和准确性。图中显示的是初始状态。首先，按度排序，可以找出最小度值为 0 的节点集 l_0＝{5，12，15，69，73，75，76，85，86，88，89，91，97，98，104，110，111，112，113，116}，也就是图中的孤立节点，这些节点与其他的节点没有任何关联关系，所以将这些节点删除对网络中其他节点之间的通信和联系都没有影响，也不会影响网络的连通性，所以剥落的第一轮是将中所有节点从 G 中删除，使其变为无效节点。

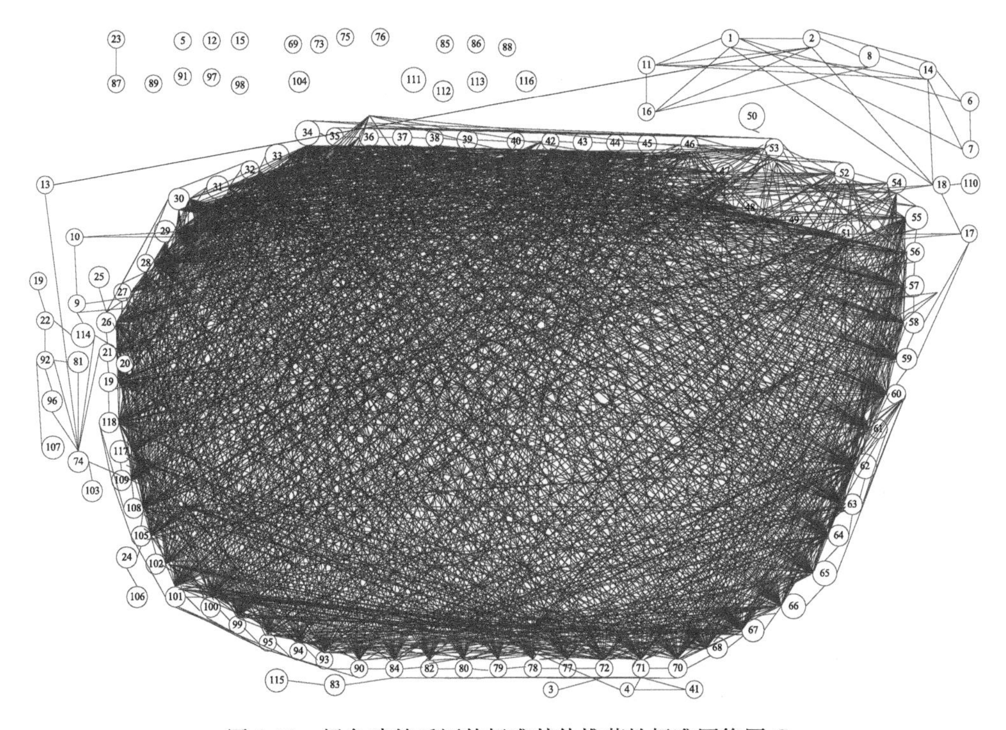

图 6-39　绿色建筑后评估标准其他推荐性标准网络图 G

将 l_0 中所有点从 G 中删除后，生成新的网络 G^1，如图 6-40 所示。此时，按度排序，找出最小度值为 1 的节点集 l_1＝{3，23，25，50，87，103，106，107，110，115} 初始时这些点的内度分别为 $D_3=33$，$D_{23}=0.5$，$D_{25}=33$，$D_{50}=33$，$D_{87}=0.5$，$D_{103}=4$，$D_{106}=1$，$D_{107}=2.5$，$D_{110}=3.5$，$D_{115}=1$，所以 l_1 节点集中节点的重要性排序是 3＝25＝50＞103＞110＞107＞106＝115＞87＞23。

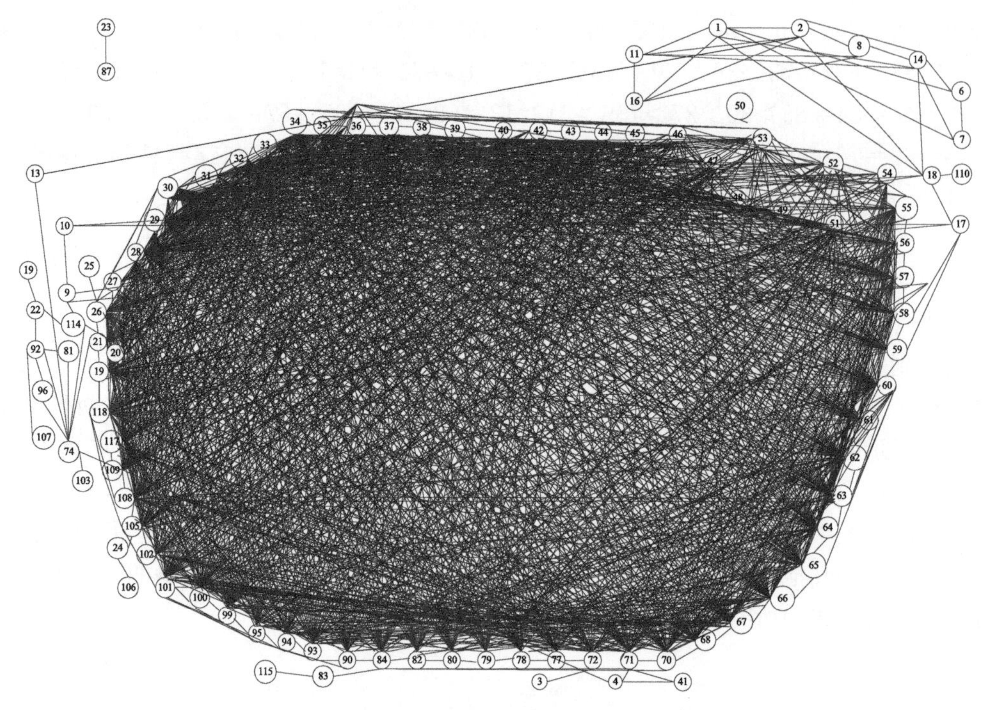

图 6-40　绿色建筑后评估标准其他推荐性标准网络图 G^1

将 l_1 中所有点从 G^1 中删除后，生成新的网络 G^2，如图 6-41 所示。按度排序，找出 G^2 中度最小的节点集 $l_2=\{24，83\}$。由于 $B_{24}=1$，$B_{83}=1$。所以 l_2 节点集中节点的重要性排序是 24=83。

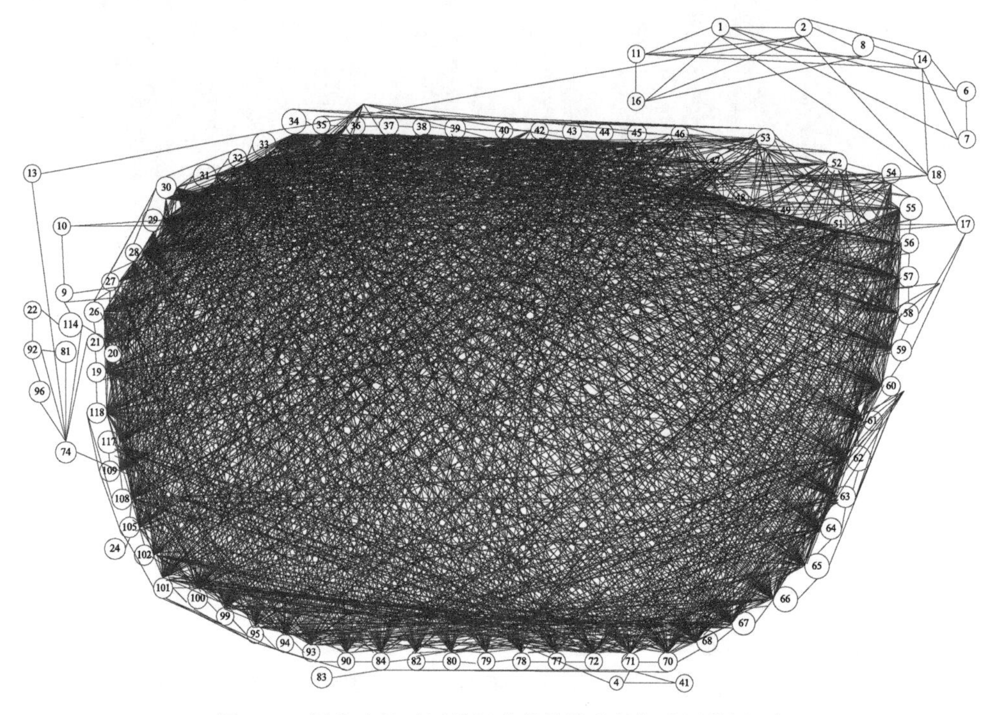

图 6-41　绿色建筑后评估标准其他推荐性标准网络图 G^2

将 l_2 中所有点从 G^2 中删除，生成新的网络 G^3，如图 6-42 所示。按度排序，找出 G^3 中度最小的节点集 $l_3=\{6, 7, 13, 22, 41, 81, 96\}$。由于 $B_6=0$，$B_7=0$，$B_{13}=0$，$B_{22}=1$，$B_{41}=0$，$B_{81}=0$，$B_{96}=0$。所以 l_3 节点集中节点的重要性排序是 22>6=7=13=41=81=96。

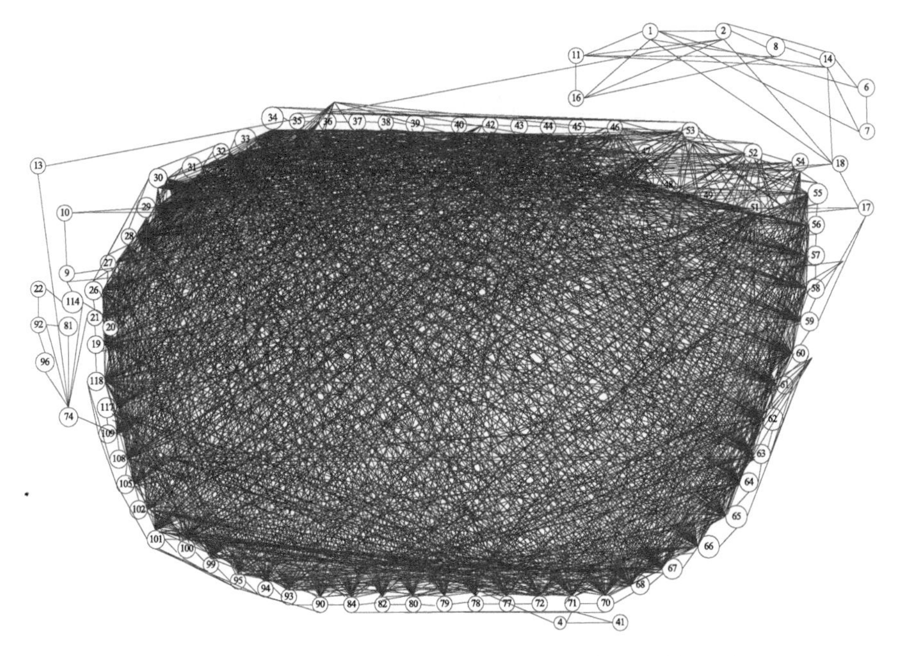

图 6-42　绿色建筑后评估标准其他推荐性标准网络图 G^3

将 l_3 中所有节点从 G^3 中删除，生成新的网络 G^4，如图 6-43 所示。找出 G^4 中度最小的节点集 $l_4=\{92\}$。

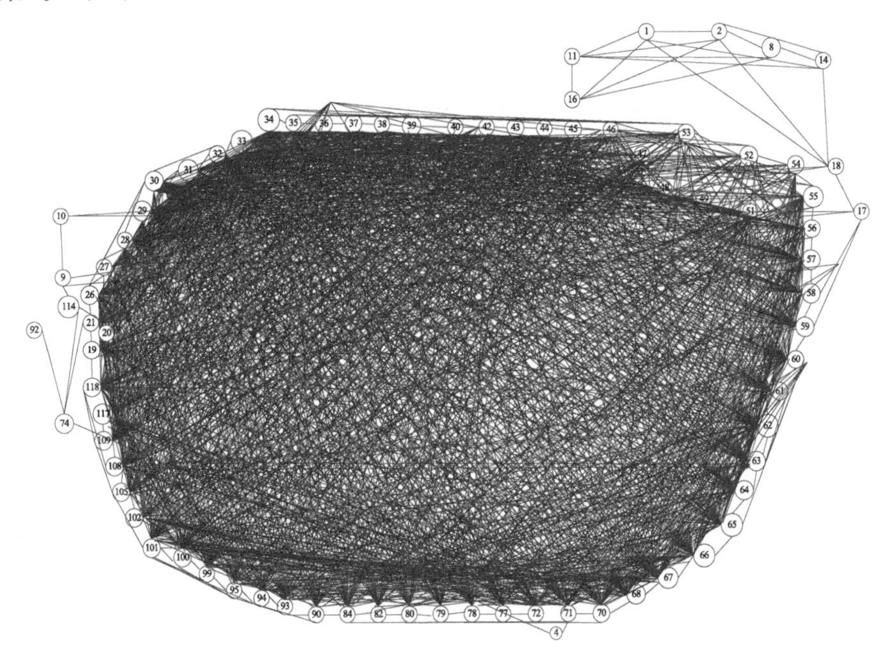

图 6-43　绿色建筑后评估标准其他推荐性标准网络图 G^4

将节点 92 从 G^4 中删除，生成新的网络 G^5，如图 6-44 所示。找出 G^5 中度最小的节点集 $l_5=\{4\}$。

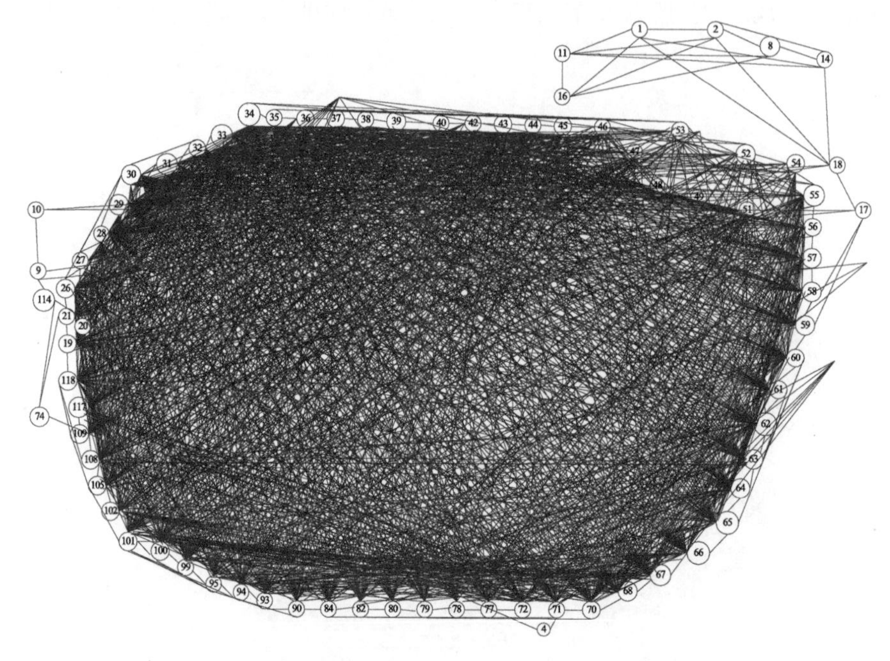

图 6-44　绿色建筑后评估标准其他推荐性标准网络图 G^5

将节点 4 从 G^5 中删除，生成新的网络 G^6，如图 6-45 所示。找出 G^6 中度最小的节点集 $l_6=\{74\}$。

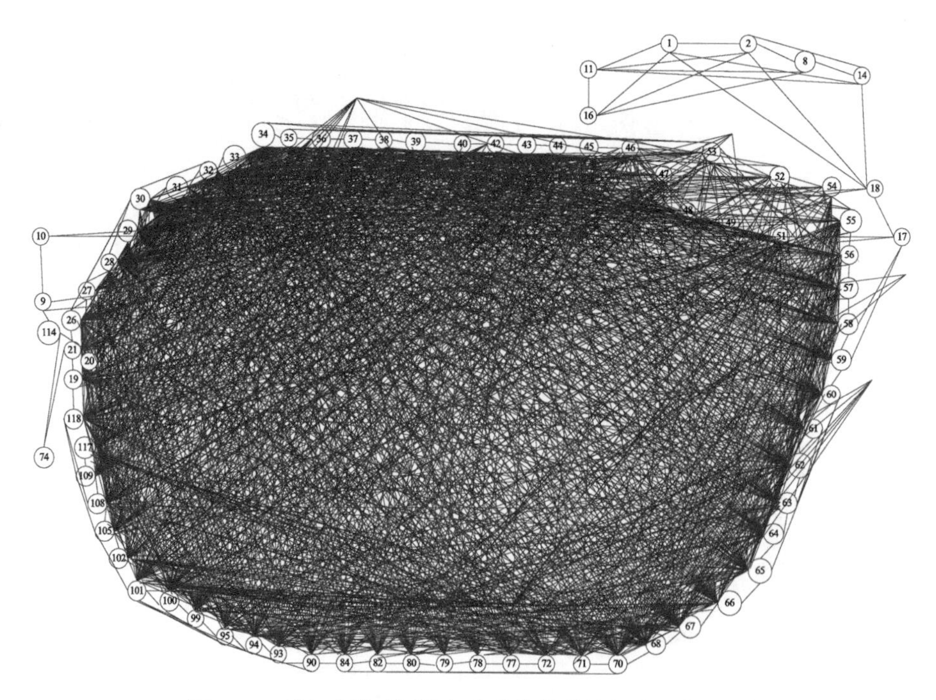

图 6-45　绿色建筑后评估标准其他推荐性标准网络图 G^6

将节点 74 从 G^6 中删除，生成新的网络 G^7，如图 6-46 所示。找出 G^7 中度最小的节点集 $l_7=\{114\}$。

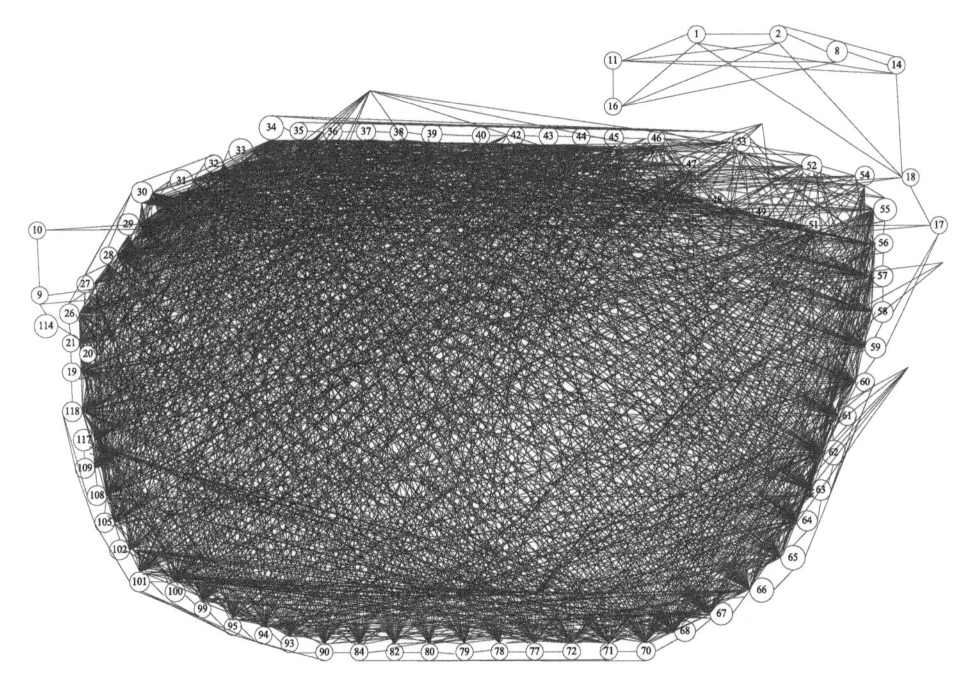

图 6-46　绿色建筑后评估标准其他推荐性标准网络图 G^7

将节点 114 从 G^7 中删除，生成新的网络 G^8，如图 6-47 所示。找出 G^8 中度最小的节点集 $l_8=\{9，10\}$。由于 $B_9=1$，$B_{10}=0$。所以 l_8 节点集中节点的重要性排序是 9>10。

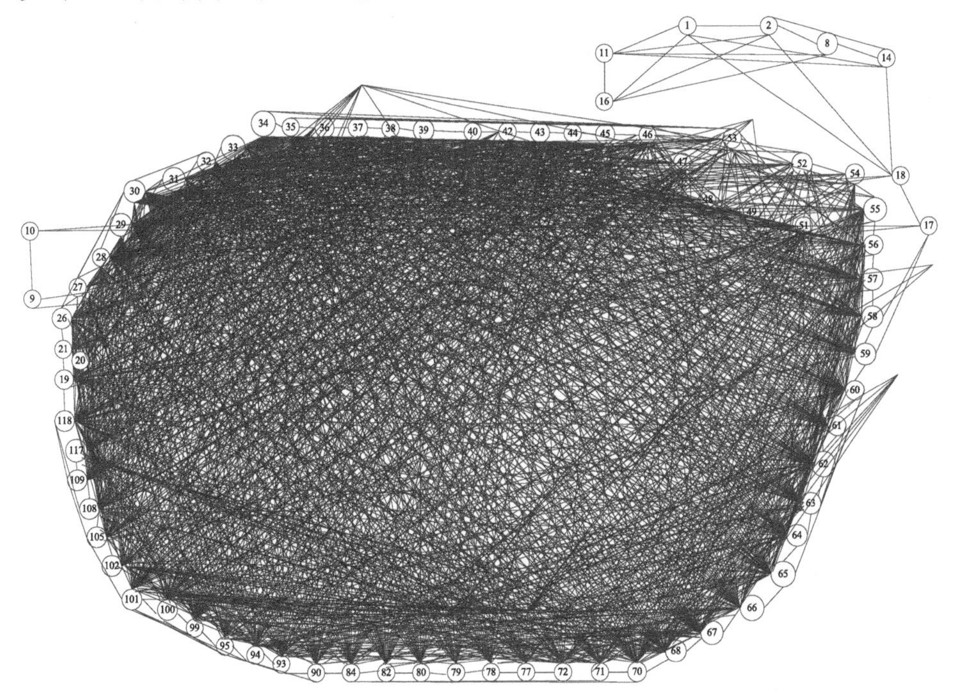

图 6-47　绿色建筑后评估标准其他推荐性标准网络图 G^8

将 l_8 中所有节点从 G^8 中删除，生成新的网络 G^9，如图 6-48 所示。找出 G^9 中度最小的节点集 $l_9=\{17\}$。

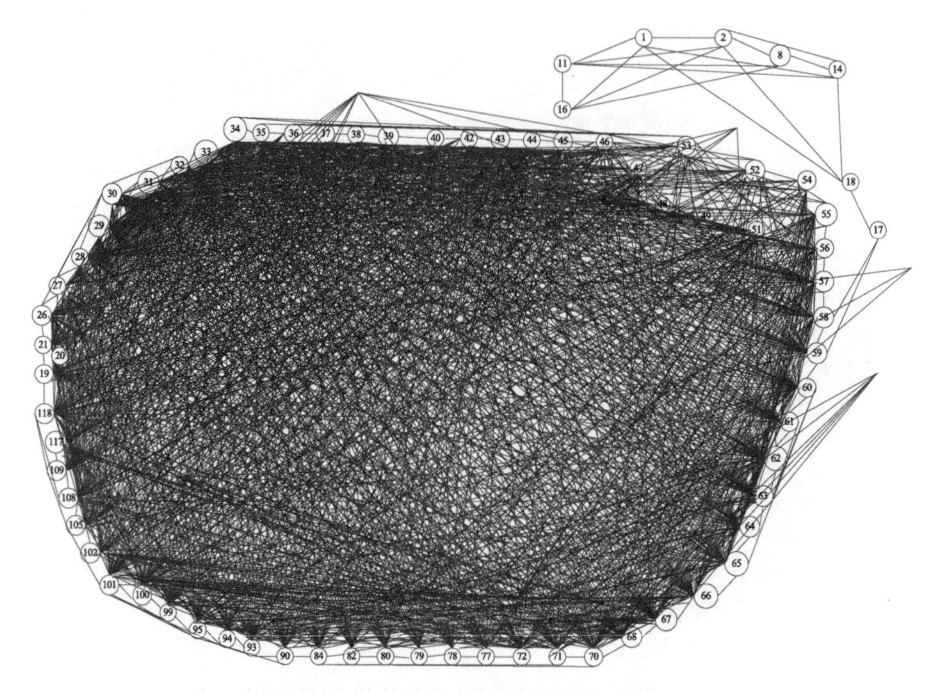

图 6-48　绿色建筑后评估标准其他推荐性标准网络图 G^9

将 l_9 中所有节点从 G^9 中删除，生成新的网络 G^{10}，如图 6-49 所示。找出 G^{10} 中度最小的节点集 $l_{10}=\{18\}$。

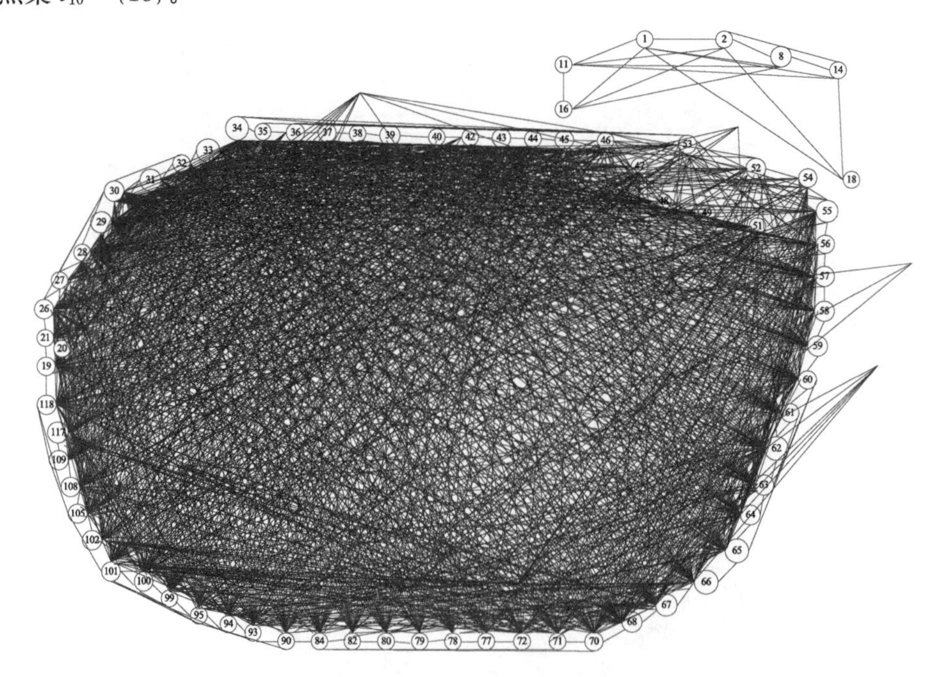

图 6-49　绿色建筑后评估标准其他推荐性标准网络图 G^{10}

将节点 18 从 G^{10} 中删除，生成新的网络 G^{11}，如图 6-50 所示。找出 G^{11} 中度最小的节点集 l_{11}={14，16}。由于 B_{14}=3，B_{16}=0。所以 l_{11} 节点集中节点的重要性排序是 14>16。

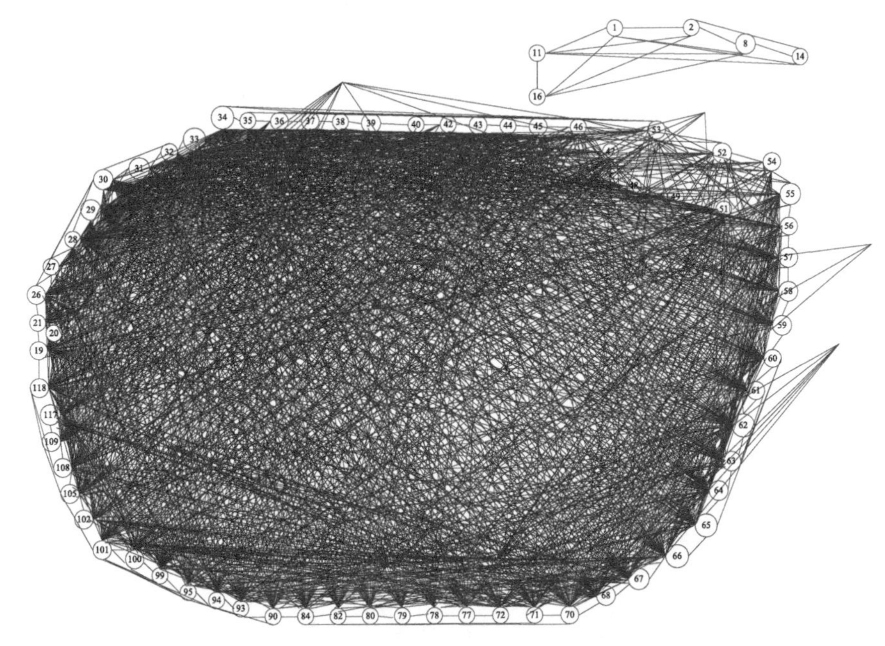

图 6-50　绿色建筑后评估标准其他推荐性标准网络图 G^{11}

将节点 14 和 16 从 G^{11} 中删除，生成新的网络 G^{12}，如图 6-51 所示。找出 G^{12} 中度最小的节点集 l_{12}={1，2，8，11}。由于 B_1=4，B_2=3，B_8=2，B_{11}=2。所以 l_{12} 节点集中节点的重要性排序是 1>2>8>11。

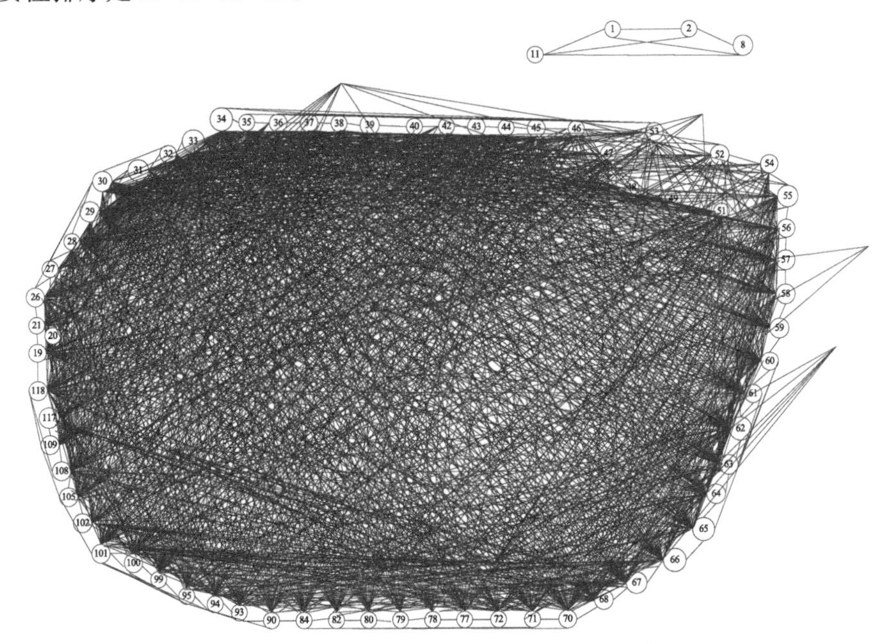

图 6-51　绿色建筑后评估标准其他推荐性标准网络图 G^{12}

将 l_{12} 中所有节点从 G^{12} 中删除后，生成新的网络 G^{13}，如图 6-52 所示。按度排序，找出 G^{13} 中度最小的节点集 l_{13}＝{19，20，21，26，27，28，29，30，31，32，33，34，35，36，37，38，39，40，42，43，44，45，46，47，48，49，51，52，53，54，55，56，57，58，59，60，61，62，63，64，65，66，67，68，70，71，72，77，78，79，80，82，84，90，93，94，95，99，100，101，102，105，108，109，117，118}。由于 B_{21}＝1，B_{26}＝1，B_{47}＝1，B_{58}＝1，B_{59}＝1，B_{71}＝2，B_{72}＝1，B_{84}＝2，B_{105}＝2，其余节点的外层邻点个数均为 0。所以 l_{13} 节点集中节点的重要性排序是 71＝84＝105＞21＝26＝47＝58＝59＝72＞19＝20＝27＝28＝29＝30＝31＝32＝33＝34＝35＝36＝37＝38＝39＝40＝42＝43＝44＝45＝46＝48＝49＝51＝52＝53＝54＝55＝56＝57＝60＝61＝62＝63＝64＝65＝66＝67＝68＝70＝77＝78＝79＝80＝82＝90＝93＝94＝95＝99＝100＝101＝102＝108＝109＝117＝118。

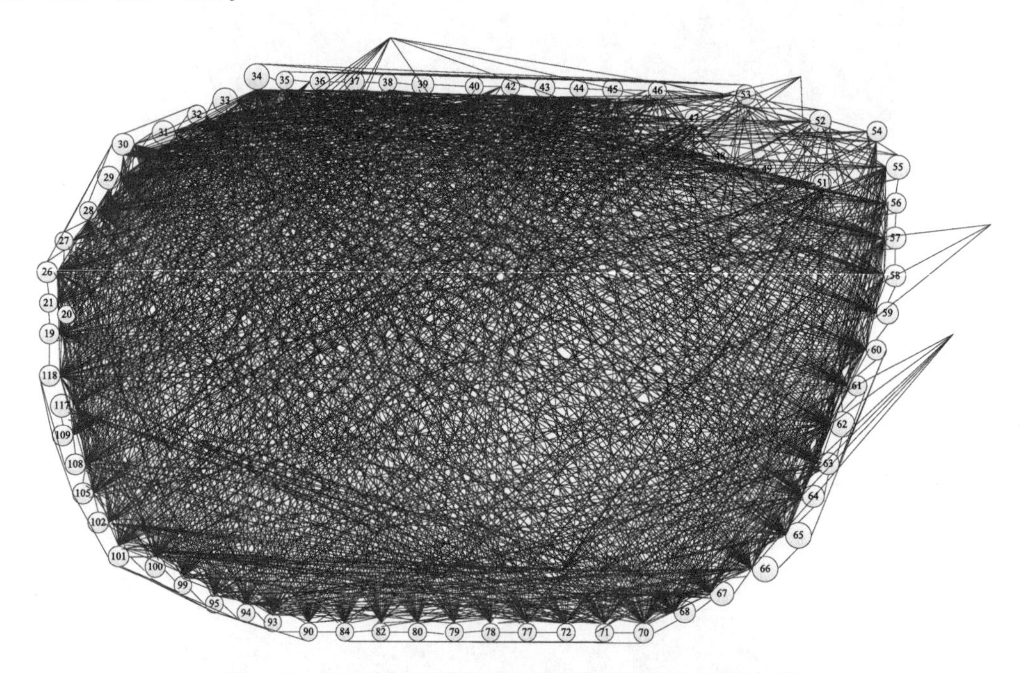

图 6-52　绿色建筑后评估标准其他推荐性标准网络图 G^{13}

最后采用剥落排序算法得到的节点重要性排序顺序为：71＝84＝105＞21＝26＝47＝58＝59＝72＞19＝20＝27＝28＝29＝30＝31＝32＝33＝34＝35＝36＝37＝38＝39＝40＝42＝43＝44＝45＝46＝48＝49＝51＝52＝53＝54＝55＝56＝57＝60＝61＝62＝63＝64＝65＝66＝67＝68＝70＝77＝78＝79＝80＝82＝90＝93＝94＝95＝99＝100＝101＝102＝108＝109＝117＝118＞1＞2＞8＞11＞14＞16＞18＞17＞9＞10＞114＞74＞4＞92＞22＞6＝7＝13＝41＝81＝96＞24＝83＞3＝25＝50＞103＞110＞107＞106＝115＞87＞23＞5＝12＝15＝69＝73＝75＝76＝85＝86＝88＝89＝91＝97＝98＝104＝111＝112＝113＝116。

6.5.5　标准优先度排序流程

根据上文对绿色建筑后评估标准体系的评价研究，通过后评估方法覆盖度和绿色建筑性能目标覆盖度的测度和计算，得到了现阶段标准体系的修编和新编的方向，在此基础上，采用剥落排序算法对标准功能团网络的节点重要性进行排序，得到标准的优先度排序，可以科学的指导标准修编工作，按照标准的优先度顺序进行修编可以在最短的时间内提高标准体系的覆盖水平。由于标准内容的修编，或者是有新编标准加入到功能团中，有可能导致标准网络图的改变，此时需要对新形成的标准网络图进行优先度排序，根据得到的结果再进行修编，因此这是一个动态调整的过程（图 6-53）。通过动态调整的最终结果是可以实现在最短时间内提高绿色建筑标准体系的覆盖水平。

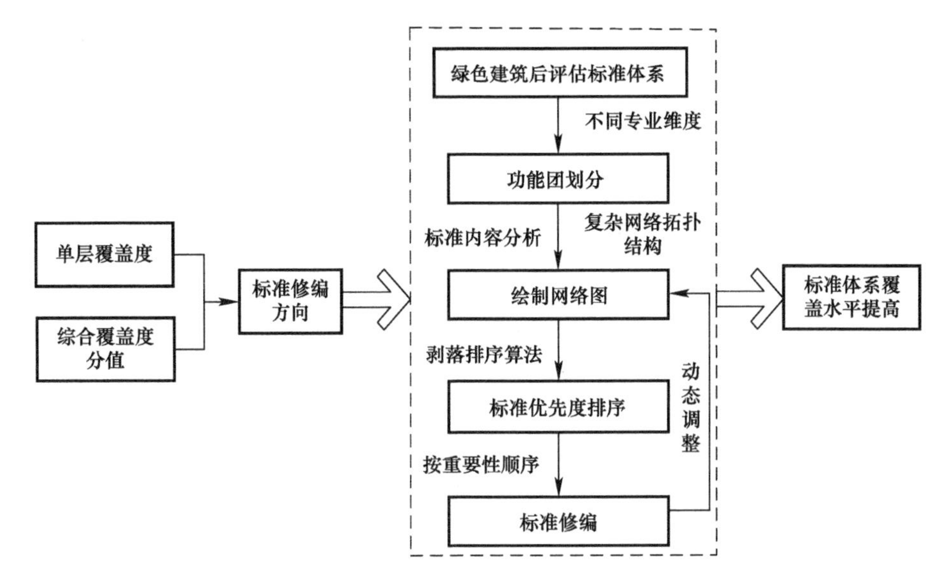

图 6-53　绿色标准优先度排序流程图

第 7 章　绿色建筑后评估标准体系

7.1　数量统计表

绿色建筑后评估标准体系收录强制性规范 19 项，政府推荐性标准 155 项，其他引领性标准 115 项。其中，现行标准 203 项，在编 75 项，建议修订 10 项（标准统计见表 7-1）。

绿色建筑后评估标准体系标准统计表　　　　表 7-1

层次	现行	在编	建议修订	待制定	小计
强制性规范	0	18	0	1	19
政府推荐性标准	145	0	10	0	155
其他引领性标准	58	57	0	0	115
合计	203	75	10	1	289

7.2　标准体系表

为了标准体系的全面性，在绿色建筑后评估标准体系结构图的基础上进一步列出标准明细表（表 7-2)。标准明细表依据《住房和城乡建设部办公厅关于开展全国工程建设标准体系构建工作的通知》（建办标函［2013］182 号）给出的《国家工程建设标准体系编码统一规则》编制。体系编码说明如下：

1［A3]，是部分号，指房屋建筑部分；

2 部分号之后的一位数字，是专业号，本体系因为是主题标准体系，所以改用英文字母 P；

3 专业号之后的一位数字，是层次号，本体系中的 1、2、3 分别表示强制性规范、政府推荐性标准、其他引领性标准；

4 层次号之后的一位数字，是门类号，本体系中的 1、2、3、4、5 分别表示绿色建筑的安全耐久、健康舒适、生活便利、资源节约和环境宜居；

5 门类号之后的一位或两位数字，是顺序号，将同一门类中的相关标准项目按顺序接排。

绿色建筑后评估标准体系表

表 7-2

序号	标准名称	标准编号	现行状态	标准类型 （A 强制性规范、B 政府推荐性标准、C 其他推荐性标准）	后评估方法 （①指标阈值；②效果评价方法；③能耗监测方法；④水耗监测方法；⑤环境监测方法；⑥满意度评价方法；⑦引领性技术方法）	性能目标 （Ⅰ安全耐久；Ⅱ健康舒适；Ⅲ生活便利；Ⅳ资源节约；Ⅴ环境宜居）
[A3] P.1 强制性规范						
[A3] P.1.1.1 [A3] P.1.2.1 [A3] P.1.3.1 [A3] P.1.4.1	住宅项目规范		在编	A	①	Ⅰ；Ⅱ；Ⅲ；Ⅳ
[A3] P.1.1.2 [A3] P.1.2.2 [A3] P.1.3.2 [A3] P.1.4.2	宿舍、旅馆建筑项目规范		在编	A	①	Ⅰ；Ⅱ；Ⅲ；Ⅳ
[A3] P.1.1.3 [A3] P.1.2.3 [A3] P.1.3.3 [A3] P.1.4.3	其他类型建筑项目规范		待制定	A	①	Ⅰ；Ⅱ；Ⅲ；Ⅳ
[A3] P.1.1.4	建筑与市政地基基础通用规范		在编	A	①	Ⅰ
[A3] P.1.1.5	工程结构通用规范		在编	A	①	Ⅰ
[A3] P.1.1.6	混凝土结构通用规范		在编	A	①	Ⅰ
[A3] P.1.1.7	砌体结构通用规范		在编	A	①	Ⅰ
[A3] P.1.1.8	钢结构通用规范		在编	A	①	Ⅰ
[A3] P.1.1.9	木结构通用规范		在编	A	①	Ⅰ
[A3] P.1.1.10	组合结构通用规范		在编	A	①	Ⅰ
[A3] P.1.1.11	建筑与市政地基基础通用规范		在编	A	①	Ⅰ
[A3] P.1.1.12	建筑防火通用规范		在编	A	①	Ⅰ
[A3] P.1.1.13	建筑和市政工程防水通用规范		在编	A	①	Ⅰ

续表

序号	标准名称	标准编号	现行状态	标准类型 （A 强制性规范、B 政府推荐性标准、C 其他推荐性标准）	后评估方法 （①指标阈值；②效果评价方法；③能耗监测方法；④水耗监测方法；⑤环境监测方法；⑥满意度评价方法；⑦引领性技术方法）	性能目标 （Ⅰ安全耐久；Ⅱ健康舒适；Ⅲ生活便利；Ⅳ资源节约；Ⅴ环境宜居）
［A3］P. 1. 2. 4	建筑环境通用规范		在编	A	①	Ⅱ
［A3］P. 1. 2. 5 ［A3］P. 1. 3. 4	建筑电气与智能化通用规范		在编	A	①	Ⅱ；Ⅲ
［A3］P. 1. 2. 6 ［A3］P. 1. 3. 5 ［A3］P. 1. 4. 4 ［A3］P. 1. 5. 1	建筑给水排水与节水通用规范		在编	A	①	Ⅱ；Ⅲ；Ⅳ；Ⅴ
［A3］P. 1. 2. 7 ［A3］P. 1. 4. 5	建筑节能与可再生能源利用通用规范		在编	A	①	Ⅱ；Ⅳ
［A3］P. 1. 2. 8 ［A3］P. 1. 4. 6	民用建筑供暖通风与空气调节通用规范		研编	A	①	Ⅱ；Ⅳ
［A3］P. 1. 3. 6	无障碍通用规范		在编	A	①	Ⅲ
［A3］P. 2 政府推荐性标准						
［A3］P. 2. 1 安全耐久						
［A3］P. 2. 1. 1	砌体结构设计规范	GB 50003	现行国标	B	①	Ⅰ
［A3］P. 2. 1. 2	木结构设计标准	GB 50005	现行国标	B	①	Ⅰ
［A3］P. 2. 1. 3	建筑地基基础设计规范	GB 50007	现行国标	B	①	Ⅰ
［A3］P. 2. 1. 4	建筑结构荷载规范	GB 50009	现行国标	B	①	Ⅰ
［A3］P. 2. 1. 5	混凝土结构设计规范	GB 50010	现行国标	B	①	Ⅰ
［A3］P. 2. 1. 6	建筑抗震设计规范	GB 50011	现行国标	B	①	Ⅰ
［A3］P. 2. 1. 7 ［A3］P. 2. 2. 1	建筑设计防火规范	GB 50016	现行国标	B	①	Ⅰ；Ⅱ
［A3］P. 2. 1. 8	钢结构设计标准	GB 50017	现行国标	B	①	Ⅰ
［A3］P. 2. 1. 9	建筑抗震鉴定标准	GB 50023	现行国标	B	②	Ⅰ

续表

序号	标准名称	标准编号	现行状态	标准类型（A强制性规范、B政府推荐性标准、C其他推荐性标准）	后评估方法（①指标阈值；②效果评价方法；③能耗监测方法；④水耗监测方法；⑤环境监测方法；⑥满意度评价方法；⑦引领性技术方法）	性能目标（Ⅰ安全耐久；Ⅱ健康舒适；Ⅲ生活便利；Ⅳ资源节约；Ⅴ环境宜居）
[A3] P.2.1.10	建筑物防雷设计规范	GB 50057	现行国标	B	①	Ⅰ
[A3] P.2.1.11 [A3] P.2.2.4	建筑结构可靠性设计统一标准	GB 50068	现行国标	B	①；②	Ⅰ；Ⅱ
[A3] P.2.1.12	防洪标准	GB 50201	现行国标	B	①	Ⅰ
[A3] P.2.1.13	建筑地基基础工程施工质量验收标准	GB 50202	现行国标	B	②	Ⅰ
[A3] P.2.1.14	砌体结构工程施工质量验收规范	GB 50203	现行国标	B	②	Ⅰ
[A3] P.2.1.15	混凝土结构工程施工质量验收规范	GB 50204	现行国标	B	②	Ⅰ
[A3] P.2.1.16	钢结构工程施工质量验收标准	GB 50205	现行国标	B	②	Ⅰ
[A3] P.2.1.17	木结构工程施工质量验收规范	GB 50206	现行国标	B	②	Ⅰ
[A3] P.2.1.18	屋面工程质量验收规范	GB 50207	现行国标	B	②	Ⅰ
[A3] P.2.1.19	建筑装饰装修工程质量验收标准	GB 50210	现行国标	B	②	Ⅰ
[A3] P.2.1.20 [A3] P.2.2.10	民用建筑工程室内环境污染控制规范	GB 50325	现行国标	B	①；②；⑤	Ⅰ；Ⅱ
[A3] P.2.1.21	屋面工程技术规范	GB 50345	现行国标	B	①	Ⅰ
[A3] P.2.1.22 [A3] P.2.2.11 [A3] P.2.3.4 [A3] P.2.5.3	民用建筑设计统一标准	GB 50352	现行国标	B	①	Ⅰ；Ⅱ；Ⅲ；Ⅴ
[A3] P.2.1.23	民用建筑太阳能热水系统应用技术标准	GB 50364	现行国标	B	①；②；③	Ⅰ；Ⅳ

续表

序号	标准名称	标准编号	现行状态	标准类型 （A强制性规范、B政府推荐性标准、C其他推荐性标准）	后评估方法 （①指标阈值；②效果评价方法；③能耗监测方法；④水耗监测方法；⑤环境监测方法；⑥满意度评价方法；⑦引领性技术方法）	性能目标 （Ⅰ安全耐久；Ⅱ健康舒适；Ⅲ生活便利；Ⅳ资源节约；Ⅴ环境宜居）
[A3] P. 2. 1. 24 [A3] P. 2. 2. 12 [A3] P. 2. 3. 5 [A3] P. 2. 5. 4	住宅建筑规范	GB 50368	现行国标	A	①；②	Ⅰ；Ⅱ；Ⅲ；Ⅴ
[A3] P. 2. 1. 25	城市抗震防灾规划标准	GB 50413	现行国标	B	①	Ⅰ
[A3] P. 2. 1. 26	混凝土结构耐久性设计标准	GB/T 50476	现行国标	B	①	Ⅰ
[A3] P. 2. 1. 27	城市防洪工程设计规范	GB/T 50805	现行国标	B	①	Ⅰ
[A3] P. 2. 1. 28	防灾避难场所设计规范	GB 51143	现行国标	B	①	Ⅰ
[A3] P. 2. 1. 29	既有混凝土结构耐久性评定标准	GB/T 51355	现行国标	B	②	Ⅰ
[A3] P. 2. 1. 30	建筑光伏系统应用技术标准	GB/T 51368	现行行标	B	①；②	Ⅰ；Ⅳ
[A3] P. 2. 1. 31	安全标志及其使用导则	GB 2894	现行国标	A	①；②	Ⅰ
[A3] P. 2. 1. 32	建筑外门窗气密、水密、抗风压性能检测方法	GB/T 7106	现行国标	B	②	Ⅰ
[A3] P. 2. 1. 33 [A3] P. 2. 5. 9	电磁环境控制限值	GB 8702	现行国标	A	①；②	Ⅰ；Ⅴ
[A3] P. 2. 1. 34	消防应急照明和疏散指示系统	GB 17945	现行国标	B	①；②	Ⅰ
[A3] P. 2. 1. 35	城市道路照明设计标准	CJJ 45	现行行标，建议修订	B	①	Ⅰ
[A3] P. 2. 1. 36	高层建筑混凝土结构技术规程	JGJ 3	现行行标	B	①	Ⅰ
[A3] P. 2. 1. 37	玻璃幕墙工程技术规范	JGJ 102	现行行标	B	①；②	Ⅰ
[A3] P. 2. 1. 38	塑料门窗工程技术规程	JGJ 103	现行行标	B	①；②	Ⅰ
[A3] P. 2. 1. 39	金属与石材幕墙工程技术规范	JGJ 133	现行行标	B	①；②	Ⅰ

续表

序号	标准名称	标准编号	现行状态	标准类型（A强制性规范、B政府推荐性标准、C其他推荐性标准）	后评估方法（①指标阈值；②效果评价方法；③能耗监测方法；④水耗监测方法；⑤环境监测方法；⑥满意度评价方法；⑦引领性技术方法）	性能目标（Ⅰ安全耐久；Ⅱ健康舒适；Ⅲ生活便利；Ⅳ资源节约；Ⅴ环境宜居）
[A3] P. 2. 1. 40	外墙外保温工程技术标准	JGJ 144	现行行标	B	①；②	Ⅰ；Ⅳ
[A3] P. 2. 1. 41	混凝土耐久性检验评定标准	JGJ/T 193	现行行标	B	②	Ⅰ
[A3] P. 2. 1. 42	建筑门窗工程检测技术规程	JGJ/T 205	现行行标	B	②	Ⅰ
[A3] P. 2. 1. 43	铝合金门窗工程技术规范	JGJ 214	现行行标	B	①；②	Ⅰ
[A3] P. 2. 1. 44	建筑外墙防水工程技术规程	JGJ/T 235	现行行标	B	①；②	Ⅰ
[A3] P. 2. 1. 45 [A3] P. 2. 2. 32 [A3] P. 2. 4. 64	建筑遮阳工程技术规范	JGJ 237	现行行标	B	①；②	Ⅰ；Ⅱ；Ⅳ
[A3] P. 2. 1. 46	住宅室内防水工程技术规范	JGJ 298	现行行标	B	①；②	Ⅰ
[A3] P. 2. 1. 47 [A3] P. 2. 2. 33 [A3] P. 2. 3. 9 [A3] P. 2. 4. 66	住宅室内装饰装修工程质量验收规范	JGJ/T 304	现行行标	B	②	Ⅰ；Ⅱ；Ⅲ；Ⅳ
[A3] P. 2. 1. 48	建筑地面工程防滑技术规程	JGJ/T 331	现行行标	B	①；②	Ⅰ
[A3] P. 2. 1. 49 [A3] P. 2. 2. 34 [A3] P. 2. 3. 10 [A3] P. 2. 4. 67	住宅室内装饰装修设计规范	JGJ367	现行行标	B	①	Ⅰ；Ⅱ；Ⅲ；Ⅳ
[A3] P. 2. 1. 50	建筑外窗气密、水密、抗风压性能现场检测方法	JG/T 211	现行行标	B	②	Ⅰ
[A3] P. 2. 2 健康舒适						
[A3] P. 2. 2. 2 [A3] P. 2. 4. 2 [A3] P. 2. 5. 1	建筑采光设计标准	GB 50033	现行国标，建议修订	B	①；②；⑤	Ⅱ；Ⅳ；Ⅴ

续表

序号	标准名称	标准编号	现行状态	标准类型 （A 强制性规范、B 政府推荐性标准、C 其他推荐性标准）	后评估方法 （①指标阈值；②效果评价方法；③能耗监测方法；④水耗监测方法；⑤环境监测方法；⑥满意度评价方法；⑦引领性技术方法）	性能目标 （Ⅰ安全耐久；Ⅱ健康舒适；Ⅲ生活便利；Ⅳ资源节约；Ⅴ环境宜居）
[A3] P. 2. 2. 3 [A3] P. 2. 3. 1 [A3] P. 2. 4. 3	建筑照明设计标准	GB 50034	现行国标，建议修订	B	①；③	Ⅱ；Ⅲ；Ⅳ
[A3] P. 2. 2. 4	住宅设计规范	GB 50096	现行国标	B	①；②	Ⅱ
[A3] P. 2. 2. 5	民用建筑隔声设计规范	GB 50118	现行国标，建议修订	B	①；②；⑤	Ⅱ
[A3] P. 2. 2. 6 [A3] P. 2. 4. 4	民用建筑热工设计规范	GB 50176	现行国标	B	①；②	Ⅱ；Ⅳ
[A3] P. 2. 2. 7 [A3] P. 2. 3. 2 [A3] P. 2. 4. 5 [A3] P. 2. 5. 2	城市居住区规划设计标准	GB 50180	现行国标	B	②	Ⅱ；Ⅲ；Ⅳ；Ⅴ
[A3] P. 2. 2. 8 [A3] P. 2. 4. 6	公共建筑节能设计标准	GB 50189	现行国标	B	①；②；③	Ⅱ；Ⅳ
[A3] P. 2. 2. 9	建筑给水排水及采暖工程施工质量验收规范	GB 50242	现行国标，建议修订	B	②	Ⅱ
[A3] P. 2. 2. 13 [A3] P. 2. 4. 8	民用建筑节水设计标准	GB 50555	现行国标，建议修订	B	①；②；④	Ⅱ；Ⅳ
[A3] P. 2. 2. 14 [A3] P. 2. 4. 9	民用建筑供暖通风与空气调节设计规范	GB 50736	现行国标	B	①；③	Ⅱ；Ⅳ
[A3] P. 2. 2. 15	民用建筑室内热湿环境评价标准	GB/T 50785	现行国标	B	②；⑤	Ⅱ
[A3] P. 2. 2. 16 [A3] P. 2. 5. 7	公共建筑标识系统技术规范	GB/T 51223	现行国标	B	①；②	Ⅱ；Ⅴ

续表

序号	标准名称	标准编号	现行状态	标准类型（A 强制性规范、B 政府推荐性标准、C 其他推荐性标准）	后评估方法（①指标阈值；②效果评价方法；③能耗监测方法；④水耗监测方法；⑤环境监测方法；⑥满意度评价方法；⑦引领性技术方法）	性能目标（Ⅰ安全耐久；Ⅱ健康舒适；Ⅲ生活便利；Ⅳ资源节约；Ⅴ环境宜居）
[A3] P. 2. 2. 17	生活饮用水卫生标准	GB 5749	现行国标	A	①	Ⅱ
[A3] P. 2. 2. 18	生活饮用水标准检验方法	GB/T 5750	现行国标	B	②	Ⅱ
[A3] P. 2. 2. 19	工业管道的基本识别色、识别符号和安全标识	GB 7231	现行国标	B	②	Ⅱ
[A3] P. 2. 2. 20	二次供水设施卫生规范	GB 17051	现行国标	B	①；②	Ⅱ
[A3] P. 2. 2. 21 [A3] P. 2. 5. 13	玻璃幕墙光学性能	GB/T 18091	现行国标	B	②	Ⅱ；Ⅴ
[A3] P. 2. 2. 22	室内空气质量标准	GB/T 18883	现行国标	B	①；②；⑤	Ⅱ
[A3] P. 2. 2. 23	城市污水再生利用景观环境用水水质	GB/T 18921	现行国标	B	①；②	Ⅱ
[A3] P. 2. 2. 24	灯和灯系统的光生物安全性	GB/T 20145	现行国标	B	⑤	Ⅱ
[A3] P. 2. 2. 25	采暖空调系统水质	GB/T 29044	现行国标	B	①；②	Ⅱ
[A3] P. 2. 2. 26	二次供水工程技术规程	CJJ 140	现行行标	B	①；②	Ⅱ
[A3] P. 2. 2. 27 [A3] P. 2. 4. 57	严寒和寒冷地区居住建筑节能设计标准	JGJ 26	现行行标	B	①；②	Ⅱ；Ⅳ
[A3] P. 2. 2. 28 [A3] P. 2. 4. 58	夏热冬暖地区居住建筑节能设计标准	JGJ 75	现行行标，建议修订	B	①；②	Ⅱ；Ⅳ
[A3] P. 2. 2. 29 [A3] P. 2. 4. 59	居住建筑节能检测标准	JGJ/T 132	现行行标	B	③	Ⅱ；Ⅳ
[A3] P. 2. 2. 30 [A3] P. 2. 4. 60	夏热冬冷地区居住建筑节能设计标准	JGJ 134	现行行标，建议修订	B	①；②	Ⅱ；Ⅳ
[A3] P. 2. 2. 31 [A3] P. 2. 4. 61	公共建筑节能检测标准	JGJ/T 177	现行行标	B	③	Ⅱ；Ⅳ

续表

序号	标准名称	标准编号	现行状态	标准类型（A强制性规范、B政府推荐性标准、C其他推荐性标准）	后评估方法（①指标阈值；②效果评价方法；③能耗监测方法；④水耗监测方法；⑤环境监测方法；⑥满意度评价方法；⑦引领性技术方法）	性能目标（Ⅰ安全耐久；Ⅱ健康舒适；Ⅲ生活便利；Ⅳ资源节约；Ⅴ环境宜居）
[A3] P. 2. 2. 35	模块化户内中水集成系统技术规程	JGJ/T 409	现行行标	B	②	Ⅱ
[A3] P. 2. 2. 36	住宅建筑室内装修污染控制技术标准	JGJ/T 436	现行行标	B	⑤	Ⅱ
[A3] P. 2. 2. 37 [A3] P. 2. 4. 68	民用建筑绿色性能计算标准	JGJ/T449	现行行标	B	②	Ⅱ；Ⅳ
[A3] P. 2. 2. 38	公共建筑室内空气质量控制设计标准	JGJ/T 461	现行行标	B	⑤	Ⅱ
[A3] P. 2. 2. 39 [A3] P. 2. 4. 69	温和地区居住建筑节能设计标准	JGJ 475	现行行标	B	①；②	Ⅱ；Ⅳ
[A3] P. 2. 2. 40	饮用净水水质标准	CJ 94	现行行标	B	①；②	Ⅱ
[A3] P. 2. 2. 41	游泳池水质标准	CJ 244	现行行标	B	①；②	Ⅱ
[A3] P. 2. 2. 42	生活热水水质标准	CJ/T 521	现行行标	B	①；②	Ⅱ
[A3] P. 2. 3 生活便利						
[A3] P. 2. 3. 3	智能建筑设计标准	GB 50314	现行国标	B	①	Ⅲ
[A3] P. 2. 3. 6	无障碍设计规范	GB 50763	现行国标	B	①；②	Ⅲ
[A3] P. 2. 3. 7 [A3] P. 2. 4. 12	民用建筑电气设计标准	GB 51348	现行国标	B	①	Ⅲ；Ⅳ
[A3] P. 2. 3. 8	用能单位能源计量器具配备和管理通则	GB 17167	现行国标	B	②	Ⅲ
[A3] P. 2. 3. 11	居住区智能化系统配置与技术要求	CJ/T 174	现行行标	B	②	Ⅲ

续表

序号	标准名称	标准编号	现行状态	标准类型（A 强制性规范、B 政府推荐性标准、C 其他推荐性标准）	后评估方法（①指标阈值；②效果评价方法；③能耗监测方法；④水耗监测方法；⑤环境监测方法；⑥满意度评价方法；⑦引领性技术方法）	性能目标（Ⅰ安全耐久；Ⅱ健康舒适；Ⅲ生活便利；Ⅳ资源节约；Ⅴ环境宜居）
[A3] P. 2. 4 资源节约						
[A3] P. 2. 4. 1	建筑给水排水设计标准	GB 50015	现行国标	B	①	Ⅳ
[A3] P. 2. 4. 7 [A3] P. 2. 5. 5	建筑与小区雨水利用及控制工程技术规范	GB 50400	现行国标	B	①；②	Ⅳ；Ⅴ
[A3] P. 2. 4. 10	民用建筑能耗标准	GB/T 51161	现行国标，建议修订	B	①	Ⅳ
[A3] P. 2. 4. 11	建筑碳排放计算标准	GB/T 51366	现行国标	B	②	Ⅳ
[A3] P. 2. 4. 13	饮用冷水水表和热水水表	GB/T 778	现行国标	B	④	Ⅳ
[A3] P. 2. 4. 14	房间空气调节器能效限定值及能效等级	GB 12021. 3	现行国标	B	②	Ⅳ
[A3] P. 2. 4. 16	预拌混凝土	GB/T 14902	现行国标	B	②	Ⅳ
[A3] P. 2. 4. 17	管形荧光灯镇流器能效限定值及能效等级	GB 17896	现行国标	B	②	Ⅳ
[A3] P. 2. 4. 18	节水型产品技术条件与管理通则	GB/T 18870	现行国标	B	②	Ⅳ
[A3] P. 2. 4. 19	普通照明用双端荧光灯能效限定值及能效等级	GB 19043	现行国标	B	②	Ⅳ
[A3] P. 2. 4. 20	普通照明用自镇流荧光灯能效限定值及能效等级	GB 19044	现行国标	B	②	Ⅳ
[A3] P. 2. 4. 21	单端荧光灯能效限定值及节能评价值	GB 19415	现行国标	B	②	Ⅳ
[A3] P. 2. 4. 22	高压钠灯能效限定值及能效等级	GB 19573	现行国标	B	②	Ⅳ
[A3] P. 2. 4. 23	高压钠灯用镇流器能效限定值及节能评价值	GB 19574	现行国标	B	②	Ⅳ

续表

序号	标准名称	标准编号	现行状态	标准类型（A强制性规范、B政府推荐性标准、C其他推荐性标准）	后评估方法（①指标阈值；②效果评价方法；③能耗监测方法；④水耗监测方法；⑤环境监测方法；⑥满意度评价方法；⑦引领性技术方法）	性能目标（Ⅰ安全耐久；Ⅱ健康舒适；Ⅲ生活便利；Ⅳ资源节约；Ⅴ环境宜居）
[A3] P. 2. 4. 24	单元式空气调节机能效限定值及能效等级	GB 19576	现行国标	B	②	Ⅳ
[A3] P. 2. 4. 25	冷水机组能效限定值及能效等级	GB 19577	现行国标	B	②	Ⅳ
[A3] P. 2. 4. 26	清水离心泵能效限定值及节能评价值	GB 19762	现行国标	B	②	Ⅳ
[A3] P. 2. 4. 27	电力变压器能效限定值及能效等级	GB 20052	现行国标	B	②	Ⅳ
[A3] P. 2. 4. 28	金属卤化物灯用镇流器能效限定值及能效等级	GB 20053	现行国标	B	②	Ⅳ
[A3] P. 2. 4. 29	金属卤化物灯能效限定值及能效等级	GB 20054	现行国标	B	②	Ⅳ
[A3] P. 2. 4. 30	家用燃气快速热水器和燃气采暖热水炉能效限定值及能效等级	GB 20665	现行国标	B	②	Ⅳ
[A3] P. 2. 4. 31	多联式空调（热泵）机组能效限定值及能源效率等级	GB 21454	现行国标	B	②	Ⅳ
[A3] P. 2. 4. 32	房间空气调节器能效限定值及能效等级	GB 21455	现行国标	B	②	Ⅳ
[A3] P. 2. 4. 33	工业锅炉能效限定值及能效等级	GB 24500	现行国标	B	②	Ⅳ
[A3] P. 2. 4. 34	预拌砂浆	GB/T 25181	现行国标	B	②	Ⅳ
[A3] P. 2. 4. 35	水嘴水效限定值及水效等级	GB 25501	现行国标	B	②	Ⅳ
[A3] P. 2. 4. 36	坐便器水效限定值及水效等级	GB 25502	现行国标	B	②	Ⅳ
[A3] P. 2. 4. 37	小便器水效限定值及水效等级	GB 28377	现行国标	B	②	Ⅳ
[A3] P. 2. 4. 38	淋浴器水效限定值及水效等级	GB 28378	现行国标	B	②	Ⅳ

续表

序号	标准名称	标准编号	现行状态	标准类型（A 强制性规范、B 政府推荐性标准、C 其他推荐性标准）	后评估方法（①指标阈值；②效果评价方法；③能耗监测方法；④水耗监测方法；⑤环境监测方法；⑥满意度评价方法；⑦引领性技术方法）	性能目标（Ⅰ安全耐久；Ⅱ健康舒适；Ⅲ生活便利；Ⅳ资源节约；Ⅴ环境宜居）
[A3] P. 2. 4. 39	便器冲洗阀用水效率限定值及用水效率等级	GB 28379	现行国标	B	②	Ⅳ
[A3] P. 2. 4. 40	溴化锂吸收式冷水机组能效限定值及能效等级	GB 29540	现行国标	B	②	Ⅳ
[A3] P. 2. 4. 41	热泵热水机（器）能效限定值及能效等级	GB 29541	现行国标	B	②	Ⅳ
[A3] P. 2. 4. 42	室内照明用 LED 产品能效限定值及能效等级	GB 30255	现行国标	B	②	Ⅳ
[A3] P. 2. 4. 43	蹲便器水效限定值及水效等级	GB 30717	现行国标	B	②	Ⅳ
[A3] P. 2. 4. 44	家用燃气灶具能效限定值及能效等级	GB 30720	现行国标	B	②	Ⅳ
[A3] P. 2. 4. 45	节能量测量和验证技术要求　居住建筑供暖项目	GB/T 31345	现行国标	B	③	Ⅳ
[A3] P. 2. 4. 46	照明工程节能监测方法	GB/T 32038	现行国标	B	③	Ⅳ
[A3] P. 2. 4. 47	建筑围护结构整体节能性能评价方法	GB/T 34606	现行国标	B	②	Ⅳ
[A3] P. 2. 4. 48	绿色产品评价　人造板和木质地板	GB/T 35601	现行国标	B	⑦	Ⅳ
[A3] P. 2. 4. 49	绿色产品评价　涂料	GB/T 35602	现行国标	B	⑦	Ⅳ
[A3] P. 2. 4. 50	绿色产品评价　卫生陶瓷	GB/T 35603	现行国标	B	⑦	Ⅳ
[A3] P. 2. 4. 51	绿色产品评价　建筑玻璃	GB/T 35604	现行国标	B	⑦	Ⅳ
[A3] P. 2. 4. 52	绿色产品评价　墙体材料	GB/T 35605	现行国标	B	⑦	Ⅳ
[A3] P. 2. 4. 53	绿色产品评价　太阳能热水系统	GB/T 35606	现行国标	B	⑦	Ⅳ
[A3] P. 2. 4. 54	绿色产品评价　绝热材料	GB/T 35608	现行国标	B	⑦	Ⅳ

续表

序号	标准名称	标准编号	现行状态	标准类型（A强制性规范、B政府推荐性标准、C其他推荐性标准）	后评估方法（①指标阈值；②效果评价方法；③能耗监测方法；④水耗监测方法；⑤环境监测方法；⑥满意度评价方法；⑦引领性技术方法）	性能目标（Ⅰ安全耐久；Ⅱ健康舒适；Ⅲ生活便利；Ⅳ资源节约；Ⅴ环境宜居）
[A3] P. 2. 4. 55	绿色产品评价　防水与密封材料	GB/T 35609	现行国标	B	⑦	Ⅳ
[A3] P. 2. 4. 56	绿色产品评价　陶瓷砖（板）	GB/T 35610	现行国标	B	⑦	Ⅳ
[A3] P. 2. 4. 62	民用建筑能耗数据采集标准	JGJ/T 154	现行行标	B	③	Ⅳ
[A3] P. 2. 4. 63	预拌砂浆应用技术规程	JGJ/T 223	现行行标	B	②	Ⅳ
[A3] P. 2. 4. 65	公共建筑能耗远程监测系统技术规程	JGJ/T 285	现行行标	B	③	Ⅳ
[A3] P. 2. 4. 70	IC卡冷水水表	CJ/T 133	现行行标	B	④	Ⅳ
[A3] P. 2. 4. 71	节水型生活用水器具	CJ/T 164	现行行标	B	④	Ⅳ
[A3] P. 2. 4. 72	电子远传水表	CJ/T 224	现行行标	B	④	Ⅳ
[A3] P. 2. 5 环境宜居						
[A3] P. 2. 5. 6	建筑日照计算参数标准	GB/T 50947	现行国标	B	②	Ⅴ
[A3] P. 2. 5. 8	声环境质量标准	GB 3096	现行国标	A	①；②	Ⅴ
[A3] P. 2. 5. 10	建筑施工场界环境噪声排放标准	GB 12523	现行国标	A	①；②	Ⅴ
[A3] P. 2. 5. 11	锅炉大气污染物排放标准	GB 13271	现行国标	A	①；②	Ⅴ
[A3] P. 2. 5. 12	饮食业油烟排放标准	GB 18483	现行国标	A	①；②	Ⅴ
[A3] P. 2. 5. 14	生活垃圾分类标志	GB/T 19095	现行国标	B	②	Ⅴ
[A3] P. 2. 5. 15	社会生活环境噪声排放标准	GB 22337	现行国标	A	①；②	Ⅴ
[A3] P. 2. 5. 16	室外照明干扰光限制规范	GB/T 35626	现行国标	B	②	Ⅴ
[A3] P. 2. 5. 17	城乡建设用地竖向规划规范	CJJ 83	现行行标	B	①；②	Ⅴ
[A3] P. 2. 5. 18	城市夜景照明设计规范	JGJ/T 163	现行行标，建议修订	B	①；②；⑤	Ⅴ
[A3] P. 2. 5. 19	城市居住区热环境设计标准	JGJ 286	现行行标	B	①；②	Ⅴ

续表

序号	标准名称	标准编号	现行状态	标准类型（A强制性规范、B政府推荐性标准、C其他推荐性标准）	后评估方法（①指标阈值；②效果评价方法；③能耗监测方法；④水耗监测方法；⑤环境监测方法；⑥满意度评价方法；⑦引领性技术方法）	性能目标（Ⅰ安全耐久；Ⅱ健康舒适；Ⅲ生活便利；Ⅳ资源节约；Ⅴ环境宜居）
[A3] P. 2. 5. 20	建筑节能气象参数标准	JGJ/T 346	现行行标	B	②	Ⅴ
[A3] P. 3 引领性标准						
[A3] P. 3. 1. 1 [A3] P. 3. 2. 1 [A3] P. 3. 3. 1 [A3] P. 3. 4. 1 [A3] P. 3. 5. 1	绿色建筑运营后评估标准	T/CECS 608	现行团标	C	②；⑥；⑦	Ⅰ；Ⅱ；Ⅲ；Ⅳ；Ⅴ
[A3] P. 3. 1. 2 [A3] P. 3. 2. 2 [A3] P. 3. 3. 2 [A3] P. 3. 4. 2	绿色建筑性能数据应用技术规程		团标在编	C	③；④；⑤；⑦	Ⅰ；Ⅱ；Ⅲ；Ⅳ
[A3] P. 3. 1. 3 [A3] P. 3. 2. 3 [A3] P. 3. 3. 3 [A3] P. 3. 4. 3	民用建筑数据采集标准		团标在编	C	③；④；⑤；⑦	Ⅰ；Ⅱ；Ⅲ；Ⅳ
[A3] P. 3. 1. 4	混凝土结构耐久性评定标准	T/CECS 220	现行团标	C	②；⑦	Ⅰ
[A3] P. 3. 1. 5	高层建筑物玻璃幕墙模拟雷击试验技术标准		团标在编	C	⑦	Ⅰ
[A3] P. 3. 2. 4	室内空气中苯系物及总挥发性有机化合物检测方法标准	T/CECS 539	现行团标	C	⑤；⑦	Ⅱ
[A3] P. 3. 2. 5	建筑室内空气中氡检测方法标准	T/CECS 569	现行团标	C	⑤；⑦	Ⅱ
[A3] P. 3. 2. 6	建筑室内细颗粒物（$PM_{2.5}$）污染控制技术规程	T/CECS 586	现行团标	C	⑤；⑦	Ⅱ

续表

序号	标准名称	标准编号	现行状态	标准类型（A 强制性规范、B 政府推荐性标准、C 其他推荐性标准）	后评估方法（①指标阈值；②效果评价方法；③能耗监测方法；④水耗监测方法；⑤环境监测方法；⑥满意度评价方法；⑦引领性技术方法）	性能目标（Ⅰ安全耐久；Ⅱ健康舒适；Ⅲ生活便利；Ⅳ资源节约；Ⅴ环境宜居）
[A3] P. 3. 2. 7 [A3] P. 3. 4. 4	智能照明控制系统技术规程	T/CECS 612	现行团标	C	⑦	Ⅱ；Ⅳ
[A3] P. 3. 2. 8 [A3] P. 3. 4. 5	建筑遮阳智能控制系统技术规程	T/CECS 613	现行团标	C	⑦	Ⅱ；Ⅳ
[A3] P. 3. 2. 9	建筑室内空气质量监测与评价标准	T/CECS 615	现行团标	C	⑤；⑦	Ⅱ
[A3] P. 3. 2. 10	既有住宅加装电梯工程技术标准	T/ASC 03	现行团标	C	⑦	Ⅱ
[A3] P. 3. 2. 11	办公建筑室内空气质量管理与控制标准		团标在编	C	⑦	Ⅱ
[A3] P. 3. 2. 12	既有公共建筑室内环境分级评价标准		团标在编	C	⑦	Ⅱ
[A3] P. 3. 3. 4	智慧家居设计标准	T/CECS 554	现行团标	C	⑦	Ⅲ
[A3] P. 3. 4. 6	绿色建材评价　预制构件	T/CECS 10025	现行团标	C	⑦	Ⅳ
[A3] P. 3. 4. 7	绿色建材评价　建筑门窗及配件	T/CECS 10026	现行团标	C	⑦	Ⅳ
[A3] P. 3. 4. 8	绿色建材评价　建筑幕墙	T/CECS 10027	现行团标	C	⑦	Ⅳ
[A3] P. 3. 4. 9	绿色建材评价　钢结构房屋用钢构件	T/CECS 10028	现行团标	C	⑦	Ⅳ
[A3] P. 3. 4. 10	绿色建材评价　建筑密封胶	T/CECS 10029	现行团标	C	⑦	Ⅳ
[A3] P. 3. 4. 11	绿色建材评价　现代木结构用材	T/CECS 10030	现行团标	C	⑦	Ⅳ
[A3] P. 3. 4. 12	绿色建材评价　砌体材料	T/CECS 10031	现行团标	C	⑦	Ⅳ
[A3] P. 3. 4. 13	绿色建材评价　保温系统材料	T/CECS 10032	现行团标	C	⑦	Ⅳ
[A3] P. 3. 4. 14	绿色建材评价　建筑遮阳产品	T/CECS 10033	现行团标	C	⑦	Ⅳ

续表

序号	标准名称	标准编号	现行状态	标准类型（A强制性规范、B政府推荐性标准、C其他推荐性标准）	后评估方法（①指标阈值；②效果评价方法；③能耗监测方法；④水耗监测方法；⑤环境监测方法；⑥满意度评价方法；⑦引领性技术方法）	性能目标（Ⅰ安全耐久；Ⅱ健康舒适；Ⅲ生活便利；Ⅳ资源节约；Ⅴ环境宜居）
[A3] P. 3. 4. 15	绿色建材评价　建筑节能玻璃	T/CECS 10034	现行团标	C	⑦	Ⅳ
[A3] P. 3. 4. 16	绿色建材评价　金属复合装饰材料	T/CECS 10035	现行团标	C	⑦	Ⅳ
[A3] P. 3. 4. 17	绿色建材评价　建筑陶瓷	T/CECS 10036	现行团标	C	⑦	Ⅳ
[A3] P. 3. 4. 18	绿色建材评价　卫生洁具	T/CECS 10037	现行团标	C	⑦	Ⅳ
[A3] P. 3. 4. 19	绿色建材评价　防水卷材	T/CECS 10038	现行团标	C	⑦	Ⅳ
[A3] P. 3. 4. 20	绿色建材评价　墙面涂料	T/CECS 10039	现行团标	C	⑦	Ⅳ
[A3] P. 3. 4. 21	绿色建材评价　防水涂料	T/CECS 10040	现行团标	C	⑦	Ⅳ
[A3] P. 3. 4. 22	绿色建材评价　门窗幕墙用型材	T/CECS 10041	现行团标	C	⑦	Ⅳ
[A3] P. 3. 4. 23	绿色建材评价　无机装饰板材	T/CECS 10042	现行团标	C	⑦	Ⅳ
[A3] P. 3. 4. 24	绿色建材评价　光伏组件	T/CECS 10043	现行团标	C	⑦	Ⅳ
[A3] P. 3. 4. 25	绿色建材评价　反射隔热涂料	T/CECS 10044	现行团标	C	⑦	Ⅳ
[A3] P. 3. 4. 26	绿色建材评价　空气净化材料	T/CECS 10045	现行团标	C	⑦	Ⅳ
[A3] P. 3. 4. 27	绿色建材评价　树脂地坪材料	T/CECS 10046	现行团标	C	⑦	Ⅳ
[A3] P. 3. 4. 28	绿色建材评价　预拌混凝土	T/CECS 10047	现行团标	C	⑦	Ⅳ
[A3] P. 3. 4. 29	绿色建材评价　预拌砂浆	T/CECS 10048	现行团标	C	⑦	Ⅳ
[A3] P. 3. 4. 30	绿色建材评价　石膏装饰材料	T/CECS 10049	现行团标	C	⑦	Ⅳ
[A3] P. 3. 4. 31	绿色建材评价　水嘴	T/CECS 10050	现行团标	C	⑦	Ⅳ
[A3] P. 3. 4. 32	绿色建材评价　石材	T/CECS 10051	现行团标	C	⑦	Ⅳ
[A3] P. 3. 4. 33	绿色建材评价　镁质装饰材料	T/CECS 10052	现行团标	C	⑦	Ⅳ
[A3] P. 3. 4. 34	绿色建材评价　吊顶系统	T/CECS 10053	现行团标	C	⑦	Ⅳ
[A3] P. 3. 4. 35	绿色建材评价　钢质户门	T/CECS 10054	现行团标	C	⑦	Ⅳ

续表

序号	标准名称	标准编号	现行状态	标准类型（A 强制性规范、B 政府推荐性标准、C 其他推荐性标准）	后评估方法（①指标阈值；②效果评价方法；③能耗监测方法；④水耗监测方法；⑤环境监测方法；⑥满意度评价方法；⑦引领性技术方法）	性能目标（Ⅰ安全耐久；Ⅱ健康舒适；Ⅲ生活便利；Ⅳ资源节约；Ⅴ环境宜居）
[A3] P. 3. 4. 36	绿色建材评价　集成墙面	T/CECS 10055	现行团标	C	⑦	Ⅳ
[A3] P. 3. 4. 37	绿色建材评价　纸面石膏板	T/CECS 10056	现行团标	C	⑦	Ⅳ
[A3] P. 3. 4. 38	绿色建材评价　建筑用阀门	T/CECS 10057	现行团标	C	⑦	Ⅳ
[A3] P. 3. 4. 39	绿色建材评价　塑料管材管件	T/CECS 10058	现行团标	C	⑦	Ⅳ
[A3] P. 3. 4. 40	绿色建材评价　空气源热泵	T/CECS 10059	现行团标	C	⑦	Ⅳ
[A3] P. 3. 4. 41	绿色建材评价　建筑用蓄能装置	T/CECS 10060	现行团标	C	⑦	Ⅳ
[A3] P. 3. 4. 42	绿色建材评价　新风净化系统	T/CECS 10061	现行团标	C	⑦	Ⅳ
[A3] P. 3. 4. 43	绿色建材评价　设备隔振降噪装置	T/CECS 10062	现行团标	C	⑦	Ⅳ
[A3] P. 3. 4. 44	绿色建材评价　控制与计量设备	T/CECS 10063	现行团标	C	⑦	Ⅳ
[A3] P. 3. 4. 45	绿色建材评价　LED 照明产品	T/CECS 10064	现行团标	C	⑦	Ⅳ
[A3] P. 3. 4. 46	绿色建材评价　采光系统	T/CECS 10065	现行团标	C	⑦	Ⅳ
[A3] P. 3. 4. 47	绿色建材评价　地源热泵系统	T/CECS 10066	现行团标	C	⑦	Ⅳ
[A3] P. 3. 4. 48	绿色建材评价　游泳池循环水处理设备	T/CECS 10067	现行团标	C	⑦	Ⅳ
[A3] P. 3. 4. 49	绿色建材评价　净水设备	T/CECS 10068	现行团标	C	⑦	Ⅳ
[A3] P. 3. 4. 50	绿色建材评价　软化设备	T/CECS 10069	现行团标	C	⑦	Ⅳ
[A3] P. 3. 4. 51	绿色建材评价　油脂分离器	T/CECS 10070	现行团标	C	⑦	Ⅳ
[A3] P. 3. 4. 52	绿色建材评价　中水处理设备	T/CECS 10071	现行团标	C	⑦	Ⅳ
[A3] P. 3. 4. 53	绿色建材评价　雨水处理设备	T/CECS 10072	现行团标	C	⑦	Ⅳ

续表

序号	标准名称	标准编号	现行状态	标准类型（A强制性规范、B政府推荐性标准、C其他推荐性标准）	后评估方法（①指标阈值；②效果评价方法；③能耗监测方法；④水耗监测方法；⑤环境监测方法；⑥满意度评价方法；⑦引领性技术方法）	性能目标（Ⅰ安全耐久；Ⅱ健康舒适；Ⅲ生活便利；Ⅳ资源节约；Ⅴ环境宜居）
[A3] P. 3. 4. 54	绿色建材评价　混凝土外加剂减水剂	T/CECS 10073	现行团标	C	⑦	Ⅳ
[A3] P. 3. 4. 55	绿色建材评价标准　隔墙隔断材料		团标在编	C	⑦	Ⅳ
[A3] P. 3. 4. 56	绿色建材评价标准　节能电梯		团标在编	C	⑦	Ⅳ
[A3] P. 3. 4. 57	绿色建材评价标准　机械式停车设备		团标在编	C	⑦	Ⅳ
[A3] P. 3. 4. 58	绿色建材评价标准　透水铺装材料		团标在编	C	⑦	Ⅳ
[A3] P. 3. 4. 59	绿色建材评价标准　辐射供暖供冷系统		团标在编	C	⑦	Ⅳ
[A3] P. 3. 4. 60	绿色建材评价标准　混凝土结构外防护材料		团标在编	C	⑦	Ⅳ
[A3] P. 3. 4. 61	绿色建材评价标准　建筑用结构保温复合板		团标在编	C	⑦	Ⅳ
[A3] P. 3. 4. 62	绿色建材评价标准　外墙板		团标在编	C	⑦	Ⅳ
[A3] P. 3. 4. 63	绿色建材评价标准　保温装饰一体化板		团标在编	C	⑦	Ⅳ
[A3] P. 3. 4. 64	绿色建材评价标准　采暖空调输配系统		团标在编	C	⑦	Ⅳ
[A3] P. 3. 4. 65	绿色建材评价标准　换热器		团标在编	C	⑦	Ⅳ
[A3] P. 3. 4. 66	绿色建材评价标准　建筑用供暖散热器		团标在编	C	⑦	Ⅳ

续表

序号	标准名称	标准编号	现行状态	标准类型（A强制性规范、B政府推荐性标准、C其他推荐性标准）	后评估方法（①指标阈值；②效果评价方法；③能耗监测方法；④水耗监测方法；⑤环境监测方法；⑥满意度评价方法；⑦引领性技术方法）	性能目标（Ⅰ安全耐久；Ⅱ健康舒适；Ⅲ生活便利；Ⅳ资源节约；Ⅴ环境宜居）
[A3] P. 3. 4. 67	绿色建材评价标准　空调机组		团标在编	C	⑦	Ⅳ
[A3] P. 3. 4. 68	绿色建材评价标准　冷凝式锅炉		团标在编	C	⑦	Ⅳ
[A3] P. 3. 4. 69	绿色建材评价标准　冷热联供设备		团标在编	C	⑦	Ⅳ
[A3] P. 3. 4. 70	绿色建材评价标准　冷水机组		团标在编	C	⑦	Ⅳ
[A3] P. 3. 4. 71	绿色建材评价标准　冷却塔		团标在编	C	⑦	Ⅳ
[A3] P. 3. 4. 72	绿色建材评价标准　风机盘管		团标在编	C	⑦	Ⅳ
[A3] P. 3. 4. 73	绿色建材评价标准　人造石		团标在编	C	⑦	Ⅳ
[A3] P. 3. 4. 74	绿色建材评价标准　建筑结构加固胶		团标在编	C	⑦	Ⅳ
[A3] P. 3. 4. 75	绿色建材评价标准　固体废弃物再生制品		团标在编	C	⑦	Ⅳ
[A3] P. 3. 4. 76	绿色建材评价标准　工程修复材料		团标在编	C	⑦	Ⅳ
[A3] P. 3. 4. 77	绿色建材评价标准　屋面绿化材料		团标在编	C	⑦	Ⅳ
[A3] P. 3. 4. 78	绿色建材评价标准　灌浆料		团标在编	C	⑦	Ⅳ
[A3] P. 3. 4. 79	绿色建材评价标准　铝合金建筑模板		团标在编	C	⑦	Ⅳ
[A3] P. 3. 4. 80	绿色建材评价标准　刚性防水材料		团标在编	C	⑦	Ⅳ
[A3] P. 3. 4. 81	绿色建材评价标准　建筑墙面涂覆材料		团标在编	C	⑦	Ⅳ

续表

序号	标准名称	标准编号	现行状态	标准类型（A强制性规范、B政府推荐性标准、C其他推荐性标准）	后评估方法（①指标阈值；②效果评价方法；③能耗监测方法；④水耗监测方法；⑤环境监测方法；⑥满意度评价方法；⑦引领性技术方法）	性能目标（Ⅰ安全耐久；Ⅱ健康舒适；Ⅲ生活便利；Ⅳ资源节约；Ⅴ环境宜居）
[A3] P.3.4.82	绿色建材评价标准　光伏发电系统		团标在编	C	⑦	Ⅳ
[A3] P.3.4.83	绿色建材评价标准　建筑玻璃用功能膜		团标在编	C	⑦	Ⅳ
[A3] P.3.4.84	绿色建材评价标准　防霉抗菌材料		团标在编	C	⑦	Ⅳ
[A3] P.3.4.85	绿色建材评价标准　弹性地板		团标在编	C	⑦	Ⅳ
[A3] P.3.4.86	绿色建材评价标准　金属给水排水管材管件		团标在编	C	⑦	Ⅳ
[A3] P.3.4.87	绿色建材评价标准　集成式卫浴		团标在编	C	⑦	Ⅳ
[A3] P.3.4.88	绿色建材评价标准　镀锌钢龙骨		团标在编	C	⑦	Ⅳ
[A3] P.3.4.89	绿色建材评价标准　泡沫铝板		团标在编	C	⑦	Ⅳ
[A3] P.3.4.90	绿色建材评价标准　耐碱网格布		团标在编	C	⑦	Ⅳ
[A3] P.3.4.91	绿色建材评价标准　索膜结构用薄膜材料		团标在编	C	⑦	Ⅳ
[A3] P.3.4.92	绿色建材评价标准　装饰装修用木质建材		团标在编	C	⑦	Ⅳ
[A3] P.3.4.93	绿色建材评价标准　建筑及园林景观用木竹建材		团标在编	C	⑦	Ⅳ
[A3] P.3.4.94	绿色建材评价标准　塑料建筑模板		团标在编	C	⑦	Ⅳ
[A3] P.3.4.95	绿色建材评价标准　吊顶及配件		团标在编	C	⑦	Ⅳ

续表

序号	标准名称	标准编号	现行状态	标准类型（A强制性规范、B政府推荐性标准、C其他推荐性标准）	后评估方法（①指标阈值；②效果评价方法；③能耗监测方法；④水耗监测方法；⑤环境监测方法；⑥满意度评价方法；⑦引领性技术方法）	性能目标（Ⅰ安全耐久；Ⅱ健康舒适；Ⅲ生活便利；Ⅳ资源节约；Ⅴ环境宜居）
[A3] P.3.4.96	绿色建材评价标准　装饰装修用壁纸（布）		团标在编	C	⑦	Ⅳ
[A3] P.3.4.97	绿色建材评价标准　建筑雨水回收系统		团标在编	C	⑦	Ⅳ
[A3] P.3.4.98	绿色建材评价标准　地漏		团标在编	C	⑦	Ⅳ
[A3] P.3.4.99	绿色建材评价标准　整体橱柜		团标在编	C	⑦	Ⅳ
[A3] P.3.4.100	绿色建材评价标准　重组材		团标在编	C	⑦	Ⅳ
[A3] P.3.4.101	绿色建材评价标准　集成成品房屋		团标在编	C	⑦	Ⅳ
[A3] P.3.4.102	绿色建材评价标准　磁悬浮冷水机组		团标在编	C	⑦	Ⅳ
[A3] P.3.4.103	绿色建材评价标准　建筑、生活垃圾处理技术		团标在编	C	⑦	Ⅳ
[A3] P.3.4.104	绿色建材评价标准　防火材料		团标在编	C	⑦	Ⅳ
[A3] P.3.4.105	绿色建材评价标准　防腐材料		团标在编	C	⑦	Ⅳ
[A3] P.3.4.106	建筑室内环境舒适性主观评价		待制定		②；⑦	Ⅱ；Ⅲ；Ⅳ；Ⅴ
[A3] P.3.4.107	建筑节水效果主观评价		待制定		②；⑦	Ⅱ；Ⅲ；Ⅳ；Ⅴ
[A3] P.3.4.108	建筑节能效果主观评价		待制定		②；⑦	Ⅱ；Ⅲ；Ⅳ；Ⅴ

7.3　标准项目说明

［A3］P.1 强制性规范

项目规范

［A3］P.1.1.1（P.1.2.1\P.1.3.1\P.1.4.1）住宅项目规范（在编）

适用范围：住宅项目的建设、适用和维护。

主要技术内容：住宅建筑的规模、布局、功能、性能等要求，以及工程建设技术措施，包括空间布局、户型要求、建筑构造要求（墙、顶、地、屋面、楼梯、地下室等）、建筑设备的要求（水、气、热、电、通讯）、无障碍、防火、节能、安防、隔声、环保等。

内容属性：住宅，指标阈值

［A3］P.1.1.2（P.1.2.2/P.1.3.2/P.1.4.2）宿舍、旅馆建筑项目规范（在编）

适用范围：宿舍、旅馆、养老机构等工程项目的建设、适用和维护。

主要技术内容：宿舍、旅馆、养老机构等工程项目的规模、布局、功能、性能等要求，以及工程建设技术措施，包括空间布局、户型要求、建筑构造要求（墙、顶、地、屋面、楼梯、地下室等）、建筑设备的要求（水、气、热、电、通信）、无障碍、防火、节能、安防、隔声、环保等。

内容属性：宿舍，旅馆，养老机构，指标阈值

［A3］P.1.1.3（P.1.2.3/P.1.3.3/P.1.4.3）公共文化设施项目规范（研编）

适用范围：公共图书馆、文化馆（站）、公共美术馆、剧场等工程项目的建设、适用和维护。

主要技术内容：公共图书馆、文化馆（站）、公共美术馆、剧场等工程项目的建设规模、功能、性能、选址等目标要求，以及工程规划、勘察、设计、施工、运行维护等环节需要强制执行的技术要求。

内容属性：公共图书馆，文化馆（站），公共美术馆，剧场，指标阈值

［A3］P.1.1.3（P.1.2.3/P.1.3.3/P.1.4.3）体育建筑项目规范（研编）

适用范围：各类体育建筑（包括体育场、足球场、体育馆、游泳馆、冰雪设施等）工程项目的建设、适用和维护。

主要技术内容：各类体育建筑（包括体育场、足球场、体育馆、游泳馆、冰雪设施等）工程项目的建设规模、功能、性能、选址、总图布置、工艺和装备等目标要求，以及工程规划、勘察、设计、施工、运行维护等环节需要强制执行的技术要求。

内容属性：体育建筑，指标阈值

［A3］P.1.1.3（P.1.2.3/P.1.3.3/P.1.4.3）幼儿园项目规范（研编）

适用范围：托儿所、幼儿园等工程项目的建设、适用和维护。

主要技术内容：托儿所、幼儿园等工程项目的选址、建设规模、项目构成等目标要

求，以及工程规划、勘察、设计、施工、运行维护等环节需要强制执行的技术措施。

内容属性：托儿所，幼儿园，指标阈值

[A3] P. 1. 1. 3（P. 1. 2. 3/P. 1. 3. 3/P. 1. 4. 3）中小学校项目规范（研编）

适用范围：中小学校的建设、适用和维护。

主要技术内容：中小学校建筑的选址、建设规模、项目构成等目标要求，以及工程规划、勘察、设计、施工、运行维护等环节需要强制执行的技术措施。

内容属性：中小学校，指标阈值

[A3] P. 1. 1. 3（P. 1. 2. 3/P. 1. 3. 3/P. 1. 4. 3）中等职业学校项目规范（研编）

适用范围：中等职业学校（含独立设置的残疾人中中等职业学校）的建设、适用和维护。

主要技术内容：中等职业学校（含独立设置的残疾人中中等职业学校）的选址、建设规模、项目构成等目标要求，以及工程规划、勘察、设计、施工、运行维护等环节需要强制执行的技术措施。

内容属性：中等职业学校，指标阈值

[A3] P. 1. 1. 3（P. 1. 2. 3/P. 1. 3. 3/P. 1. 4. 3）特殊教育学校项目规范（研编）

适用范围：特殊教育学校的建设、适用和维护。

主要技术内容：特殊教育学校的选址、建设规模、项目构成等目标要求，以及工程规划、勘察、设计、施工、运行维护等环节需要强制执行的技术措施。

内容属性：特殊教育学校，指标阈值

[A3] P. 1. 1. 3（P. 1. 2. 3/P. 1. 3. 3/P. 1. 4. 3）综合社会福利院项目规范（研编）

适用范围：综合社会福利院的建设、适用和维护。

主要技术内容：综合社会福利院的选址、建设规模、项目构成等目标要求，以及工程规划、勘察、设计、施工、运行维护等环节需要强制执行的技术措施。

内容属性：综合社会福利院，指标阈值

[A3] P. 1. 1. 3（P. 1. 2. 3/P. 1. 3. 3/P. 1. 4. 3）科技馆项目规范（研编）

适用范围：科技馆的建设、适用和维护。

主要技术内容：科技馆的选址、建设规模、项目构成等目标要求，以及工程规划、勘察、设计、施工、运行维护等环节需要强制执行的技术措施。

内容属性：科技馆，指标阈值

通用技术规范

[A3] P. 1. 1. 4 建筑与市政地基基础通用规范（在编）

适用范围：建筑工程与市政工程地基基础设计、施工及验收。

主要技术内容：建筑工程与市政工程中，天然地基、处理地基、桩基、基础、基坑支护、边坡、地基基础的施工与验收，检验与监测。

内容属性：建筑工程，市政工程，地基基础，指标阈值

［A3］P. 1. 1. 5 工程结构通用规范（在编）

适用范围：房屋建筑、铁路工程、公路工程、港口工程、水工结构和市政工程等工程结构。

主要技术内容：工程结构的性能要求，工程结构设计应考虑的设计状况、对工程结构的功能要求和工程结构的极限状态分类；结构可靠度定义及其度量指标；作用分类和作用组合的规则；影响结构可靠性的各种基本变量的取值原则和方法及结构的设计基准期；极限状态设计表达式、基本变量设计值和作用组合效应设计值的确定方法。规定结构设计应考虑的各类作用。

内容属性：工程结构，指标阈值

［A3］P. 1. 1. 6 混凝土结构通用规范（在编）

适用范围：混凝土结构的设计、施工与验收、维护与拆除。

主要技术内容：混凝土结构性能要求，混凝土结构设计方案要求（结构布置、结构性能化设计、抗震概念设计等）、混凝土结构设计原则（承载力设计、使用性设计、耐久性设计、抗震设计等）；混凝土结构材料性能要求；结构分析要求；承载能力极限状态设计要求；使用性极限状态验算；耐久性设计要求；混凝土结构构造要求；抗震设计要求；混凝土结构施工要求。

内容属性：混凝土结构，指标阈值

［A3］P. 1. 1. 7 砌体结构通用规范（在编）

适用范围：房屋建筑与市政工程中砌体结构的设计、施工、验收、维护与拆除。

主要技术内容：砌体结构性能要求，材料性能要求，砌体结构设计要求，砌体结构构造要求，砌体结构施工要求。

内容属性：砌体结构，指标阈值

［A3］P. 1. 1. 8 钢结构通用规范（在编）

适用范围：建筑工程、市政工程与一般构筑物中钢结构的设计、施工、验收、维护与拆除。

主要技术内容：钢结构性能要求，材料性能要求，结构设计要求，结构构造要求，结构施工要求。

内容属性：钢结构，指标阈值

［A3］P. 1. 1. 9 木结构通用规范（在编）

适用范围：建筑工程、桥梁工程与园林工程中木结构的设计、施工、验收、维护与拆除。

主要技术内容：木结构工作环境要求，材料性能要求（木材及木产品长期强度要求），

木结构设计要求，木结构构造要求，木结构防护（防腐和防火）要求，木结构施工要求。

内容属性：木结构，指标阈值

［A3］P.1.1.10 组合结构通用规范（在编）

适用范围：建筑工程、市政工程与公路工程中组合结构的设计、施工、验收、维护与拆除。

主要技术内容：组合结构性能要求，材料性能要求，组合结构设计要求，组合结构构造要求，组合结构施工要求。

内容属性：组合结构，指标阈值

［A3］P.1.1.11 建筑与市政工程抗震通用规范（在编）

适用范围：抗震设防烈度 6 度及以上地区各类建筑与市政工程的规划、勘察、设计、施工和使用。

主要技术内容：规定建筑与市政工程抗震设防分类标准，地震作用，抗震设计技术要求。

内容属性：建筑工程，市政工程，抗震，指标阈值

［A3］P.1.1.12 建筑防火通用规范（在编）

适用范围：建筑工程在规划、设计、施工与使用中的防火技术与措施。

主要技术内容：各类建筑工程防火的功能、性能要求，材料防火性能要求，建筑耐火性能规定，工程设计防火要求。

内容属性：建筑防火，指标阈值

［A3］P.1.1.13 建筑和市政工程防水通用规范（在编）

适用范围：建筑工程与市政工程防水的材料、设计、施工、验收和维护。

主要技术内容：防水工程设计使用年限，防水工程等级划分，屋面、墙面、室内、地下工程等防水设计、施工，以及维护技术要求。

内容属性：建筑工程，市政工程，防水，指标阈值

［A3］P.1.2.4 建筑环境通用规范（在编）

适用范围：民用建筑声环境、光环境、建筑热工及室内空气质量的设计、施工、验收及运行。

主要技术内容：建筑声、光、热环境的基本要求，建筑声学、照明采光、供暖通风与空气调节从设计、施工、验收到运行管理全过程的技术要求。

内容属性：建筑环境，指标阈值

［A3］P.1.2.5（P.1.3.4）建筑电气与智能化通用规范（在编）

适用范围：供电电压不超过 35kV 的民用建筑和通用工业建筑的建筑电气与智能化系统工程的设计、施工、检验、验收和运维管理。

主要技术内容：以民用建筑的人身安全、供电安全、用电设备运行安全、疏散安全为主，根据各类建筑的通用功能、性能以及规模，突出市电、自备电源的设置要求、变电所位置安全设置的要求、供配电可靠性的要求、特殊场所人身防电击人要求、安全疏散照明的供电要求、防雷防护和接地系统的要求、电气装置及控制系统节能、电气布线系统的要求等。以及智能化基础设施如光纤到户的设置要求、火灾自动报警系统、安全防范技术系统、应急响应系统、能源监控系统、安全疏散照明的控制要求等。

内容属性：建筑电气，建筑智能化，指标阈值

［A3］P.1.2.6（P.1.3.5/P.1.4.4/P.1.5.1）建筑给水排水与节水通用规范（在编）

适用范围：建筑给水排水与节水工程的规划、设计、施工、验收、运行维护和监督管理。

主要技术内容：给水、排水、热水、管道直饮用水、建筑中水、雨水利用、游泳池、公共浴池等的系统技术要求，以及建筑物的节水系统、非传统水源利用、节水设施与设备等的技术要求。

内容属性：建筑给水，建筑排水，建筑节水，指标阈值

［A3］P.1.2.7（P.1.4.5）建筑节能与可再生能源利用通用规范（在编）

适用范围：建筑节能与可再生能源建筑应用系统的设计、施工、验收和运行管理。

主要技术内容：建筑节能目标要求，建筑节能设计、施工、验收、运行维护的基本要求，以及可再生能源应用要求。

内容属性：建筑节能，可再生能源利用，指标阈值

［A3］P.1.2.8（P.1.4.6）民用建筑供暖通风与空气调节通用规范（研编）

适用范围：民用建筑供暖通风与空气调节系统设计、施工、验收和运行维护。

主要技术内容：民用建筑热湿环境的基本要求，供暖通风与空气调节工程从设计、施工、验收到运行管理全过程的技术要求。

内容属性：民用建筑，供暖通风与空气调节，指标阈值

［A3］P.1.3.6无障碍通用规范（在编）

适用范围：市政和建筑工程的无障碍设施的设计、施工、验收和运行维护。

主要技术内容：无障碍建设的技术要求。

内容属性：无障碍，指标阈值

［A3］P.2政府推荐性标准

［A3］P.2.1安全耐久

［A3］P.2.1.1砌体结构设计规范GB 50003（现行国家标准）

适用范围：建筑工程的下列砌体结构设计：1）砖砌体：包括烧结普通砖、烧结多孔砖、蒸压灰砂普通砖、蒸压粉煤灰普通砖、混凝土普通砖、混凝土多孔砖的无筋和配筋砌体；2）砌块砌体：包括混凝土砌块、轻集料混凝土砌块的无筋和配筋砌体；3）石砌体：

包括各种料石和毛石的砌体。特殊条件下或有特殊要求的应按专门规定进行设计。

主要技术内容：建筑工程中砌体结构和配筋砌体结构的材料设计指标、基本设计原则、各类结构的静力和结构构件的抗震设计方法及构造要求。

内容属性：砌体结构，设计，指标阈值

［A3］P. 2. 1. 2 木结构设计标准 GB 50005（现行国家标准）

适用范围：建筑工程中方木原木结构、胶合木结构和轻型木结构的设计。

主要技术内容：各种木结构（包括木网架结构、木桁架结构）的材料设计指标、木材材质分级及强度等级、基本设计原则、各类结构构件的静力、疲劳、抗震设计、防火设计和耐久性设计及构造要求。

内容属性：木结构，设计，指标阈值

［A3］P. 2. 1. 3 建筑地基基础设计规范 GB 50007（现行国家标准）

适用范围：工业与民用建筑（包括构筑物）的地基基础设计。对于湿陷性黄土、多年冻土、膨胀土以及在地震和机械振动荷载作用下的地基基础设计，尚应符合国家现行相应专业标准的规定。

主要技术内容：工业与民用建筑地基基础的设计原则、地基承载力的确定方法及容许承载力、地基变形的计算方法及允许值、地基稳定性的基本要求及计算原则、各类基础设计的原则和要求。基础计算体系和截面设计规则与上部结构标准一致。

内容属性：地基基础，设计，指标阈值

［A3］P. 2. 1. 4 建筑结构荷载规范 GB 50009（现行国家标准）

适用范围：建筑工程的结构设计。

主要技术内容：各种建筑结构的荷载分类、荷载取值（恒荷载、楼面活荷载、风雪荷载、雪荷载、吊车荷载等）以及荷载组合、荷载效应组合方法。补充非荷载效应相关规定，如温度作用、偶然作用等。

内容属性：建筑结构，荷载，设计，指标阈值

［A3］P. 2. 1. 5 混凝土结构设计规范 GB 50010（现行国家标准）

适用范围：房屋和一般构筑物的钢筋混凝土、预应力混凝土以及素混凝土结构的设计。不适用于轻骨料混凝土及特种混凝土结构的设计。

主要技术内容：混凝土结构的基本规定、材料设计指标、结构分析方法、承载力极限状态计算方法、正常使用极限状态验算方法、结构构件的抗震设计方法、结构构件构造要求等。

内容属性：混凝土，结构，设计，指标阈值

［A3］P. 2. 1. 6 建筑抗震设计规范 GB 50011（现行国家标准）

适用范围：抗震设防烈度为 6、7、8 和 9 度地区建筑工程的抗震设计以及隔震、消能减震设计。建筑的抗震性能化设计，可采用本规范规定的基本方法。抗震设防烈度大于 9

度地区的建筑及行业有特殊要求的工业建筑，其抗震设计应按有关专门规定执行。

主要技术内容：各类材料的房屋建筑工程抗震设计的三水准设防目标、概念设计和基本要求、场地选择、地基基础抗震验算和处理、结构地震作用取值和构件抗震承载力验算，并针对多层砌体结构、钢筋混凝土结构、钢结构、土木石结构、底框房屋、单层空旷房屋的特点，规定了有别于其静力设计的抗震选型、布置和抗震构造措施。明确了隔震、消能减震设计及非结构构件抗震设计的原则。

内容属性：建筑，抗震，设计，指标阈值

[A3] P. 2. 1. 7（P. 2. 2. 1）建筑设计防火规范 GB 50016（现行国家标准）

适用范围：新建、扩建和改建的厂房，仓库，民用建筑，甲、乙、丙类液体储罐(区)，可燃、助燃气体储罐（区），可燃材料堆场，城市交通隧道的防火设计。不适用于火药、炸药及其制品厂房（仓库）、花炮厂房（仓库）的建筑防火设计。

主要技术内容：建筑的总平面布局中防火设计要求；建筑物耐火等级的划分；防火分区和防火分隔的设计要求；室内装饰装修防火设计要求；灭火设施和消防设施的布置；供暖、通风和空气调节系统、电气系统以及提高工艺设备本质安全的技术措施。

内容属性：建筑，防火，指标阈值

[A3] P. 2. 1. 8 钢结构设计标准 GB 50017（现行国家标准）

适用范围：工业与民用建筑和一般构筑物的钢结构设计。

主要技术内容：钢结构的材料设计指标、结构设计基本要求、各类结构构件的静力、疲劳和连接计算方法以及构造要求。

内容属性：钢结构，设计，指标阈值

[A3] P. 2. 1. 9 建筑抗震鉴定标准 GB 50023（现行国家标准）

适用范围：抗震设防烈度为 6～9 度地区的现有建筑的抗震鉴定，不适用于新建建筑工程的抗震设计和施工质量的评定。

主要技术内容：震前对房屋建筑综合抗震能力进行评估时的设防目标和逐级评定方法，针对多层砌体结构、钢筋混凝土结构、钢结构、土木石结构、底框房屋、单层空旷房屋的特点规定了有别于抗震设计的设防标准、地震作用、抗震验算和抗震构造要求，以作为房屋建筑震前抗震加固的依据。标准中提出的鉴定原则和基本方法已成为各类工程结构抗震鉴定标准的共同要求。

内容属性：建筑，抗震，鉴定，效果评价

[A3] P. 2. 1. 10 建筑物防雷设计规范 GB 50057（现行国家标准）

适用范围：新建、扩建、改建建（构）筑物的防雷设计。

主要技术内容：建筑物的防雷分类、防雷措施、防雷装置、接闪器的选择和布置要求。

内容属性：建筑物，防雷，设计，指标阈值

［A3］P. 2. 1. 11（P. 2. 2. 4）建筑结构可靠性设计统一标准 GB 50068（现行国家标准）

适用范围：整个结构、组成结构的构件以及地基基础的设计；结构施工阶段和使用阶段的设计；既有结构的可靠性评定。

主要技术内容：建筑结构可靠性设计的基本原则、极限状态设计原则、结构上的作用和环境影响、材料和岩土的性能及几何参数、结构分析和试验辅助设计、分项系数设计方法。

内容属性：建筑，结构，可靠性，设计，指标阈值，效果评价

［A3］P. 2. 1. 12 土方与爆破工程施工及验收规范 GB 50201（现行国家标准）

适用范围：防洪保护区、工矿企业、交通运输设施、电力设施、环境保护设施、通信设施、文物古迹和旅游设施、水利水电工程等防护对象，防御暴雨洪水、融雪洪水、雨雪混合洪水和海岸、河口地区防御潮水的规划、设计、施工和运行管理工作。

主要技术内容：按照具有一定防洪安全度，承担一定风险，经济上基本合理，技术上确实可行的原则，对城市、乡镇、大型工矿企业、交通运输、水利工程、文物和旅游设施，在遭遇暴雨洪水、融雪洪水、雨雪混合洪水及河海风暴潮时的减灾目标，划分不同的设防等级和防洪要求。

内容属性：防洪，指标阈值

［A3］P. 2. 1. 13 建筑地基基础工程施工质量验收标准 GB 50202（现行国家标准）

适用范围：建筑地基基础工程施工质量的验收。

主要技术内容：建筑地基工程、基础工程、特殊土地地基基础工程、基坑支护工程、地下水控制、土石方工程、边坡工程的检验批、分项工程及分部工程施工质量验收技术要求。

内容属性：建筑，地基基础，质量验收，效果评价

［A3］P. 2. 1. 14 砌体结构工程施工质量验收规范 GB 50203（现行国家标准）

适用范围：建筑工程的砖、石、小砌块等砌体结构工程的施工质量验收。本规范不适用于铁路、公路和水工建筑等砌石工程。

主要技术内容：砌筑砂浆、砖砌体工程、混凝土小型空心砌块砌体工程、石砌体工程、配筋砌体工程、填充墙砌体工程的检验批、分项工程及分部工程施工质量验收技术要求。

内容属性：砌体结构，质量验收，效果评价

［A3］P. 2. 1. 15 混凝土结构工程施工质量验收规范 GB 50204（现行国家标准）

适用范围：建筑工程混凝土结构施工质量的验收。

主要技术内容：模板工程、钢筋工程、预应力工程、混凝土工程、现浇结构工程、装配式结构工程的检验批、分项工程及分部工程施工质量验收技术要求。

内容属性：混凝土结构，质量验收，效果评价

［A3］P. 2. 1. 16 钢结构工程施工质量验收标准 GB 50205（现行国家标准）

适用范围：建筑工程的单层、多层、高层以及网架、压型金属板等钢结构工程施工质量的验收。

主要技术内容：钢结构焊接工程、紧固件连接工程、钢零件及钢部件加工工程、钢构件组装工程、钢构件预拼装工程、单层钢结构安装工程、多层及高层钢结构安装工程、钢网架结构安装工程、压型金属板工程、钢结构涂装工程的检验批、分项工程及分部工程施工质量验收技术要求。

内容属性：钢结构，质量验收，效果评价

［A3］P. 2. 1. 17 木结构工程施工质量验收规范 GB 50206（现行国家标准）

适用范围：木方、原木结构、胶合木结构及轻型木结构等木结构工程施工质量的验收。

主要技术内容：方木与原木结构、胶合木结构、轻型木结构的检验批、分项工程和分部工程施工质量验收技术要求，以及木结构的防护要求。

内容属性：木结构，质量验收，效果评价

［A3］P. 2. 1. 18 屋面工程质量验收规范 GB 50207（现行国家标准）

适用范围：房屋建筑屋面工程的质量验收。

主要技术内容：基层与保护工程、保温与隔热工程、防水与密封工程、瓦面与板面工程、细部构造工程的检验批、分项工程和分部工程施工质量验收技术要求。

内容属性：屋面，质量验收，效果评价

［A3］P. 2. 1. 19 建筑装饰装修工程质量验收标准 GB 50210（现行国家标准）

适用范围：新建、扩建、改建和既有建筑的装饰装修工程的质量验收。

主要技术内容：抹灰工程、外墙防水工程、门窗工程、吊顶工程、轻质隔墙工程、饰面板工程、饰面砖工程、幕墙工程、涂饰工程、裱糊与软包工程、细部工程的检验批、分项工程和分部工程施工质量验收技术要求。

内容属性：建筑装饰装修，质量验收，效果评价

［A3］P. 2. 1. 20（P. 2. 2. 10）民用建筑工程室内环境污染控制规范 GB 50325（现行国家标准，建议修订）

适用范围：新建、扩建和改建的民用建筑工程室内环境污染控制。不适用于工业生产建筑工程、仓储性建筑工程、构筑物（如墙体、水塔、蓄水池等）和有特殊净化卫生要求的室内环境污染控制，也不适用于民用建筑工程交付使用后，非建筑装修产生的室内环境污染控制。

主要技术内容：室内环境污染物包括氡、甲醛、氨、苯、甲苯、二甲苯和总挥发性有机化合物的控制和检测方法。

内容属性：民用建筑，室内环境，污染控制，指标阈值，效果评价，环境监测

［A3］P. 2. 1. 21 屋面工程技术规范 GB 50345（现行国家标准）

适用范围：房屋建筑屋面工程的设计和施工。

主要技术内容：屋面防水等级和设防要求，屋面工程的构造设计，防水层选用的材料及其主要物理性能，保温隔热层选用的材料及其主要物理性能，屋面细部构造的密封防水措施、材料选用及其主要物理性能。

内容属性：屋面，指标阈值

［A3］P. 2. 1. 22（P. 2. 2. 11/P. 2. 3. 4/P. 2. 5. 3）民用建筑设计统一标准 GB 50352（现行国家标准）

适用范围：新建、扩建和改建的民用建筑设计。

主要技术内容：民用建筑规划控制、场地设计、建筑物设计、室内环境和建筑设备的基本要求。

内容属性：民用建筑，设计，指标阈值

［A3］P. 2. 1. 23 民用建筑太阳能热水系统应用技术标准 GB 50364（现行国家标准）

适用范围：新建、扩建和改建的民用建筑，以及既有建筑增设和改造的太阳能热水系统的设计、安装、验收和运行维护。

主要技术内容：太阳能热水系统的设计、安装、调试验收和运行维护的技术要求以及节能效益评价。

内容属性：民用建筑，太阳能热水系统，指标阈值，效果评价，能耗监测

［A3］P. 2. 1. 24（P. 2. 2. 12/P. 2. 3. 5/P. 2. 5. 4）住宅建筑规范 GB 50368（现行国家标准）

适用范围：城镇住宅的建设、使用和维护。

主要技术内容：城镇住宅外部环境、建筑、结构、室内环境、建筑设备、防火与疏散、建筑节能、使用与维护的基本底线要求。

内容属性：住宅，指标阈值，效果评价

［A3］P. 2. 1. 25 城市抗震防灾规划标准 GB 50413（现行国家标准）

适用范围：地震动峰值加速度大于或等于 0. 05g（地震基本烈度为 6 度及以上）地区的城市抗震防灾规划。

主要技术内容：城镇设防规划的分类，城市用地、基础设施、城区建筑的抗震规划，地震次生灾害防御、避震疏散和信息数据库建设的技术要求。

内容属性：城市，抗震，防灾，指标阈值

［A3］P. 2. 1. 26 混凝土结构耐久性设计标准 GB/T 50476（现行国家标准）

适用范围：各种自然环境作用下房屋建筑、桥梁、隧道等基础设施与一般构筑物中普通混凝土结构及其构件的耐久性设计。不适用于轻骨料混凝土、纤维混凝土及其他特种混凝土结构以及工业生产的高温高湿环境、微生物腐蚀环境、电磁环境、高压环境、杂散电流等特殊腐蚀环境下混凝土结构的耐久性设计。

主要技术内容：混凝土结构耐久性设计的基本原则、环境作用类别与等级的划分、设计使用年限、材料与构造、不同环境作用下的耐久性设计方法、后张法预应力体系的耐久性要求。

内容属性：混凝土结构，耐久性，设计，指标阈值

[A3] P. 2. 1. 27 城市防洪工程设计规范 GB/T 50805（现行国家标准）

适用范围：有防洪任务的城市新建、改建、扩建城市防洪工程的设计。

主要技术内容：城市防洪工程等级和设计标准，设计洪水、涝水和潮水位，防洪工程总体布局，防洪工程的设计，环境影响评价、环境保护设计与水土保持设计的技术要求。

内容属性：城市，防洪，设计，指标阈值

[A3] P. 2. 1. 28 防灾避难场所设计规范 GB 51143（现行国家标准）

适用范围：新建、扩建和改建的防灾避难场所的设计。

主要技术内容：防灾避难场所的分类、设置和设计要求，及应急转换评估、应急避难标识。

内容属性：防灾避难场所，设计，指标阈值

[A3] P. 2. 1. 29 既有混凝土结构耐久性评定标准 GB/T 51355

适用范围：既有普通混凝土结构耐久性评定，不适用于轻骨料混凝土、纤维混凝土等非普通混凝土结构耐久性评定。

主要技术内容：既有混凝土结构调查与检测、一般环境混凝土结构耐久性评定、氯盐侵蚀环境混凝土结构耐久性评定、冻融环境混凝土结构耐久性评定、硫酸盐侵蚀混凝土结构耐久性评定、混凝土碱-骨料反应耐久性评定、结构耐久性综合评定、锈蚀构建可靠性评定的刚度和承载力计算。

内容属性：既有混凝土，结构耐久性，评定，效果评价

[A3] P. 2. 1. 30 建筑光伏系统应用技术标准 GB/T 51368（现行国家标准）

适用范围：新建、扩建、改建建筑光伏系统的设计、施工、验收和运行维护。

主要技术内容：建筑光伏系统的设备和材料、结构设计、发电系统设计、工程施工、验收、运行与维护。

内容属性：建筑光伏系统，指标阈值，效果评价

[A3] P. 2. 1. 31 安全标志及其使用导则 GB 2894（现行国家标准）

适用范围：公共场所、工业企业、建筑工地和其他有必要提醒人们注意安全的场所。

主要技术内容：安全信息的标志及其设置、使用的原则。

内容属性：安全标志，使用，指标阈值，效果评价

[A3] P. 2. 1. 32 建筑外门窗气密、水密、抗风压性能检测方法 GB/T 7106（现行国家标准）

适用范围：建筑外门窗的气密、水密、抗风压性能的实验室检测。

主要技术内容：建筑外门窗气密、水密及抗风压性能的检测原理、检测装置、检测准备、气密性能检测、水密性能检测、抗风压性能检测、重复气密性能检测、重复水密性能检测。

内容属性：建筑外门窗，气密性能，水密性能，抗风压性能，检测方法，效果评价

［A3］P. 2. 1. 33（P. 2. 5. 9）电磁环境控制限值 GB 8702（现行国家标准）

适用范围：电磁环境中控制公众暴露的评价和管理。不适用于控制以治疗或诊断为目的所致病人或陪护人员暴露的评价与管理；不适用于控制无线通信终端、家用电器对使用者暴露的评价与管理；也不能作为对产生电场、磁场、电磁场设施（设备）的产品质量要求。

主要技术内容：电磁环境中控制公众暴露的电场、磁场、电磁场（1Hz～300GHz）的场量限值、评价方法和相关设施（设备）的豁免范围。

内容属性：电磁环境，控制限值，指标阈值，效果评价

［A3］P. 2. 1. 34 消防应急照明和疏散指示系统 GB 17945（现行国家标准）

适用范围：一般工业与民用建筑中安装使用的消防应急照明和疏散指示系统以及其他环境中安装的具有特殊性能的系统（除特殊要求由有关标准另行规定外）。

主要技术内容：消防应急照明和疏散指示系统的分类、防护等级、一般要求、试验、检验规则、标志。

内容属性：消防应急照明，疏散指示系统，指标阈值，效果评价

［A3］P. 2. 1. 35 城市道路照明设计标准 CJJ 45（现行行业标准，建议修订）

适用范围：新建、扩建和改建的城市道路及与道路相关场所的照明设计。

主要技术内容：城市道路照明标准，光源、灯具及其附属装置的选择，照明方式和设计要求，照明供电和控制，节能标准和措施的技术要求。

内容属性：城市道路，照明，设计，指标阈值

［A3］P. 2. 1. 36 高层建筑混凝土结构技术规程 JGJ 3（现行行业标准）

适用范围：10 层及 10 层以上或房屋高度大于 28m 的住宅建筑以及房屋高度大于 24m 的其他高层民用建筑混凝土结构。非抗震设计和抗震设防烈度为 6 至 9 度抗震设计的高层民用建筑结构，其适用的房屋最大高度和结构类型应符合本规程的有关规定。不适用于建造在危险地段以及发震断裂最小避让距离内的高层建筑结构。

主要技术内容：针对高层混凝土结构建筑的特点，从结构的整体考虑，提出相应的设计原则、设计方法、构造措施和施工要求。

内容属性：高层建筑，混凝土结构，指标阈值

［A3］P. 2. 1. 37 玻璃幕墙工程技术规范 JGJ 102（现行行业标准）

适用范围：非抗震设计和抗震设防烈度为 6、7、8 度抗震设计的民用建筑玻璃幕墙工

程的设计、制作、安装施工、工程验收，以及保养和维修。

主要技术内容：玻璃幕墙的建筑设计、结构设计、施工和验收、保养和维修的技术要求。

内容属性：玻璃幕墙，指标阈值，效果评价

［A3］P.2.1.38 塑料门窗工程技术规程 JGJ 103（现行行业标准）

适用范围：未增塑聚氯乙烯（PVC-U）塑料门窗的设计、施工、验收及保养维修。

主要技术内容：塑料门窗的工程设计、质量要求、安装、验收及保养维修的技术要求。

内容属性：塑料门窗，指标阈值，效果评价

［A3］P.2.1.39 金属与石材幕墙工程技术规范 JGJ 133（现行行业标准）

适用范围：建筑高度不大于150m的民用建筑金属幕墙工程，建筑高度不大于100m、设防烈度不大于8度的民用建筑金属与天然石材幕墙工程的设计、制作、安装施工及验收。

主要技术内容：金属与石材幕墙的工程设计、质量要求、安装、验收及保养维修的技术要求。

内容属性：金属与石材幕墙，指标阈值，效果评价

［A3］P.2.1.40 外墙外保温工程技术标准 JGJ 144（现行行业标准）

适用范围：以混凝土、砌体为基层墙体的新建、扩建居住建筑外墙外保温工程。

主要技术内容：各种外侧保温墙体的技术要点（包括关键材料、施工步骤等）、质量保证的关键以及保温性能和耐久性能的检测和评价方法。

内容属性：外墙外保温，指标阈值，效果评价

［A3］P.2.1.41 混凝土耐久性检验评定标准 JGJ/T 193（现行行业标准）

适用范围：建筑与市政工程中混凝土耐久性的检验与评定。

主要技术内容：混凝土耐久性性能等级的划分，耐久性试验方法，检验批和试验组数的确定，试件制作与养护方法，检验结果的评定。

内容属性：混凝土耐久性，检验评定，效果评价

［A3］P.2.1.42 建筑门窗工程检测技术规程 JGJ 205（现行行业标准）

适用范围：新建、扩建和改建建筑门窗工程质量检测和既有建筑门窗性能检测，不适用于建筑门窗防火、防盗等特殊性能检测。

主要技术内容：建筑门窗工程的检测分类、方式与数量，门窗产品的进场检验内容和方法，门窗洞口施工质量检测方法，门窗安装质量检测方法，门窗气密性、水密性、抗风压性能的现场检测方法等。

内容属性：铝合金门窗，指标阈值，效果评价

［A3］P. 2. 1. 43 铝合金门窗工程技术规范 JGJ 214（现行行业标准）

适用范围：铝合金门窗的设计、施工、验收及保养维修。

主要技术内容：铝合金门窗的工程设计、质量要求、安装、验收及保养维修的技术要求。

内容属性：铝合金门窗，指标阈值，效果评价

［A3］P. 2. 1. 44 建筑外墙防水工程技术规程 JGJ/T 235（现行行业标准）

适用范围：新建、改建和扩建的以砌体或混凝土作为围护结构的建筑外墙防水工程的设计、施工及验收。

主要技术内容：建筑外墙防水材料、设计、施工和验收的技术要求。

内容属性：铝合金门窗，指标阈值，效果评价

［A3］P. 2. 1. 45（P. 2. 2. 32/P. 2. 4. 64）建筑遮阳工程技术规范 JGJ 237（现行行业标准）

适用范围：新建、扩建和改建的民用建筑遮阳工程的设计、施工安装、验收与维护。

主要技术内容：民用建筑遮阳设计、工程结构设计、机械与电气设计、施工安装、工程验收及保养维护的技术要求。

内容属性：建筑遮阳，指标阈值，效果评价

［A3］P. 2. 1. 46 住宅室内防水工程技术规范 JGJ 298（现行行业标准）

适用范围：新建住宅的卫生间、厨房、浴室、设有配水点的封闭阳台、独立水容器等室内防水工程的设计、施工和质量验收。

主要技术内容：住宅室内防水材料、防水设计、防水施工和质量验收的技术要求。

内容属性：住宅，室内防水，指标阈值，效果评价

［A3］P. 2. 1. 47（P. 2. 2. 33/P. 2. 3. 9/P. 2. 4. 66）住宅室内装饰装修工程质量验收规范 JGJ/T 304（现行行业标准）

适用范围：新建住宅室内装饰装修工程的质量验收。

主要技术内容：住宅室内防水工程、门窗工程、吊顶工程、轻质隔墙工程、墙饰面工程、楼地面饰面工程、涂饰工程、细部工程、厨房工程、卫浴工程、电气工程、智能化工程、给水排水与采暖工程、通风与空调工程、室内环境污染控制的质量验收技术要求。

内容属性：住宅，装饰装修，质量验收，效果评价

［A3］P. 2. 1. 48 建筑地面工程防滑技术规程 JGJ/T 331（现行行业标准）

适用范围：新建、扩建、改建的建筑工程中建筑室内外防滑地面的设计、施工及验收。

主要技术内容：建筑地面的防滑材料、工程设计、基层处理、施工、验收和防滑性能检测的技术要求。

内容属性：建筑地面，防滑，指标阈值，效果评价

［A3］P. 2. 1. 49（P. 2. 2. 34/P. 2. 3. 10/P. 2. 4. 67）住宅室内装饰装修设计规范 JGJ 367（现行行业标准）

适用范围：住宅的室内装饰装修设计，不适用属于历史文物保护的住宅的室内装饰装修设计。

主要技术内容：住宅套内空间、共用部分、地下室和半地下室、无障碍、室内环境、建筑设备和安全防范的设计要求。

内容属性：住宅，装饰装修，设计，指标阈值

［A3］P. 2. 1. 50 建筑外窗气密、水密、抗风压性能现场检测方法 JG/T 211（现行行业标准）

适用范围：已安装的建筑外窗气密、水密及抗风压性能的现场检测。检测对象除建筑外窗本身还可包括其安装连接部位。建筑外门可参照。不适用于建筑外窗产品的型式检验。

主要技术内容：建筑外窗气密、水密、抗风压性能现场检测方法的性能评价及分级、现场检测、检测结果的评定。

内容属性：建筑外窗，气密性能，水密性能，抗风压性能，现场检测，效果评价

［A3］P. 2. 2 健康舒适

［A3］P. 2. 2. 2（P. 2. 4. /P. 2. 5. 1）建筑采光设计标准 GB 50033（现行国家标准，建议修订）

适用范围：利用天然采光的民用建筑和工业建筑的新建、改建和扩建工程的采光设计。

主要技术内容：不同类型建筑的采光标准值、采光质量、采光计算和采光节能的技术要求。

内容属性：建筑，采光，设计，指标阈值，效果评价，环境监测

［A3］P. 2. 2. 3（P. 2. 3. 1/P. 2. 4. 3）建筑照明设计标准 GB 50034（现行国家标准，建议修订）

适用范围：新建、改建和扩建以及装饰的居住、公共和工业建筑的照明设计。

主要技术内容：照明质量、不同类型建筑的照度标准值、照明节能措施及照明配电和控制要求。

内容属性：建筑，照明，设计，指标阈值，能耗监测

［A3］P. 2. 2. 4 住宅设计规范 GB 50096（现行国家标准）

适用范围：城镇新建、改建和扩建住宅的建筑设计。

主要技术内容：住宅套内空间、共用部分、室内环境、建筑设备设计的基本要求。

内容属性：住宅，设计，指标阈值，效果评价

［A3］P. 2. 2. 5 民用建筑隔声设计规范 GB 50118（现行国家标准，建议修订）

适用范围：城镇新建、改建和扩建的住宅、学校、医院、旅馆、办公建筑及商业建筑等六类建筑中主要用房的隔声、吸声、减噪设计。其他类建筑中的房间，根据其使用功能，可采用相应规定。

主要技术内容：总平面降噪措施及住宅、学校、医院、旅馆、办公建筑、商业建筑的允许噪声级、隔声标准和隔声减噪设计。

内容属性：民用建筑，隔声，设计，指标阈值，效果评价，环境监测

［A3］P. 2. 2. 6（P. 2. 4. 4）民用建筑热工设计规范 GB 50176（现行国家标准）

适用范围：新建、扩建和改建民用建筑的热工设计。不适用于室内温湿度有特殊要求和特殊用途的建筑，以及简易的临时性建筑。

主要技术内容：民用建筑热工计算基本参数和方法、热工设计原则、围护结构保温设计、围护结构隔热设计、围护结构防潮设计、自然通风设计、建筑遮阳设计的基本要求。

内容属性：民用建筑，热工设计，指标阈值，效果评价

［A3］P. 2. 2. 7（P. 2. 3. 2/P. 2. 4. 5/P. 2. 5. 2）城市居住区规划设计标准 GB 50180（现行国家标准）

适用范围：城市规划的编制以及城市居住区的规划设计。

主要技术内容：城市居住区分级控制方式与规模、居住区用地与建筑相关控制指标、配套设施和公共绿地控制指标和设置的技术要求。

内容属性：城市居住区，规划，设计，效果评价

［A3］P. 2. 2. 8（P. 2. 4. 6）公共建筑节能设计标准 GB 50189（现行国家标准）

适用范围：新建、扩建和改建的公共建筑节能设计。

主要技术内容：建立代表我国公共建筑特点和分布特征的典型公共建筑模型数据库，在此基础上确定了公共建筑的节能目标，分别对公共建筑的建筑设计与建筑热工、供暖通风与空气调节、给水排水、电气、可再生能源应用等方面的节能措施进行了规定。

内容属性：公共建筑，节能设计，指标阈值，效果评价，能耗监测

［A3］P. 2. 2. 9 建筑给水排水及采暖工程施工质量验收规范 GB 50242（现行国家标准，建议修订）

适用范围：建筑给水、排水及采暖工程施工质量的验收。

主要技术内容：室内给水系统、室内排水系统、室内热水供应系统、卫生器具、室内采暖系统、给水管网、室外排水管网、室外供热管网、建筑中水系统及游泳池水系统、供热锅炉及辅助设备的安装及质量验收技术要求。

内容属性：建筑给水排水，采暖，质量验收，效果评价

［A3］P. 2. 2. 13（P. 2. 4. 8）民用建筑节水设计标准 GB 50555（现行国家标准，建议修订）

适用范围：新建、改建和扩建的居住小区、公共建筑区等民用建筑节水设计，亦适用

于工业建筑生活给水的节水设计。

主要技术内容：民用建筑节水用水定额、节水设计计算、节水系统设计、非传统水源利用及节水设备、计量仪表、器材、管材、管件的技术要求。

内容属性：民用建筑，节水，设计，指标阈值，效果评价，水耗监测

［A3］P. 2. 2. 14（P. 2. 4. 9）民用建筑供暖通风与空气调节设计规范 GB 50736（现行国家标准，建议修订）

适用范围：新建、改建和扩建的民用建筑的供暖、通风与空气调节设计，不适用于有特殊用途、特殊净化与防护要求的建筑物以及临时性建筑物的设计。

主要技术内容：民用建筑室内空气设计参数，室外设计计算参数，供暖、通风、空气调节、冷源与热源的设计要求，系统检测与监控、消声与隔振、绝热与防腐的技术要求。

内容属性：民用建筑，供暖通风，空气调节，设计，指标阈值，能耗监测

［A3］P. 2. 2. 15 民用建筑室内热湿环境评价标准 GB/T 50785（现行国家标准）

适用范围：居住建筑和办公建筑、商店建筑、旅馆建筑、教育建筑等的室内热湿环境评价。

主要技术内容：民用建筑中人工冷热源热湿环境评价、非人工冷热源热湿环境评价及基本参数测量的技术要求。

内容属性：民用建筑，室内热湿环境，评价，效果评价，环境监测

［A3］P. 2. 2. 16（P. 2. 5. 7）公共建筑标识系统技术规范 GB/T 51223（现行国家标准）

适用范围：公共建筑标识系统的新建、改建和扩建，包括其规划布局、设计、制作、安装、检测、验收和维护保养等。

主要技术内容：公共建筑导向标识系统规划布局、视觉导向标识系统设计、其他标识系统设计、标识本体、制作安装、检测验收和维护保养的技术要求。

内容属性：公共建筑，标识系统，指标阈值，效果评价

［A3］P. 2. 2. 17 生活饮用水卫生标准 GB 5749（现行国家标准）

适用范围：城乡各类集中式供水的生活饮用水和分散式供水的生活饮用水

主要技术内容：生活饮用水水质卫生要求、生活饮用水水源水质卫生要求、集中式供水单位卫生要求、二次供水卫生要求、涉及生活饮用水卫生安全产品卫生要求、水质监测和水质检验方法。

内容属性：生活饮用水，卫生，指标阈值

［A3］P. 2. 2. 18 生活饮用水标准检验方法 GB/T 5750（现行国家标准）

适用范围：生活饮用水水质检验，水源水和经过处理、储存和输送的饮用水的水质检验。

主要技术内容：生活饮用水水质检验的方法，包括：水样的采集和保存、水质分析质

量控制、感官性状和物理指标、无机非金属指标、金属指标、有机物综合指标、有机物指标、农药指标、消毒副产物指标、消毒剂指标、微生物指标、放射性指标。

内容属性：生活饮用水标准，检验，效果评价

［A3］P. 2. 2. 19 工业管道的基本识别色、识别符号和安全标识 GB 7231（现行国家标准）

适用范围：工业生产中非地下埋设的气体和液体的输送管道。

主要技术内容：工业管道的基本识别色、识别符号和安全标识。

内容属性：工业管道，基本识别色，识别符号，安全标识，效果评价

［A3］P. 2. 2. 20 二次供水设施卫生规范 GB 17051（现行国家标准）

适用范围：建筑二次供水设施的设计、生产、加工、施工、使用和管理的单位。

主要技术内容：建筑二次供水设施的卫生要求和水质检验方法。

内容属性：二次供水设施，卫生，指标阈值，效果评价

［A3］P. 2. 2. 21（P. 2. 5. 13）玻璃幕墙光热性能 GB/T 18091（现行国家标准）

适用范围：玻璃幕墙光热性能的分级和检验。

主要技术内容：玻璃幕墙光热性能的一般规定、要求与检验。

内容属性：玻璃幕墙，光热性能，效果评价

［A3］P. 2. 2. 22 室内空气质量标准 GB/T 18883（现行国家标准）

适用范围：住宅和办公建筑物，其他室内环境可参照执行。

主要技术内容：室内空气质量参数及检验方法。

内容属性：室内空气质量，指标阈值，效果评价，环境监测

［A3］P. 2. 2. 23 城市污水再生利用　景观环境用水水质 GB/T 18921（现行国家标准）

适用范围：景观环境用水的再生水。

主要技术内容：城市污水再生利用景观环境用水的水质指标、利用要求、安全要求、取样与监测。

内容属性：城市污水，再生利用，景观环境用水，指标阈值，效果评价

［A3］P. 2. 2. 24 灯和灯系统的光生物安全性 GB/T 20145（现行国家标准）

适用范围：灯和灯系统，包括各种灯具的光生物安全性。

主要技术内容：所有非相干宽带电光源，也包括发光二极管（LED），但不包括激光，在 200nm 至 3000nm 波长范围的光学辐射的光生物危害的评估和控制，对曝辐射限值参考测量技术和分级计划进行了明确规定。

内容属性：灯和灯系统，光生物安全性，环境监测

［A3］P. 2. 2. 25 采暖空调系统水质 GB/T 29044（现行国家标准）

适用范围：集中空调循环冷却水和循环冷水系统、直接蒸发和间接蒸发的冷却水系统，以及水温不超过 95℃的集中供暖循环热水系统。不适用于空调加湿循环水系统。

主要技术内容：采暖空调系统水质的要求及检验方法。

内容属性：采暖空调系统，水质，指标阈值，效果评价

[A3] P. 2. 2. 26 二次供水工程技术规程 CJJ 140（现行行业标准）

适用范围：城镇新建、扩建和改建的民用与工业建筑生活饮用水二次供水工程的设计、施工、安装调试、验收、设施维护与安全运行管理。

主要技术内容：民用与工业建筑生活饮用水二次供水工程建设、验收及运行管理的技术要求。

内容属性：二次供水，指标阈值，效果评价

[A3] P. 2. 2. 27（P. 2. 4. 57）严寒和寒冷地区居住建筑节能设计标准 JGJ 26（现行行业标准）

适用范围：严寒和寒冷地区新建、扩建和改建居住建筑的节能设计。

主要技术内容：严寒和寒冷地区居住建筑的气候区属和设计能耗、建筑与围护结构及不同设备系统的节能设计要求。

内容属性：严寒和寒冷地区，居住建筑，节能设计，指标阈值，效果评价

[A3] P. 2. 2. 28（P. 2. 4. 58）夏热冬暖地区居住建筑节能设计标准 JGJ 75（现行行业标准，建议修订）

适用范围：夏热冬暖地区新建、扩建和改建居住建筑的节能设计。

主要技术内容：夏热冬暖地区居住建筑建筑节能设计计算指标、建筑节能设计的综合评价、建筑和建筑热工及不同设备系统的节能设计要求。

内容属性：夏热冬暖地区，居住建筑，节能设计，指标阈值，效果评价

[A3] P. 2. 2. 29（P. 2. 4. 59）居住建筑节能检测标准 JGJ/T 132（现行行业标准）

适用范围：新建、扩建、改建居住建筑的节能检测。

主要技术内容：居住建筑室内平均温度、外围护结构热工缺陷、外围护结构热桥部位内表面温度、围护结构主体部位传热系数、外窗窗口气密性能、外围护结构隔热性能、外窗外遮阳设施、室外管网水力平衡度、补水率、室外管网热损失率、锅炉运行效率、耗电输热比的节能检测。

内容属性：居住建筑，节能检测，能耗监测

[A3] P. 2. 2. 30（P. 2. 4. 60）夏热冬冷地区居住建筑节能设计标准 JGJ 134（现行行业标准，建议修订）

适用范围：夏热冬冷地区新建、改建和扩建居住建筑的建筑节能设计。

主要技术内容：夏热冬冷地区居住建筑室内热环境设计计算指标、建筑围护结构热工性能的综合判断、建筑和围护结构热工及不同设备系统的节能设计要求。

内容属性：夏热冬冷地区，居住建筑，节能设计，指标阈值，效果评价

[A3] P. 2. 2. 31（P. 2. 4. 61）公共建筑节能检测标准 JGJ/T 177（现行行业标准）

适用范围：公共建筑的节能检测。

主要技术内容：公共建筑室内平均温度、湿度、非透光外围护结构热工性能、透光外围护结构热工性能、建筑外围护结构气密性能、采暖空调水系统性能、空调风系统性能、建筑物年采暖空调能耗及年冷源系统能效系数、供配电系统、照明系统、监测与控制系统的节能检测。

内容属性：公共建筑，节能检测，能耗监测

[A3] P. 2. 2. 35 模块化户内中水集成系统技术规程 JGJ/T 409（现行行业标准）

适用范围：新建、扩建、改建的住宅、宾馆、公寓等建筑内卫生间模块化户内中水集成系统的设计、安装调试、验收及维护。

主要技术内容：住宅、宾馆、公寓等建筑内卫生间模块化户内中水集成系统的建设、验收及运行维护的技术要求。

内容属性：模块化，户内中水集成系统，效果评价

[A3] P. 2. 2. 36 住宅建筑室内装修污染控制技术标准 JGJ/T 436（现行行业标准）

适用范围：住宅室内装饰装修材料引起的空气污染物控制。

主要技术内容：住宅室内装饰装修材料引起的空气污染物控制设计、施工阶段污染物控制及室内空气质量检测与验收的技术要求。

内容属性：住宅建筑，室内装修污染，控制，环境监测

[A3] P. 2. 2. 37（P. 2. 4. 68）民用建筑绿色性能计算标准 JGJ/T449（现行行业标准）

适用范围：民用建筑绿色性能的计算。

主要技术内容：民用建筑室外物理环境、建筑节能与碳排放、室内环境质量的统一计算要求。

内容属性：民用建筑，绿色性能，计算，效果评价

[A3] P. 2. 2. 38 公共建筑室内空气质量控制设计标准 JGJ/T 461（现行行业标准）

适用范围：新建、扩建和改建的公共建筑室内空气质量控制设计。

主要技术内容：公共建筑室内空气质量设计计算、通风与净化系统设计、装饰装修污染控制设计、监测与控制系统设计的技术要求。

内容属性：公共建筑，室内空气质量，控制，设计，环境监测

[A3] P. 2. 2. 39（P. 2. 4. 69）温和地区居住建筑节能设计标准 JGJ 475（现行行业标准）

适用范围：温和地区新建、扩建和改建居住建筑的节能设计。

主要技术内容：温和地区气候子区与居住建筑室内节能设计计算指标、围护结构热工

性能的权衡判断、建筑和建筑热工及供暖空调的节能设计。

内容属性：温和地区，居住建筑，节能设计，指标阈值，效果评价

[A3] P. 2. 2. 40 饮用净水水质标准 CJ 94（现行行业标准）

适用范围：符合生活饮用水水质标准的自来水或水源水为原水，经再净化后可供给用户直接饮用的管道直饮水。

主要技术内容：饮用净水的水质标准。

内容属性：饮用净水，水质，指标阈值，效果评价

[A3] P. 2. 2. 41 游泳池水质标准 CJ 244（现行行业标准）

适用范围：室内、室外人工游泳池的池水水质，文艺演出池的水质可参照执行。不适用于海水、温泉水游泳池、天然水域游泳场和婴幼儿游泳池的池水水质。

主要技术内容：游泳池的水质标准和试验方法。

内容属性：游泳池，水质，指标阈值，效果评价

[A3] P. 2. 2. 42 生活热水水质标准 CJ/T 521（现行行业标准）

适用范围：原水水质符合 GB 5749《生活饮用水卫生标准》的集中热水供应系统的生活热水水质。

主要技术内容：集中热水供应系统的生活热水水质标准和水质检测方法。

内容属性：生活热水，水质，指标阈值，效果评价

[A3] P. 2. 3 生活便利

[A3] P. 2. 3. 3 智能建筑设计标准 GB/T 50314（现行国家标准）

适用范围：新建、扩建和改建的住宅、办公、旅馆、文化、博物馆、观演、会展、教育、金融、交通、医疗、体育、商店等民用建筑及通用工业建筑的智能化系统工程设计，以及多功能组合的综合体建筑智能化系统工程设计。

主要技术内容：不同类型建筑智能设计的工程构架及信息化应用系统、智能化集成系统、信息设施系统、建筑设备管理系统、公共安全系统、机房工程的设计要素。

内容属性：智能建筑，设计，指标阈值

[A3] P. 2. 3. 6 无障碍设计规范 GB 50763（现行国家标准）

适用范围：全国城市新建、改建和扩建的城市道路、城市广场、城市绿地、居住区、居住建筑、公共建筑及历史文物保护建筑的无障碍设计。未涉及的城市道路、城市广场、城市绿地、建筑类型或有无障碍需求的设计，按相似类型的要求执行。农村道路及公共服务设施参照执行。

主要技术内容：无障碍设施的设计要求及城市道路、城市广场、城市绿地、居住区、居住建筑、公共建筑、历史文物保护建筑的无障碍建设与改造。

内容属性：无障碍，设计，指标阈值，效果评价

［A3］P. 2. 3. 7（P. 2. 4. 12）民用建筑电气设计标准 GB 51348（现行国家标准）

适用范围：新建、改建和扩建的单体及群体民用建筑的电气设计，不适用于燃气加压站、汽车加油站的电气设计。

主要技术内容：民用建筑中供配电系统、变电所、继电保护、自动装置及电气测量、自备电源设备、低压配电、配电线路布线系统、常用设备电气装置、电气照明、建筑物防雷、电气装置接地和特殊场所的电气安全防护、建筑电气防火、安全技术防范系统、有线电视和卫星电视接收系统、公共广播与厅堂扩声系统、呼应信号和信息发布系统、建筑设备监控系统、信息网络系统、通信网络系统、综合布线系统、电磁兼容与电磁环境卫生、智能化系统机房、建筑电气节能、绿色建筑电气、弱电线路布线系统的设计。

内容属性：民用建筑，电气，设计，指标阈值

［A3］P. 2. 3. 8 用能单位能源计量器具配备和管理通则 GB 17167（现行国家标准）

适用范围：企业、事业单位、行政机关、社会团体等独立核算的用能单位。

主要技术内容：用能单位能源计量器具配备和管理的基本要求。

内容属性：用能单位，能源计量器具，配备和管理，效果评价

［A3］P. 2. 3. 11 居住区智能化系统配置与技术要求 CJ/T 174（现行行业标准）

适用范围：居住区智能化系统，可作为房地产开发商建设智能化居住区选择系统与子系统的技术依据。新建的居住区智能化系统的建设、已建的居住区进行智能化系统的建设时参照执行。有关防火及可燃气体泄漏等涉及消防、安全问题应遵守国家有关法规和标准规范的规定。

主要技术内容：居住区智能化系统配置与技术要求，包括技术分类、建设要求、技术要求、安全防范子系统、管理与监控子系统和通信网络子系统。

内容属性：居住区，智能化，系统配置，效果评价

［A3］P. 2. 4 资源节约

［A3］P. 2. 4. 1 建筑给水排水设计标准 GB 50015（现行国家标准）

适用范围：民用建筑、工业建筑与小区的生活给水排水以及小区的雨水排水工程设计。

主要技术内容：建筑给水、生活排水、雨水、热水及饮水供应的设计要求。

内容属性：建筑给水排水，设计，指标阈值

［A3］P. 2. 4. 7（P. 2. 5. 5）建筑与小区雨水利用及控制工程技术规范 GB 50400（现行国家标准）

适用范围：海绵型民用建筑与小区、工业建筑与厂区雨水控制及利用工程的规划、设计、施工、验收和运行管理。本规范不适用于雨水作为生活饮用水水源的雨水利用工程。

主要技术内容：海绵型建筑与小区建设的技术要求及控制目标、建筑与小区、雨水控制及利用的建设、验收和运行管理。

内容属性：建筑与小区，雨水利用及控制，指标阈值，效果评价

[A3] P.2.4.10 民用建筑能耗标准 GB/T 51161（现行国家标准，建议修订）

适用范围：民用建筑运行能耗的管理。

主要技术内容：居住建筑非供暖能耗、公共建筑非供暖能耗、严寒和寒冷地区建筑供暖能耗的限值。

内容属性：民用建筑，能耗，指标阈值

[A3] P.2.4.11 建筑碳排放计算标准 GB/T 51366（现行国家标准）

适用范围：新建、扩建和改建的民用建筑的运行、建造及拆除、建材生产及运输阶段的碳排放计算。

主要技术内容：建筑运行阶段、建造及拆除阶段、建材生产及运输阶段的碳排放计算方法。

内容属性：建筑碳排放，计算，效果评价

[A3] P.2.4.13 饮用冷水水表和热水水表 GB/T 778（现行国家标准）

适用范围：基于机械原理的水表，基于电或电子原理以及基于机械原理带电子装置，用于计量饮用冷水和热水体积流量的水表。

主要技术内容：饮用冷水水表和热水水表计量要求和技术要求、试验方法、非计量要求和安装要求。

内容属性：饮用冷水水表，热水水表，水耗监测

[A3] P.2.4.14 房间空气调节器能效限定值及能效等级 GB 12021.3（现行国家标准）

适用范围：采用空气冷却冷凝器、全封闭型电动机-压缩机，制冷量在 14000W 及以下，气候类型为 T1 的空调器。不适用于移动式、转速可控型、多联式空调机组。

主要技术内容：房间空气调节器的能效限定值、节能评价值、能效等级的判定方法、试验方法及检验规则。

内容属性：房间空气调节器，能效限定值，能效等级，效果评价

[A3] P.2.4.16 预拌混凝土 GB/T 14902（现行国家标准）

适用范围：搅拌站（楼）生产的预拌混凝土。不包括交货后的混凝土的浇筑、振捣和养护。

主要技术内容：预拌混凝土的分类、性能等级及标记，原材料和配合比，质量要求，制备，试验方法，检验规则。

内容属性：预拌混凝土，效果评价

[A3] P.2.4.17 管形荧光灯镇流器能效限定值及能效等级 GB 17896（现行国家标准）

适用范围：220V、50Hz 交流电源供电，标称功率在 4W～120W 的管形荧光灯用电感镇流器和电子镇流器。不适用于配合非预热启动灯的电子镇流器。

主要技术内容：管形荧光灯电子镇流器的能效等级、能效限定值、节能评价值和电感镇流器的能效限定值，以及试验方法。

内容属性：管形荧光灯，镇流器，能效限定值，能效等级，效果评价

[A3] P. 2. 4. 18 节水型产品技术条件与管理通则 GB/T 18870（现行国家标准）

适用范围：农业灌溉与城市园林绿化灌溉、工业及民用冷却塔、生活洗衣机、卫生间便器系统和水嘴（水龙头）等产品的生产企业。

主要技术内容：节水型产品的生产行为规则及常用节水型产品的评价指标和鉴定测试方法。

内容属性：节水型产品，技术条件与管理，效果评价

[A3] P. 2. 4. 19 普通照明用双端荧光灯能效限定值及能效等级 GB 19043（现行国家标准）

适用范围：工作于交流电源频率带启动器的线路且能工作于高频线路的预热阴极灯、工作于高频线路预热阴极灯。

主要技术内容：普通照明用双端荧光灯的能效等级、能效限定值、节能评价值和试验方法。

内容属性：普通照明用双端荧光灯，能效限定值，能效等级，效果评价

[A3] P. 2. 4. 20 普通照明用自镇流荧光灯能效限定值及能效等级 GB 19044（现行国家标准）

适用范围：额定电压 220V、频率 50Hz 交流电源，额定功率为 3W～60W，采用螺口灯头或卡扣灯头，在家庭和类似场合普通照明用的，把控制启动和稳定燃点部件集成一体的自镇流荧光灯。不适用于带罩的自镇流荧光灯。

主要技术内容：普通照明用自镇流荧光灯的能效等级、能效限定值、节能评价和试验方法。

内容属性：普通照明用自镇流荧光灯，能效限定值，能效等级，效果评价

[A3] P. 2. 4. 21 单端荧光灯能效限定值及节能评价值 GB 19415（现行国家标准）

适用范围：具有预热式阴极的装有内启动装置或使用外启动装置的单端荧光灯。

主要技术内容：单端荧光灯的能效限定值、节能评价值和试验方法。

内容属性：单端荧光灯，能效限定值，节能评价值，效果评价

[A3] P. 2. 4. 22 高压钠灯能效限定值及能效等级 GB 19573（现行国家标准）

适用范围：作为室内外照明用的，且带有透明玻壳的高压钠灯，功率范围为 50W～1000W，配以相应的镇流器和触发器，在额定电压的 92%～106%的范围内正常启动和燃点。

主要技术内容：普通型高压钠灯的能效等级、能效限定值、节能评价值、试验方法和检验规则。

内容属性：高压钠灯，能效限定值，能效等级，效果评价

［A3］P. 2. 4. 23 高压钠灯用镇流器能效限定值及节能评价值 GB 19574（现行国家标准）

适用范围：额定电压 220V、频率 50Hz 交流电源，额定功率为 70W～1000W 高压钠灯用的独立式和内装式电感镇流器。

主要技术内容：高压钠灯用镇流器能效限定值、节能评价值、目标能效限定值、检验与计算方法和检验原则。

内容属性：高压钠灯用镇流器，能效限定值，节能评价值，效果评价

［A3］P. 2. 4. 24 单元式空气调节机能效限定值及能效等级 GB 19576（现行国家标准）

适用范围：采用电机驱动压缩机、室内机静压为 0Pa（表压力）的单元式空气调节机、计算机和数据处理机房用单元式空气调节机、通讯基站用单元式空气调节机和恒温恒湿型单元式空气调节机。不适用于多联式空调（热泵）机组、屋顶式空气调节机组和风管送风式空调（热泵）机组。

主要技术内容：单元式空气调节机的能效等级、技术要求和试验方法。

内容属性：单元式空气调节机，能效限定值，能效等级，效果评价

［A3］P. 2. 4. 25 冷水机组能效限定值及能效等级 GB 19577（现行国家标准）

适用范围：电机驱动压缩机的蒸汽压缩循环冷水（热泵）机组。

主要技术内容：冷水机组能效限定值、能效等级、节能评价值、试验方法、检验规则及能效等级标注。

内容属性：冷水机组，能效限定值，能效等级，效果评价

［A3］P. 2. 4. 26 清水离心泵能效限定值及节能评价值 GB 19762（现行国家标准）

适用范围：单级单吸清水离心泵、单级双吸清水离心泵、多级清水离心泵。

主要技术内容：清水离心泵的基本要求、泵效率、泵能效限定值、泵目标能效限定值、泵节能评价。

内容属性：清水离心泵，能效限定值，节能评价值，效果评价

［A3］P. 2. 4. 27 电力变压器能效限定值及能效等级 GB 20052（现行国家标准）

适用范围：三相 10kV 电压等级、无励磁调压、额定容量 30kVA～1600kVA 的油浸式配电变压器和额定容量 30kVA～2500kVA 的干式配电变压器。不适用于充气式变压器。

主要技术内容：三相配电变压器的能效等级、能效限定值、节能评价值和试验方法。

内容属性：三相配电变压器，能效限定值，能效等级，效果评价

［A3］P. 2. 4. 28 金属卤化物灯用镇流器能效限定值及能效等级 GB 20053（现行国家标准）

适用范围：额定电压 220V、频率 50Hz 交流电源，标称功率为 20W～1500W，独立式、内装式电感和电子镇流器。

主要技术内容：金属卤化物灯用镇流器能效等级、能效限定值、节能评价值、测试方

法和检验规则。

内容属性：金属卤化物灯，镇流器，能效限定值，能效等级，效果评价

［A3］P. 2. 4. 29 金属卤化物灯能效限定值及能效等级 GB 20054（现行国家标准）

适用范围：透明玻壳的钪钠系列金属卤化物灯（单端 50W～1500W，双端 70W～250W），陶瓷金属卤化物灯（20W～400W）。

主要技术内容：金属卤化物灯的能效等级、能效限定值、节能评价值、试验方法和检验规则。

内容属性：金属卤化物灯，能效限定值，能效等级，效果评价

［A3］P. 2. 4. 30 家用燃气快速热水器和燃气采暖热水炉能效限定值及能效等级 GB 20665（现行国家标准）

适用范围：仅以燃气作为能源的热负荷不大于 70kW 的热水器和采暖炉。不适用于燃气容积式热水器。

主要技术内容：家用燃气快速热水器和燃气采暖热水炉的能效限定值、节能评价值、能效等级、试验方法和检验规则。

内容属性：家用燃气快速热水器，燃气采暖热水炉，能效限定值，能效等级，效果评价

［A3］P. 2. 4. 31 多联式空调（热泵）机组能效限定值及能源效率等级 GB 21454（现行国家标准）

适用范围：气候类型为 T1 的多联式空调（热泵）机组，不适用于双制冷循环系统和多制冷循环系统的机组。

主要技术内容：多联式空调（热泵）机组的制冷综合性能系数［IPLV（C）］限定值、节能评价值、能源效率等级的判定方法、试验方法及检验规则。

内容属性：多联式空调（热泵）机组，能效限定值，能源效率等级，效果评价

［A3］P. 2. 4. 32 房间空气调节器能效限定值及能效等级 GB 21455（现行国家标准）

适用范围：采用空气冷却冷凝器、全封闭电动压缩机，额定制冷量不大于 14000W、气候类型为 T1 的房间空气调节器和名义制热量不大于 14000W 的低环境温度空气源热泵热风机。

主要技术内容：房间空气调节器的能效等级、能效限定值和试验方法。

内容属性：房间空气调节器，能效限定值，能效等级，效果评价

［A3］P. 2. 4. 33 工业锅炉能效限定值及能效等级 GB 24500（现行国家标准）

适用范围：以煤、油、气为燃料的，额定蒸汽压力大于 0. 04MPa，但小于 3. 8MPa，且额定蒸发量不小于 0. 1t/h 的以水为介质的固定式钢制蒸汽锅炉和额定出水压力大于 0. 1MPa 的固定式钢制热水炉。

主要技术内容：工业锅炉的能效等级、能效限定值、节能评价值及试验方法。

内容属性：工业锅炉，能效限定值，能效等级，效果评价

[A3] P. 2. 4. 34 预拌砂浆 GB/T 25181（现行国家标准）

适用范围：专业生产厂生产的，用于建设工程的砌筑、抹灰、地面等工程及其他用途的水泥基预拌砂浆。

主要技术内容：预拌砂浆的分类和代号、标记、原材料、要求、制备、试验方法、检验规则。

内容属性：预拌砂浆，效果评价

[A3] P. 2. 4. 35 水嘴水效限定值及水效等级 GB 25501（现行国家标准）

适用范围：安装在建筑物内的冷、热水供水管路末端，公称压力（静压）不大于 1. 0MPa，介质温度为 4℃～90℃条件下的洗面器水嘴、厨房水嘴、妇洗器水嘴和普通洗涤水嘴的水效评价。不适用于具有延时自闭功能的水嘴。

主要技术内容：水嘴的水效限定值、节水评价值、水效等级和试验方法。

内容属性：水嘴，用水效率，限定值，用水效率等级，效果评价

[A3] P. 2. 4. 36 坐便器水效限定值及水效等级 GB 25502（现行国家标准）

适用范围：安装在建筑设施内冷水管路上，供水压力不大于 0. 6MPa 条件下使用的各类坐便器的水效评价。

主要技术内容：坐便器的水效限定值、节水评价值、水效等级和试验方法。

内容属性：坐便器，水效限定值，水效等级，效果评价

[A3] P. 2. 4. 37 小便器水效限定值及水效等级 GB 28377（现行国家标准）

适用范围：安装在建筑设施内的冷水供水管路上，供水静压力不大于 0. 6MPa 条件下使用的各类小便器（不含无水小便器）的水效评价。

主要技术内容：小便器的水效等级、技术要求和试验方法。

内容属性：小便器，水效限定值，水效等级，效果评价

[A3] P. 2. 4. 38 淋浴器水效限定值及水效等级 GB 28378（现行国家标准）

适用范围：安装在建筑物内的冷、热水供水管路末端，公称压力（静压）不大于 1. 0MPa，介质温度为 4℃～90℃条件下的盥洗室（洗手间、浴室）、淋浴房等卫生设施上使用的淋浴器（含花洒或花洒组合）的水效评价。不适用于自带加热装置的淋浴器和恒温淋浴器。

主要技术内容：淋浴器的水效等级、技术要求和试验方法。

内容属性：淋浴器，水效限定值，水效等级，效果评价

[A3] P. 2. 4. 39 便器冲洗阀用水效率限定值及用水效率等级 GB 28379（现行国家标准）

适用范围：用于安装在建筑设施供水管路上，供水压力≤0. 9MPa、介质温度≤40℃

条件下使用的便器冲洗阀。

主要技术内容：机械式便器冲洗阀、压力式便器冲洗阀、非接触式便器冲洗阀的用水效率限定值、节水评价值、用水效率等级、技术要求和试验方法。

内容属性：便器冲洗阀，用水效率限定值，用水效率等级，效果评价

[A3] P. 2. 4. 40 溴化锂吸收式冷水机组能效限定值及能效等级 GB 29540（现行国家标准）

适用范围：以蒸汽为热源或以燃油、燃气直接燃烧为热源的空气调节或工艺用双效溴化锂吸收式冷（温）水机组，但不含两种或两种以上热源组合型的机组。

主要技术内容：溴化锂吸收式冷水机组能效限定值、节能评价值、能效等级、试验方法及检验规则。

内容属性：溴化锂吸收式冷水机组，能效限定值，能效等级，效果评价

[A3] P. 2. 4. 41 热泵热水机（器）能效限定值及能效等级 GB 29541（现行国家标准）

适用范围：以电动机驱动，采用蒸气压缩制冷循环，以空气为热源，提供热水为目的的热水机（器）。暂不适用水源式热泵热水机（器）。

主要技术内容：热泵热水机（器）的能源效率限定值、节能评价值、能源效率等级、试验方法及检验规则。

内容属性：热泵热水机（器），能效限定值，能效等级，效果评价

[A3] P. 2. 4. 42 室内照明用 LED 产品能效限定值及能效等级 GB 30255（现行国家标准）

适用范围：以 LED 为光源、电源电压不超过 AC250V、频率 50Hz，额定功率为 2W 及以上、光束角＞60°的 LED 筒灯，不包括使用集成式 LED 灯的 LED 筒灯。额定电源电压为 AC220V、频率为 50Hz，灯头符合 GU10、B22、E14 或 E27 的要求，PAR16、PAR20、PAR30、PAR38 系列的定向集成式 LED 灯。额定电源电压为 AC220V、频率 50Hz，额定功率大于或等于 2W、小于或等于 60W 的非定向自镇流 LED 灯，不包括具有外加光学透镜设计的非定向自镇流 LED 灯。不适用于具有耗能的非照明附加功能或具备调光/调试功能的室内照明 LED 产品。

主要技术内容：室内照明用 LED 筒灯、定向集成式 LED 灯、非定向自镇流 LED 灯的能效等级、能效限定值、显色指数、光通维持率和试验方法。

内容属性：室内照明用 LED 产品，能效限定值，能效等级，效果评价

[A3] P. 2. 4. 43 蹲便器水效限定值及水效等级 GB 30717（现行国家标准）

适用范围：安装在建筑设施内供水管路，供水压力不大于 0. 6MPa 条件下使用的蹲便器。

主要技术内容：蹲便器的用水效率限定值、节水评价值、用水效率等级、技术要求和试验方法。

内容属性：蹲便器，用水效率限定值，用水效率等级，效果评价

［A3］P. 2. 4. 44 家用燃气灶具能效限定值及能效等级 GB 30720（现行国家标准）

适用范围：仅使用城市燃气的单个燃烧器额定热负荷不大于 5. 23kW 的家用燃气灶具。不适用于在移动的运输交通工具中使用的燃气灶具。

主要技术内容：家用燃气灶具的能效限定值、节能评价值、能效等级、试验方法和检验规则。

内容属性：家用燃气灶具，能效限定值，能效等级，效果评价

［A3］P. 2. 4. 45 节能量测量和验证技术要求　居住建筑供暖项目 GB/T 31345（现行国家标准）

适用范围：居住建筑集中供暖系统及相关建筑围护结构节能技术改造项目节能量的测量和验证。

主要技术内容：居住建筑供暖节能改造项目节能量测量和验证的项目边界划分和能耗统计范围、基本要求、测量和验证方法。

内容属性：节能量测量，验证技术要求，居住建筑供暖项目，能耗监测

［A3］P. 2. 4. 46 照明工程节能监测方法 GB/T 32038（现行国家标准）

适用范围：新建和扩、改建的室内照明、室外工作场所照明、城市道路照明和城市夜景照明工程的节能监测。既有照明工程的节能监测可参照执行。

主要技术内容：照明工程节能监测的监测内容、技术要求、监测和评价方法。

内容属性：照明工程，节能监测方法，能耗监测

［A3］P. 2. 4. 47 建筑围护结构整体节能性能评价方法 GB/T 34606（现行国家标准）

适用范围：民用建筑的围护结构整体节能性能评价。不适用于透光玻璃幕墙建筑和大空间建筑。

主要技术内容：建筑围护结构整体节能性能评价方法的要求、整体评价与等级划分、单项节能性能评价。

内容属性：建筑围护结构，整体节能性能，评价方法，效果评价

［A3］P. 2. 4. 48 绿色产品评价　人造板和木质地板 GB/T 35601（现行国家标准）

适用范围：室内用人造板和木质地板绿色产品评价。

主要技术内容：人造板和木质地板绿色产品评价的评价要求、检验方法和评价方法。

内容属性：绿色产品评价，人造板，木质地板，引领性技术方法

［A3］P. 2. 4. 49 绿色产品评价　涂料 GB/T 35602（现行国家标准）

适用范围：水性涂料、粉末涂料、辐射固化涂料、高固体分涂料、无溶剂涂料等涂料产品的绿色产品评价。

主要技术内容：绿色涂料产品评价的产品分类、评价要求、评价方法。

内容属性：绿色产品评价，涂料，引领性技术方法

[A3] P. 2. 4. 50 绿色产品评价　卫生陶瓷 GB/T 35603（现行国家标准）

适用范围：卫生陶瓷绿色产品评价，包括坐便器、蹲便器、小便器和洗面器等卫生陶瓷产品。

主要技术内容：卫生陶瓷绿色产品评价的产品分类、评价要求和评价方法。

内容属性：绿色产品评价，卫生陶瓷，引领性技术方法

[A3] P. 2. 4. 51 绿色产品评价　建筑玻璃 GB/T 35604（现行国家标准）

适用范围：建筑用钢化玻璃、夹层玻璃、中空玻璃的评价。

主要技术内容：建筑玻璃绿色产品评价的评价要求和评价方法。

内容属性：绿色产品评价，建筑玻璃，引领性技术方法

[A3] P. 2. 4. 52 绿色产品评价　墙体材料 GB/T 35605（现行国家标准）

适用范围：工业与民用建筑墙体用砖、砌块和墙板的绿色产品评价。

主要技术内容：绿色产品中墙体材料的评价要求、评价方法和判定。

内容属性：绿色产品评价，墙体材料，引领性技术方法

[A3] P. 2. 4. 53 绿色产品评价　太阳能热水系统 GB/T 35606（现行国家标准）

适用范围：紧凑式、分离式和闷晒式家用太阳能热水系统的绿色产品评价。

主要技术内容：绿色太阳能热水系统评价的产品分类与部件、评价要求、评价方法。

内容属性：绿色产品评价，太阳能热水系统，引领性技术方法

[A3] P. 2. 4. 54 绿色产品评价　绝热材料 GB/T 35608（现行国家标准）

适用范围：建筑用岩棉、玻璃棉、模塑聚苯乙烯泡沫塑料、柔性泡沫橡塑、泡沫玻璃等绝热材料的绿色产品评价。

主要技术内容：绝热材料绿色产品评价的评价要求、检验方法、指标计算方法和评价方法。

内容属性：绿色产品评价，绝热材料，引领性技术方法

[A3] P. 2. 4. 55 绿色产品评价　防水与密封材料 GB/T 35609（现行国家标准）

适用范围：建筑防水卷材、防水涂料和密封胶的绿色产品评价。

主要技术内容：绿色建筑防水与密封材料的评价要求、评价方法。

内容属性：绿色产品评价，防水与密封材料，引领性技术方法

[A3] P. 2. 4. 56 绿色产品评价　陶瓷砖（板）GB/T 35610（现行国家标准）

适用范围：陶瓷砖、陶瓷板（含干挂空心陶瓷板）和广场砖等建筑陶瓷产品。

主要技术内容：绿色产品陶瓷砖（板）的产品分类、评价要求和评价方法。

内容属性：绿色产品评价，陶瓷砖（板），引领性技术方法

[A3] P. 2. 4. 62 民用建筑能耗数据采集标准 JGJ/T 154（现行行业标准）

适用范围：我国城镇民用建筑使用过程中各类能源消耗量数据的采集和报送。

主要技术内容：民用建筑能耗数据采集对象与指标、民用建筑能耗数据采集样本量和样本的确定方法、样本建筑的能耗数据采集方法、民用建筑能耗数据报表生成与报送方法、民用建筑能耗数据发布。

内容属性：民用建筑，能耗数据采集，能耗监测

[A3] P. 2. 4. 63 预拌砂浆应用技术规程 JGJ/T 223（现行行业标准）

适用范围：适用于水泥基砌筑砂浆、抹灰砂浆、地面砂浆、防水砂浆、界面砂浆和陶瓷砖黏结砂浆等预拌砂浆的施工与质量验收。

主要技术内容：预拌砂浆进场检验、储存与拌和，砌筑砂浆施工与质量验收，抹灰砂浆施工与质量验收，地面砂浆施工与质量验收，防水砂浆施工与质量验收，界面砂浆施工与质量验收和陶瓷砖黏结砂浆施工与质量验收。

内容属性：预拌砂浆，应用，效果评价

[A3] P. 2. 4. 65 公共建筑能耗远程监测系统技术规程 JGJ/T 285（现行行业标准）

适用范围：新建和既有公共建筑能耗远程监测系统的设计、施工、调试与检查、验收和运行维护。

主要技术内容：公共建筑能耗远程监测系统的建设、验收和运行维护的技术要求。

内容属性：公共建筑，能耗远程监测系统，能耗监测

[A3] P. 2. 4. 70 IC 卡冷水水表 CJ/T 133（现行行业标准）

适用范围：温度等级 T30、压力等级 MAP10、标称口径小于等于 50mm 且常用流量 Q_3 不超过 $16m^3/h$ 的 IC 卡水表。

主要技术内容：IC 卡冷水水表的分类、计量要求、技术要求、试验方法、检验规则、标志。

内容属性：IC 卡冷水水表，水耗监测

[A3] P. 2. 4. 71 节水型生活用水器具 CJ/T 164（现行行业标准）

适用范围：安装在建筑物内冷热水管路上，公称压力不大于 0.6MPa、介质温度不大于 75℃条件下使用的水嘴、便器及便器系统、便器冲洗阀、淋浴器（包含花洒）、家用洗衣机、家用洗碗机产品的制造和检验。不适用于浴缸水嘴和洗衣机水嘴。

主要技术内容：节水型生活用水器具的材料、要求、试验方法、检验规则、标志。

内容属性：节水型生活用水器具，水耗监测

[A3] P. 2. 4. 72 电子远传水表 CJ/T 224（现行行业标准）

适用范围：输出信号为数字信号，并符合 GB/T 778. 1—2007、GB/T 778. 3—2007 相关规定的水表。

主要技术内容：电子远传水表的结构和分类、计量要求、技术要求、试验方法、检验规则、标志。

内容属性：电子远传水表，水耗监测

［A3］P. 2. 5 环境宜居

［A3］P. 2. 5. 6 建筑日照计算参数标准 GB/T 50947（现行国家标准）

适用范围：有日照标准要求的建筑和场地的日照计算。

主要技术内容：建筑和场地的日照计算的数据要求、建模要求、计算参数与方法及计算结果与误差。

内容属性：建筑，日照计算参数，效果评价

［A3］P. 2. 5. 8 声环境质量标准 GB 3096（现行国家标准）

适用范围：声环境质量评价与管理。机场周围区域受飞机通过（起飞、降落、低空飞越）噪声的影响，不适用于本标准。

主要技术内容：五类声环境功能区的环境噪声限值及测量方法。

内容属性：声环境质量，指标阈值，效果评价

［A3］P. 2. 5. 10 建筑施工场界环境噪声排放标准 GB 12523（现行国家标准）

适用范围：周围有噪声敏感建筑物的建筑施工噪声排放的管理、评价及控制。市政、通信、交通、水利等其他类型的施工噪声排放可参照执行。不适用于抢修、抢险施工过程中产生噪声的排放监管。

主要技术内容：建筑施工场界环境噪声排放限值及测量方法。

内容属性：建筑施工场界，环境噪声排放，指标阈值，效果评价

［A3］P. 2. 5. 11 锅炉大气污染物排放标准 GB 13271（现行国家标准）

适用范围：以燃煤、燃油和燃气为燃料的单台出力 65t/h 以及下蒸汽锅炉、各种容量的热水锅炉及有机热载体锅炉；各种容量的层燃炉、抛煤机炉。使用型煤、水煤浆、煤矸石、石油焦、油页岩、生物质成型燃料等的锅炉，参照燃煤锅炉排放控制要求执行。在用锅炉的大气污染物排放管理，以及锅炉建设项目环境影响评价、环境保护设施设计、竣工环境保护验收及其投产后的大气污染物排放管理。不适用于以生活垃圾、危险废物为燃料的锅炉。

主要技术内容：锅炉烟气中颗粒物、二氧化硫、氮氧化物、汞及其化合物的最高允许排放浓度限值和烟气黑度限值。

内容属性：锅炉大气污染物排放，指标阈值，效果评价

［A3］P. 2. 5. 12 饮食业油烟排放标准 GB 18483（现行国家标准）

适用范围：城市建成区。现有饮食业单位的油烟排放管理，以及新设立饮食业单位的设计、环境影响评价、环境保护设施施工验收及其经营期间的油烟排放管理；排放油烟的食品加工单位和非经营性单位内部职工食堂参照执行。不适用于居民家庭油烟排放。

主要技术内容：饮食业单位油烟的最高允许排放浓度和油烟净化设施的最低去除效率。

内容属性：饮食业油烟排放，指标阈值，效果评价

[A3] P. 2. 5. 14 生活垃圾分类标志 GB/T 19095（现行国家标准）

适用范围：生活垃圾的分类投放、分类收集、分类运输和分类处理工作。

主要技术内容：生活垃圾分类标志类别构成、大类用图形符号、大类标志的设计、小类用图形符号、小类标志的设计以及生活垃圾分类标志的设置。

内容属性：生活垃圾分类标志，效果评价

[A3] P. 2. 5. 15 社会生活环境噪声排放标准 GB 22337（现行国家标准）

适用范围：对营业性文化娱乐场所、商业经营活动中使用的向环境排放噪声的设备、设施的管理、评价与控制。

主要技术内容：营业性文化娱乐场所和商业经营活动中可能产生环境噪声污染的设备、设施边界噪声排放限值和测量方法。

内容属性：社会生活环境噪声排放，指标阈值，效果评价

[A3] P. 2. 5. 16 室外照明干扰光限制规范 GB/T 35626（现行国家标准）

适用范围：城市道路、居住建筑、室外公共活动区、自然生态区等区域的干扰光的限制要求。

主要技术内容：与室外照明干扰光相关的城市环境亮度区分、干扰光分类、干扰光的限制要求和措施。

内容属性：室外照明，干扰光限制，效果评价

[A3] P. 2. 5. 17 城乡建设用地竖向规划规范 CJJ 83（现行行业标准）

适用范围：城市、镇、乡和村庄的规划建设用地竖向规划。

主要技术内容：城市、镇、乡和村庄的竖向与用地布局及建筑布置，竖向与道路、广场，竖向与排水，竖向与防灾，土石方与防护工程，竖向与城乡环境景观的技术要求。

内容属性：城乡建设用地，竖向规划，指标阈值，效果评价

[A3] P. 2. 5. 18 城市夜景照明设计规范 JGJ/T 163（现行行业标准，建议修订）

适用范围：城市新建、改建和扩建的建筑物、构筑物、特殊景观元素、商业步行街、广场、公园、广告与标识等景物的夜景照明设计。

主要技术内容：城市夜景照明评价指标、照明设计、照明节能、光污染的限制、照明供配电与安全等技术要求。

内容属性：城市夜景照明，设计，指标阈值，效果评价，环境监测

[A3] P. 2. 5. 19 城市居住区热环境设计标准 JGJ 286（现行行业标准）

适用范围：城市居住区详细规划阶段的热环境设计。

主要技术内容：城市居住区热环境的规定性设计及评价性设计的技术要求。

内容属性：城市居住区，热环境，设计，指标阈值，效果评价

[A3] P.2.5.20 建筑节能气象参数标准 JGJ/T 346（现行国家标准）

适用范围：建筑节能设计、节能评估等相关工作。

主要技术内容：建筑度日数及计算采暖期参数、典型气象年参数。

内容属性：建筑节能，气象参数，效果评价

[A3] P.3 引领性标准

[A3] P.3.1.1（P.3.2.1/P.3.3.1/P.3.4.1/P.3.5.1）绿色建筑运营后评估标准 T/CECS 608（现行团体标准）

适用范围：连续运营一年以上的绿色民用建筑评估。

主要技术内容：绿色建筑运营中的污染物控制、碳排放控制、能耗、水耗、空气质量、用水质量、室内舒适度、建设运营成本和用户满意度的评估。

内容属性：绿色建筑，运营后评估，效果评价，满意度评价，引领性技术方法

[A3] P.3.1.2（P.3.2.2/P.3.3.2/P.3.4.2）绿色建筑性能数据应用技术规程（在编团体标准）

适用范围：绿色建筑性能数据在设计阶段的工程设计优化和在运行阶段的物业管理及工程设计、改造等的改良和提升。

主要技术内容：绿色建筑性能数据应用策划和管理、设计及模拟数据应用、实际运行数据应用、绿色建筑评价要求。

内容属性：绿色建筑，性能数据应用，能耗监测，水耗监测，环境监测，引领性技术方法

[A3] P.3.1.3（P.3.2.3/P.3.3.3/P.3.4.3）民用建筑数据采集标准（在编团体标准）

适用范围：建筑规模、建材生产消耗及建筑运行的数据采集标准。

主要技术内容：民用建筑数据采集对象与指标、数据采集方法、数据报表与报送、数据发布。

内容属性：民用建筑，数据采集，能耗监测，水耗监测，环境监测，引领性技术方法

[A3] P.3.1.4 混凝土结构耐久性评定标准 T/CECS 220（现行团体标准）

适用范围：既有房屋、桥梁及一般构筑物的混凝土结构耐久性评定。不适用于轻骨料混凝土及特种混凝土结构，采取附加防腐措施的混凝土结构可参考本标准评定。

主要技术内容：混凝土耐久性评定准则和基本程序，使用条件调查与耐久性检测，大气环境下钢筋锈蚀耐久性评定，氯盐侵蚀环境下钢筋锈蚀耐久性评定，冻融环境混凝土耐久性评定，碱-集料反应与杂散电流腐蚀评定，构件、构件项和结构耐久性评定。

内容属性：混凝土结构，耐久性，评定，效果评价，引领性技术方法

[A3] P.3.1.5 高层建筑物玻璃幕墙模拟雷击试验技术标准（在编团体标准）

适用范围：高层建筑玻璃幕墙模拟雷击试验，玻璃安装形式为框架式和点支撑式，不

适用于位于其他载体上或其他安装形式的玻璃幕墙。

主要技术内容：基于实际自然雷电流特征，模拟高层建筑物附近雷电流幅值等特性，对雷电击中玻璃幕墙可能造成的各种情况在实验室内利用高电压大电流技术进行人工模拟，测试幕墙单元抗雷击的性能。玻璃幕墙的试验样本选取、试验要求和方法、雷电流源的分级依据和试验结果判定。

内容属性：高层建筑物，玻璃幕墙模，拟雷击试验，引领性技术方法

［A3］P. 3. 2. 4 室内空气中苯系物及总挥发性有机化合物检测方法标准 T/CECS 539（现行团体标准）

适用范围：民用建筑工程室内空气中苯系物及总挥发性有机化合物的检测。

主要技术内容：室内空气中苯系物及总挥发性有机化合物的检测方法。

内容属性：室内空气，苯系物及总挥发性有机化合物，检测方法，环境监测，引领性技术方法

［A3］P. 3. 2. 5 建筑室内空气中氡检测方法标准 T/CECS 569（现行团体标准）

适用范围：民用建筑工程竣工验收时，室内空气中的氡浓度检测。

主要技术内容：室内空气中氡的检测方法。

内容属性：建筑室内空气，氡检测方法，环境监测，引领性技术方法

［A3］P. 3. 2. 6 建筑室内细颗粒物（$PM_{2.5}$）污染控制技术规程 T/CECS 586（现行团体标准）

适用范围：各类民用建筑工程的室内 $PM_{2.5}$ 污染控制。

主要技术内容：民用建筑工程的室内 $PM_{2.5}$ 污染的控制措施、设计计算、检测和运行维护的技术要求。

内容属性：建筑室内，细颗粒物（$PM_{2.5}$），污染控制，环境监测，引领性技术方法

［A3］P. 3. 2. 7（P. 3. 4. 4）智能照明控制系统技术规程 T/CECS 612（现行团体标准）

适用范围：各类场所智能照明控制系统的设计、安装、调试、验收及运行维护。

主要技术内容：智能照明控制系统设计、安装、调试、验收和运行维护的技术要求。

内容属性：智能照明控制系统，引领性技术方法

［A3］P. 3. 2. 8（P. 3. 4. 5）建筑遮阳智能控制系统技术规程 T/CECS 613（现行团体标准）

适用范围：新建、改建、扩建和既有建筑改造中建筑智能遮阳系统工程设计、施工安装、验收和维护维修。

主要技术内容：建筑智能遮阳系统工程设计、安装、调试、验收和维护维修的技术要求。

内容属性：建筑遮阳智能控制系统，引领性技术方法

［A3］P. 3. 2. 9 建筑室内空气质量监测与评价标准 T/CECS 615（现行团体标准）

适用范围：民用建筑室内空气质量监测和评价，其他类型的建筑参照执行。

主要技术内容：建筑室内空气质量监测仪器仪表、指标评价与分级和监测方法的技术要求。

内容属性：建筑室内空气质量，监测与评价，环境监测，引领性技术方法

［A3］P. 3. 2. 10 既有住宅加装电梯工程技术标准 T/ASC 03（现行团体标准）

适用范围：既有住宅加装电梯工程的设计、施工、验收和运行维护。

主要技术内容：既有住宅加装电梯工程的建设、验收和运行维护的技术要求。

内容属性：既有住宅，加装电梯，引领性技术方法

［A3］P. 3. 2. 11 办公建筑室内空气质量管理与控制标准（在编团体标准）

适用范围：适用于已投入使用的办公建筑的室内空气质量管理与控制。

主要技术内容：办公建筑室内空气综合评定、管理制度、管理措施、控制措施及数据监测与管理的技术要求。

内容属性：办公建筑，室内空气质量，管理与控制，引领性技术方法

［A3］P. 3. 2. 12 既有公共建筑室内环境分级评价标准（在编团体标准）

适用范围：投入使用的公共建筑的室内环境质量等级判定。

主要技术内容：既有公共建筑室内声环境、光环境、热环境及空气品质的分级评价规则。

内容属性：既有公共建筑，室内环境，分级评价，引领性技术方法

［A3］P. 3. 3. 4 智慧家居设计标准 T/CECS 554（现行团体标准）

适用范围：新建、改建的商住房、廉租房、经济适用房、公寓、别墅等住宅智慧家居的设计。

主要技术内容：智慧家居系统框架、子系统功能要求和智慧家居系统等级划分的技术要求。

内容属性：智慧家居，设计，引领性技术方法

［A3］P. 3. 4. 6 绿色建材评价　预制构件 T/CECS 10025（现行团体标准）

适用范围：预制构件的绿色建材评价。

主要技术内容：预制构件作为绿色建材的评价要求、评价方法。

内容属性：绿色建材评价，预制构件，引领性技术方法

［A3］P. 3. 4. 7 绿色建材评价　建筑门窗及配件 T/CECS 10026（现行团体标准）

适用范围：建筑门窗及配件的绿色建材评价。

主要技术内容：建筑门窗及配件作为绿色建材的评价要求、评价方法。

内容属性：绿色建材评价，建筑门窗及配件，引领性技术方法

［A3］P. 3. 4. 8 绿色建材评价　建筑幕墙 T/CECS 10027（现行团体标准）
适用范围：建筑幕墙的绿色建材评价。
主要技术内容：建筑幕墙作为绿色建材的评价要求、评价方法。
内容属性：绿色建材评价，建筑幕墙，引领性技术方法

［A3］P. 3. 4. 9 绿色建材评价　钢结构房屋用钢构件 T/CECS 10028（现行团体标准）
适用范围：钢结构房屋用钢构件的绿色建材评价。
主要技术内容：钢结构房屋用钢构件作为绿色建材的评价要求、评价方法。
内容属性：绿色建材评价，钢结构房屋用钢构件，引领性技术方法

［A3］P. 3. 4. 10 绿色建材评价　建筑密封胶 T/CECS 10029（现行团体标准）
适用范围：建筑密封胶的绿色建材评价。
主要技术内容：建筑密封胶作为绿色建材的评价要求、评价方法。
内容属性：绿色建材评价，建筑密封胶，引领性技术方法

［A3］P. 3. 4. 11 绿色建材评价　现代木结构用材 T/CECS 10030（现行团体标准）
适用范围：现代木结构用材的绿色建材评价。
主要技术内容：现代木结构用材作为绿色建材的评价要求、评价方法。
内容属性：绿色建材评价，现代木结构用材，引领性技术方法

［A3］P. 3. 4. 12 绿色建材评价　砌体材料 T/CECS 10031（现行团体标准）
适用范围：砌体材料的绿色建材评价。
主要技术内容：砌体材料作为绿色建材的评价要求、评价方法。
内容属性：绿色建材评价，砌体材料，引领性技术方法

［A3］P. 3. 4. 13 绿色建材评价　保温系统材料 T/CECS 10032（现行团体标准）
适用范围：保温系统材料的绿色建材评价。
主要技术内容：保温系统材料作为绿色建材的评价要求、评价方法。
内容属性：绿色建材评价，保温系统材料，引领性技术方法

［A3］P. 3. 4. 14 绿色建材评价　建筑遮阳产品 T/CECS 10033（现行团体标准）
适用范围：建筑遮阳产品的绿色建材评价。
主要技术内容：建筑遮阳产品作为绿色建材的评价要求、评价方法。
内容属性：绿色建材评价，建筑遮阳产品，引领性技术方法

［A3］P. 3. 4. 15 绿色建材评价　建筑节能玻璃 T/CECS 10034（现行团体标准）
适用范围：建筑节能玻璃的绿色建材评价。
主要技术内容：建筑节能玻璃作为绿色建材的评价要求、评价方法。
内容属性：绿色建材评价，建筑节能玻璃，引领性技术方法

［A3］P. 3. 4. 16 绿色建材评价　金属复合装饰材料 T/CECS 10035（现行团体标准）
适用范围：金属复合装饰材料的绿色建材评价。
主要技术内容：金属复合装饰材料作为绿色建材的评价要求、评价方法。
内容属性：绿色建材评价，金属复合装饰材料，引领性技术方法

［A3］P. 3. 4. 17 绿色建材评价　建筑陶瓷 T/CECS 10036（现行团体标准）
适用范围：建筑陶瓷的绿色建材评价。
主要技术内容：建筑陶瓷作为绿色建材的评价要求、评价方法。
内容属性：绿色建材评价，建筑陶瓷，引领性技术方法

［A3］P. 3. 4. 18 绿色建材评价　卫生洁具 T/CECS 10037（现行团体标准）
适用范围：卫生洁具的绿色建材评价。
主要技术内容：卫生洁具作为绿色建材的评价要求、评价方法。
内容属性：绿色建材评价，卫生洁具，引领性技术方法

［A3］P. 3. 4. 19 绿色建材评价　防水卷材 T/CECS 10038（现行团体标准）
适用范围：防水卷材的绿色建材评价。
主要技术内容：防水卷材作为绿色建材的评价要求、评价方法。
内容属性：绿色建材评价，防水卷材，引领性技术方法

［A3］P. 3. 4. 20 绿色建材评价　墙面涂料 T/CECS 10039（现行团体标准）
适用范围：墙面涂料的绿色建材评价。
主要技术内容：墙面涂料作为绿色建材的评价要求、评价方法。
内容属性：绿色建材评价，墙面涂料，引领性技术方法

［A3］P. 3. 4. 21 绿色建材评价　防水涂料 T/CECS 10040（现行团体标准）
适用范围：防水涂料的绿色建材评价。
主要技术内容：防水涂料作为绿色建材的评价要求、评价方法。
内容属性：绿色建材评价，防水涂料，引领性技术方法

［A3］P. 3. 4. 22 绿色建材评价　门窗幕墙用型材 T/CECS 10041（现行团体标准）
适用范围：门窗幕墙用型材的绿色建材评价。
主要技术内容：门窗幕墙用型材作为绿色建材的评价要求、评价方法。
内容属性：绿色建材评价，门窗幕墙用型材，引领性技术方法

［A3］P. 3. 4. 23 绿色建材评价　无机装饰板材 T/CECS 10042（现行团体标准）
适用范围：无机装饰板材的绿色建材评价。
主要技术内容：无机装饰板材作为绿色建材的评价要求、评价方法。
内容属性：绿色建材评价，无机装饰板材，引领性技术方法

[A3] P. 3. 4. 24 绿色建材评价　光伏组件 T/CECS 10043（现行团体标准）
适用范围：光伏组件的绿色建材评价。
主要技术内容：光伏组件作为绿色建材的评价要求、评价方法。
内容属性：绿色建材评价，光伏组件，引领性技术方法

[A3] P. 3. 4. 25 绿色建材评价　反射隔热涂料 T/CECS 10044（现行团体标准）
适用范围：反射隔热涂料的绿色建材评价。
主要技术内容：反射隔热涂料作为绿色建材的评价要求、评价方法。
内容属性：绿色建材评价，反射隔热涂料，引领性技术方法

[A3] P. 3. 4. 26 绿色建材评价　空气净化材料 T/CECS 10045（现行团体标准）
适用范围：空气净化材料的绿色建材评价。
主要技术内容：空气净化材料作为绿色建材的评价要求、评价方法。
内容属性：绿色建材评价，空气净化材料，引领性技术方法

[A3] P. 3. 4. 27 绿色建材评价　树脂地坪材料 T/CECS 10046（现行团体标准）
适用范围：树脂地坪材料的绿色建材评价。
主要技术内容：树脂地坪材料作为绿色建材的评价要求、评价方法。
内容属性：绿色建材评价，树脂地坪材料，引领性技术方法

[A3] P. 3. 4. 28 绿色建材评价　预拌混凝土 T/CECS 10047（现行团体标准）
适用范围：预拌混凝土的绿色建材评价。
主要技术内容：预拌混凝土作为绿色建材的评价要求、评价方法。
内容属性：绿色建材评价，预拌混凝土，引领性技术方法

[A3] P. 3. 4. 29 绿色建材评价　预拌砂浆 T/CECS 10048（现行团体标准）
适用范围：预拌砂浆的绿色建材评价。
主要技术内容：预拌砂浆作为绿色建材的评价要求、评价方法。
内容属性：绿色建材评价，预拌砂浆，引领性技术方法

[A3] P. 3. 4. 30 绿色建材评价　石膏装饰材料 T/CECS 10049（现行团体标准）
适用范围：石膏装饰材料的绿色建材评价。
主要技术内容：石膏装饰材料作为绿色建材的评价要求、评价方法。
内容属性：绿色建材评价，石膏装饰材料，引领性技术方法

[A3] P. 3. 4. 31 绿色建材评价　水嘴 T/CECS 10050（现行团体标准）
适用范围：水嘴的绿色建材评价。
主要技术内容：水嘴作为绿色建材的评价要求、评价方法。
内容属性：绿色建材评价，水嘴，引领性技术方法

［A3］P.3.4.32 绿色建材评价　石材 T/CECS 10051（现行团体标准）
适用范围：石材的绿色建材评价。
主要技术内容：石材作为绿色建材的评价要求、评价方法。
内容属性：绿色建材评价，石材，引领性技术方法

［A3］P.3.4.33 绿色建材评价　镁质装饰材料 T/CECS 10052（现行团体标准）
适用范围：镁质装饰材料的绿色建材评价。
主要技术内容：镁质装饰材料作为绿色建材的评价要求、评价方法。
内容属性：绿色建材评价，镁质装饰材料，引领性技术方法

［A3］P.3.4.34 绿色建材评价　吊顶系统 T/CECS 10053（现行团体标准）
适用范围：吊顶系统的绿色建材评价。
主要技术内容：吊顶系统作为绿色建材的评价要求、评价方法。
内容属性：绿色建材评价，吊顶系统，引领性技术方法

［A3］P.3.4.35 绿色建材评价　钢质户门 T/CECS 10054（现行团体标准）
适用范围：钢质户门的绿色建材评价。
主要技术内容：钢质户门作为绿色建材的评价要求、评价方法。
内容属性：绿色建材评价，钢质户门，引领性技术方法

［A3］P.3.4.36 绿色建材评价　集成墙面 T/CECS 10055（现行团体标准）
适用范围：集成墙面的绿色建材评价。
主要技术内容：集成墙面作为绿色建材的评价要求、评价方法。
内容属性：绿色建材评价，集成墙面，引领性技术方法

［A3］P.3.4.37 绿色建材评价　纸面石膏板 T/CECS 10056（现行团体标准）
适用范围：纸面石膏板的绿色建材评价。
主要技术内容：纸面石膏板作为绿色建材的评价要求、评价方法。
内容属性：绿色建材评价，纸面石膏板，引领性技术方法

［A3］P.3.4.38 绿色建材评价　建筑用阀门 T/CECS 10057（现行团体标准）
适用范围：建筑用阀门的绿色建材评价。
主要技术内容：建筑用阀门作为绿色建材的评价要求、评价方法。
内容属性：绿色建材评价，建筑用阀门，引领性技术方法

［A3］P.3.4.39 绿色建材评价　塑料管材管件 T/CECS 10058（现行团体标准）
适用范围：塑料管材管件的绿色建材评价。
主要技术内容：塑料管材管件作为绿色建材的评价要求、评价方法。
内容属性：绿色建材评价，塑料管材管件，引领性技术方法

[A3] P. 3. 4. 40 绿色建材评价　空气源热泵 T/CECS 10059（现行团体标准）
适用范围：空气源热泵的绿色建材评价。
主要技术内容：空气源热泵作为绿色建材的评价要求、评价方法。
内容属性：绿色建材评价，空气源热泵，引领性技术方法

[A3] P. 3. 4. 41 绿色建材评价　建筑用蓄能装置 T/CECS 10060（现行团体标准）
适用范围：建筑用蓄能装置的绿色建材评价。
主要技术内容：建筑用蓄能装置作为绿色建材的评价要求、评价方法。
内容属性：绿色建材评价，建筑用蓄能装置，引领性技术方法

[A3] P. 3. 4. 42 绿色建材评价　新风净化系统 T/CECS 10061（现行团体标准）
适用范围：新风净化系统的绿色建材评价。
主要技术内容：新风净化系统作为绿色建材的评价要求、评价方法。
内容属性：绿色建材评价，新风净化系统，引领性技术方法

[A3] P. 3. 4. 43 绿色建材评价　设备隔振降噪装置 T/CECS 10062（现行团体标准）
适用范围：设备隔振降噪装置的绿色建材评价。
主要技术内容：设备隔振降噪装置作为绿色建材的评价要求、评价方法。
内容属性：绿色建材评价，设备隔振降噪装置，引领性技术方法

[A3] P. 3. 4. 44 绿色建材评价　控制与计量设备 T/CECS 10063（现行团体标准）
适用范围：控制与计量设备的绿色建材评价。
主要技术内容：控制与计量设备作为绿色建材的评价要求、评价方法。
内容属性：绿色建材评价，控制与计量设备，引领性技术方法

[A3] P. 3. 4. 45 绿色建材评价　LED 照明产品 T/CECS 10064（现行团体标准）
适用范围：LED 照明产品的绿色建材评价。
主要技术内容：LED 照明产品作为绿色建材的评价要求、评价方法。
内容属性：绿色建材评价，LED 照明产品，引领性技术方法

[A3] P. 3. 4. 46 绿色建材评价　采光系统 T/CECS 10065（现行团体标准）
适用范围：采光系统的绿色建材评价。
主要技术内容：采光系统作为绿色建材的评价要求、评价方法。
内容属性：绿色建材评价，采光系统，引领性技术方法

[A3] P. 3. 4. 47 绿色建材评价　地源热泵系统 T/CECS 10066（现行团体标准）
适用范围：地源热泵系统的绿色建材评价。
主要技术内容：地源热泵系统作为绿色建材的评价要求、评价方法。
内容属性：绿色建材评价，地源热泵系统，引领性技术方法

［A3］P. 3. 4. 48 绿色建材评价　游泳池循环水处理设备 T/CECS 10067（现行团体标准）

适用范围：游泳池循环水处理设备的绿色建材评价。

主要技术内容：游泳池循环水处理设备作为绿色建材的评价要求、评价方法。

内容属性：绿色建材评价，游泳池循环水处理设备，引领性技术方法

［A3］P. 3. 4. 49 绿色建材评价　净水设备 T/CECS 10068（现行团体标准）

适用范围：净水设备的绿色建材评价。

主要技术内容：净水设备作为绿色建材的评价要求、评价方法。

内容属性：绿色建材评价，净水设备，引领性技术方法

［A3］P. 3. 4. 50 绿色建材评价　软化设备 T/CECS 10069（现行团体标准）

适用范围：软化设备的绿色建材评价。

主要技术内容：软化设备作为绿色建材的评价要求、评价方法。

内容属性：绿色建材评价，软化设备，引领性技术方法

［A3］P. 3. 4. 51 绿色建材评价　油脂分离器 T/CECS 10070（现行团体标准）

适用范围：油脂分离器的绿色建材评价。

主要技术内容：油脂分离器作为绿色建材的评价要求、评价方法。

内容属性：绿色建材评价，油脂分离器，引领性技术方法

［A3］P. 3. 4. 52 绿色建材评价　中水处理设备 T/CECS 10071（现行团体标准）

适用范围：中水处理设备的绿色建材评价。

主要技术内容：中水处理设备作为绿色建材的评价要求、评价方法。

内容属性：绿色建材评价，中水处理设备，引领性技术方法

［A3］P. 3. 4. 53 绿色建材评价　雨水处理设备 T/CECS 10072（现行团体标准）

适用范围：雨水处理设备的绿色建材评价。

主要技术内容：雨水处理设备作为绿色建材的评价要求、评价方法。

内容属性：绿色建材评价，雨水处理设备，引领性技术方法

［A3］P. 3. 4. 54 绿色建材评价　混凝土外加剂　减水剂 T/CECS 10073（现行团体标准）

适用范围：混凝土外加剂的绿色建材评价。

主要技术内容：混凝土外加剂作为绿色建材的评价要求、评价方法。

内容属性：绿色建材评价，混凝土外加剂，引领性技术方法

［A3］P. 3. 4. 55 绿色建材评价标准　隔墙隔断材料（在编团体标准）

适用范围：隔墙隔断材料的绿色建材评价。

主要技术内容：隔墙隔断材料作为绿色建材的评价要求、评价方法。
内容属性：绿色建材评价，隔墙隔断材料，引领性技术方法

［A3］P. 3. 4. 56 绿色建材评价标准　节能电梯（在编团体标准）
适用范围：节能电梯的绿色建材评价。
主要技术内容：节能电梯作为绿色建材的评价要求、评价方法。
内容属性：绿色建材评价，节能电梯，引领性技术方法

［A3］P. 3. 4. 57 绿色建材评价标准　机械式停车设备（在编团体标准）
适用范围：机械式停车设备的绿色建材评价。
主要技术内容：机械式停车设备作为绿色建材的评价要求、评价方法。
内容属性：绿色建材评价，机械式停车设备，引领性技术方法

［A3］P. 3. 4. 58 绿色建材评价标准　透水铺装材料（在编团体标准）
适用范围：透水铺装材料的绿色建材评价。
主要技术内容：透水铺装材料作为绿色建材的评价要求、评价方法。
内容属性：绿色建材评价，透水铺装材料，引领性技术方法

［A3］P. 3. 4. 59 绿色建材评价标准　辐射供暖供冷系统（在编团体标准）
适用范围：辐射供暖供冷系统的绿色建材评价。
主要技术内容：辐射供暖供冷系统作为绿色建材的评价要求、评价方法。
内容属性：绿色建材评价，辐射供暖供冷系统，引领性技术方法

［A3］P. 3. 4. 60 绿色建材评价标准　混凝土结构外防护材料（在编团体标准）
适用范围：混凝土结构外防护材料的绿色建材评价。
主要技术内容：混凝土结构外防护材料作为绿色建材的评价要求、评价方法。
内容属性：绿色建材评价，混凝土结构外防护材料，引领性技术方法

［A3］P. 3. 4. 61 绿色建材评价标准　建筑用结构保温复合板（在编团体标准）
适用范围：建筑用结构保温复合板的绿色建材评价。
主要技术内容：建筑用结构保温复合板作为绿色建材的评价要求、评价方法。
内容属性：绿色建材评价，建筑用结构保温复合板，引领性技术方法

［A3］P. 3. 4. 62 绿色建材评价标准　外墙板（在编团体标准）
适用范围：外墙板的绿色建材评价。
主要技术内容：外墙板作为绿色建材的评价要求、评价方法。
内容属性：绿色建材评价，外墙板，引领性技术方法

［A3］P. 3. 4. 63 绿色建材评价标准　保温装饰一体化板（在编团体标准）

适用范围：保温装饰一体化板的绿色建材评价。
主要技术内容：保温装饰一体化板作为绿色建材的评价要求、评价方法。
内容属性：绿色建材评价，保温装饰一体化板，引领性技术方法

［A3］P. 3. 4. 64 绿色建材评价标准　采暖空调输配系统（在编团体标准）
适用范围：采暖空调输配系统的绿色建材评价。
主要技术内容：采暖空调输配系统作为绿色建材的评价要求、评价方法。
内容属性：绿色建材评价，采暖空调输配系统，引领性技术方法

［A3］P. 3. 4. 65 绿色建材评价标准　换热器（在编团体标准）
适用范围：换热器的绿色建材评价。
主要技术内容：换热器作为绿色建材的评价要求、评价方法。
内容属性：绿色建材评价，换热器，引领性技术方法

［A3］P. 3. 4. 66 绿色建材评价标准　建筑用供暖散热器（在编团体标准）
适用范围：建筑用供暖散热器的绿色建材评价。
主要技术内容：建筑用供暖散热器作为绿色建材的评价要求、评价方法。
内容属性：绿色建材评价，建筑用供暖散热器，引领性技术方法

［A3］P. 3. 4. 67 绿色建材评价标准　空调机组（在编团体标准）
适用范围：空调机组的绿色建材评价。
主要技术内容：空调机组作为绿色建材的评价要求、评价方法。
内容属性：绿色建材评价，空调机组，引领性技术方法

［A3］P. 3. 4. 68 绿色建材评价标准　冷凝式锅炉（在编团体标准）
适用范围：冷凝式锅炉的绿色建材评价。
主要技术内容：冷凝式锅炉作为绿色建材的评价要求、评价方法。
内容属性：绿色建材评价，冷凝式锅炉，引领性技术方法

［A3］P. 3. 4. 69 绿色建材评价标准　冷热联供设备（在编团体标准）
适用范围：冷热联供设备的绿色建材评价。
主要技术内容：冷热联供设备作为绿色建材的评价要求、评价方法。
内容属性：绿色建材评价，冷热联供设备，引领性技术方法

［A3］P. 3. 4. 70 绿色建材评价标准　冷水机组（在编团体标准）
适用范围：冷水机组的绿色建材评价。
主要技术内容：冷水机组作为绿色建材的评价要求、评价方法。
内容属性：绿色建材评价，冷水机组，引领性技术方法

［A3］P. 3. 4. 71 绿色建材评价标准　冷却塔（在编团体标准）
适用范围：冷却塔的绿色建材评价。
主要技术内容：冷却塔作为绿色建材的评价要求、评价方法。
内容属性：绿色建材评价冷却塔，引领性技术方法

［A3］P. 3. 4. 72 绿色建材评价标准　风机盘管（在编团体标准）
适用范围：风机盘管的绿色建材评价。
主要技术内容：风机盘管作为绿色建材的评价要求、评价方法。
内容属性：绿色建材评价，风机盘管，引领性技术方法

［A3］P. 3. 4. 73 绿色建材评价标准　人造石（在编团体标准）
适用范围：人造石的绿色建材评价。
主要技术内容：人造石作为绿色建材的评价要求、评价方法。
内容属性：绿色建材评价，人造石，引领性技术方法

［A3］P. 3. 4. 74 绿色建材评价标准　建筑结构加固胶（在编团体标准）
适用范围：建筑结构加固胶的绿色建材评价。
主要技术内容：建筑结构加固胶作为绿色建材的评价要求、评价方法。
内容属性：绿色建材评价，建筑结构加固胶，引领性技术方法

［A3］P. 3. 4. 75 绿色建材评价标准　固体废弃物再生制品（在编团体标准）
适用范围：固体废弃物再生制品的绿色建材评价。
主要技术内容：固体废弃物再生制品作为绿色建材的评价要求、评价方法。
内容属性：绿色建材评价，固体废弃物再生制品，引领性技术方法

［A3］P. 3. 4. 76 绿色建材评价标准　工程修复材料（在编团体标准）
适用范围：工程修复材料的绿色建材评价。
主要技术内容：工程修复材料作为绿色建材的评价要求、评价方法。
内容属性：绿色建材评价，工程修复材料，引领性技术方法

［A3］P. 3. 4. 77 绿色建材评价标准　屋面绿化材料（在编团体标准）
适用范围：屋面绿化材料的绿色建材评价。
主要技术内容：屋面绿化材料作为绿色建材的评价要求、评价方法。
内容属性：绿色建材评价，屋面绿化材料，引领性技术方法

［A3］P. 3. 4. 78 绿色建材评价标准　灌浆料（在编团体标准）
适用范围：灌浆料的绿色建材评价。
主要技术内容：灌浆料作为绿色建材的评价要求、评价方法。
内容属性：绿色建材评价，灌浆料，引领性技术方法

［A3］P. 3. 4. 79 绿色建材评价标准　铝合金建筑模板（在编团体标准）
适用范围：铝合金建筑模板的绿色建材评价。
主要技术内容：铝合金建筑模板作为绿色建材的评价要求、评价方法。
内容属性：绿色建材评价，铝合金建筑模板，引领性技术方法

［A3］P. 3. 4. 80 绿色建材评价标准　刚性防水材料（在编团体标准）
适用范围：刚性防水材料的绿色建材评价。
主要技术内容：刚性防水材料作为绿色建材的评价要求、评价方法。
内容属性：绿色建材评价，刚性防水材料，引领性技术方法

［A3］P. 3. 4. 81 绿色建材评价标准　建筑墙面涂覆材料（在编团体标准）
适用范围：建筑墙面涂覆材料的绿色建材评价。
主要技术内容：建筑墙面涂覆材料作为绿色建材的评价要求、评价方法。
内容属性：绿色建材评价，建筑墙面涂覆材料，引领性技术方法

［A3］P. 3. 4. 82 绿色建材评价标准　光伏发电系统（在编团体标准）
适用范围：光伏发电系统的绿色建材评价。
主要技术内容：光伏发电系统作为绿色建材的评价要求、评价方法。
内容属性：绿色建材评价，光伏发电系统，引领性技术方法

［A3］P. 3. 4. 83 绿色建材评价标准　建筑玻璃用功能膜（在编团体标准）
适用范围：建筑玻璃用功能膜的绿色建材评价。
主要技术内容：建筑玻璃用功能膜作为绿色建材的评价要求、评价方法。
内容属性：绿色建材评价，建筑玻璃用功能膜，引领性技术方法

［A3］P. 3. 4. 84 绿色建材评价标准　防霉抗菌材料（在编团体标准）
适用范围：防霉抗菌材料的绿色建材评价。
主要技术内容：防霉抗菌材料作为绿色建材的评价要求、评价方法。
内容属性：绿色建材评价，防霉抗菌材料，引领性技术方法

［A3］P. 3. 4. 85 绿色建材评价标准　弹性地板（在编团体标准）
适用范围：弹性地板的绿色建材评价。
主要技术内容：弹性地板作为绿色建材的评价要求、评价方法。
内容属性：绿色建材评价，弹性地板，引领性技术方法

［A3］P. 3. 4. 86 绿色建材评价标准　金属给水排水管材管件（在编团体标准）
适用范围：金属给水排水管材管件的绿色建材评价。
主要技术内容：金属给水排水管材管件作为绿色建材的评价要求、评价方法。
内容属性：绿色建材评价，金属给水排水管材管件，引领性技术方法

［A3］P. 3. 4. 87 绿色建材评价标准　集成式卫浴（在编团体标准）
适用范围：集成式卫浴的绿色建材评价。
主要技术内容：集成式卫浴作为绿色建材的评价要求、评价方法。
内容属性：绿色建材评价，集成式卫浴，引领性技术方法

［A3］P. 3. 4. 88 绿色建材评价标准　镀锌钢龙骨（在编团体标准）
适用范围：镀锌钢龙骨的绿色建材评价。
主要技术内容：镀锌钢龙骨作为绿色建材的评价要求、评价方法。
内容属性：绿色建材评价，镀锌钢龙骨，引领性技术方法

［A3］P. 3. 4. 89 绿色建材评价标准　泡沫铝板（在编团体标准）
适用范围：泡沫铝板的绿色建材评价。
主要技术内容：泡沫铝板作为绿色建材的评价要求、评价方法。
内容属性：绿色建材评价，泡沫铝板，引领性技术方法

［A3］P. 3. 4. 90 绿色建材评价标准　耐碱网格布（在编团体标准）
适用范围：耐碱网格布的绿色建材评价。
主要技术内容：耐碱网格布作为绿色建材的评价要求、评价方法。
内容属性：绿色建材评价，耐碱网格布，引领性技术方法

［A3］P. 3. 4. 91 绿色建材评价标准　索膜结构用薄膜材料（在编团体标准）
适用范围：索膜结构用薄膜材料的绿色建材评价。
主要技术内容：索膜结构用薄膜材料作为绿色建材的评价要求、评价方法。
内容属性：绿色建材评价，索膜结构用薄膜材料，引领性技术方法

［A3］P. 3. 4. 92 绿色建材评价标准　装饰装修用木质建材（在编团体标准）
适用范围：装饰装修用木质建材的绿色建材评价。
主要技术内容：装饰装修用木质建材作为绿色建材的评价要求、评价方法。
内容属性：绿色建材评价，装饰装修用木质建材，引领性技术方法

［A3］P. 3. 4. 93 绿色建材评价标准　建筑及园林景观用木竹建材（在编团体标准）
适用范围：建筑及园林景观用木竹建材的绿色建材评价。
主要技术内容：建筑及园林景观用木竹建材作为绿色建材的评价要求、评价方法。
内容属性：绿色建材评价，建筑及园林景观用木竹建材，引领性技术方法

［A3］P. 3. 4. 94 绿色建材评价标准　塑料建筑模板（在编团体标准）
适用范围：塑料建筑模板的绿色建材评价。
主要技术内容：塑料建筑模板作为绿色建材的评价要求、评价方法。
内容属性：绿色建材评价，塑料建筑模板，引领性技术方法

［A3］P. 3. 4. 95 绿色建材评价标准　吊顶及配件（在编团体标准）
适用范围：吊顶及配件的绿色建材评价。
主要技术内容：吊顶及配件作为绿色建材的评价要求、评价方法。
内容属性：绿色建材评价，吊顶及配件，引领性技术方法

［A3］P. 3. 4. 96 绿色建材评价标准　装饰装修用壁纸（布）（在编团体标准）
适用范围：装饰装修用壁纸（布）的绿色建材评价。
主要技术内容：装饰装修用壁纸（布）作为绿色建材的评价要求、评价方法。
内容属性：绿色建材评价，装饰装修用壁纸（布），引领性技术方法

［A3］P. 3. 4. 97 绿色建材评价标准　建筑雨水回收系统（在编团体标准）
适用范围：建筑雨水回收系统的绿色建材评价。
主要技术内容：建筑雨水回收系统作为绿色建材的评价要求、评价方法。
内容属性：绿色建材评价，建筑雨水回收系统，引领性技术方法

［A3］P. 3. 4. 98 绿色建材评价标准　地漏（在编团体标准）
适用范围：地漏的绿色建材评价。
主要技术内容：地漏作为绿色建材的评价要求、评价方法。
内容属性：绿色建材评价，地漏，引领性技术方法

［A3］P. 3. 4. 99 绿色建材评价标准　整体橱柜（在编团体标准）
适用范围：整体橱柜的绿色建材评价。
主要技术内容：整体橱柜作为绿色建材的评价要求、评价方法。
内容属性：绿色建材评价，整体橱柜，引领性技术方法

［A3］P. 3. 4. 100 绿色建材评价标准　重组材（在编团体标准）
适用范围：重组材的绿色建材评价。
主要技术内容：重组材作为绿色建材的评价要求、评价方法。
内容属性：绿色建材评价，重组材，引领性技术方法

［A3］P. 3. 4. 101 绿色建材评价标准　集成成品房屋（在编团体标准）
适用范围：集成成品房屋的绿色建材评价。
主要技术内容：集成成品房屋作为绿色建材的评价要求、评价方法。
内容属性：绿色建材评价，集成成品房屋，引领性技术方法

［A3］P. 3. 4. 102 绿色建材评价标准　磁悬浮冷水机组（在编团体标准）
适用范围：磁悬浮冷水机组的绿色建材评价。
主要技术内容：磁悬浮冷水机组作为绿色建材的评价要求、评价方法。
内容属性：绿色建材评价，磁悬浮冷水机组，引领性技术方法

［A3］ P. 3. 4. 103 绿色建材评价标准　建筑、生活垃圾处理技术（在编团体标准）
适用范围：建筑、生活垃圾处理技术的绿色建材评价。
主要技术内容：建筑、生活垃圾处理技术作为绿色建材的评价要求、评价方法。
内容属性：绿色建材评价，建筑垃圾处理技术，生活垃圾处理技术，引领性技术方法

［A3］ P. 3. 4. 104 绿色建材评价标准　防火材料（在编团体标准）
适用范围：防火材料的绿色建材评价。
主要技术内容：防火材料作为绿色建材的评价要求、评价方法。
内容属性：绿色建材评价，防火材料，引领性技术方法

［A3］ P. 3. 4. 105 绿色建材评价标准　防腐材料（在编团体标准）
适用范围：防腐材料的绿色建材评价。
主要技术内容：防腐材料作为绿色建材的评价要求、评价方法。
内容属性：绿色建材评价，防腐材料，引领性技术方法

［A3］ P. 3. 4. 106 建筑室内环境舒适性主观评价（待制定）
适用范围：建筑室内采光、隔声、热湿环境、室内空气质量的主观评价。
主要技术内容：建筑室内采光、隔声、热湿环境、室内空气质量的主观评价要求、主管评价方法。
内容属性：室内环境，舒适性，主观评价，引领性技术方法

［A3］ P. 3. 4. 107 建筑节水效果主观评价（待制定）
适用范围：建筑节水实际效果的主观评价。
主要技术内容：建筑节水实际效果的主观评价要求、主管评价方法。
内容属性：建筑节水，效果，主观评价，引领性技术方法

［A3］ P. 3. 4. 108 建筑节能效果主观评价（待制定）
适用范围：建筑节能实际效果的主观评价。
主要技术内容：建筑节能实际效果的主观评价要求、主管评价方法。
内容属性：建筑节能，效果，主观评价，引领性技术方法

第8章 绿色建筑后评估标准化展望

绿色建筑后评估标准化是推动绿色建筑“由浅入深”的一项有目的的活动，这项活动的目的需要通过绿色建筑后评估相关标准的实施才能达到，绿色建筑后评估相关标准的实施必须以绿色建筑后评估标准体系的构建与实施作为基础。同时，绿色建筑后评估标准体系的质量和水平，需要在绿色建筑后评估标准体系组织实施的实践过程中加以完善和提高，标准体系的内容也需要通过绿色建筑后评估标准体系的组织实施进行衡量和检验。因此，绿色建筑后评估标准体系的组织实施具有重要的现实作用。

研究和构建绿色建筑后评估标准体系是在应用系统科学的理论和方法的基础上，运用标准化的工作原理，在先期充分梳理有关绿色建筑后评估一套标准的全部内容基础上，再在标准体系的内在联系上进行统一、简化、协调、选优或优化等的合理安排和处置。通过在最终的绿色建筑后评估标准体系表的指导下建立起来绿色建筑后评估标准体系，实现绿色建筑后评估标准化系统内标准间的最佳秩序。随着我国建设主管部门的职能转变和标准化改革的新要求，绿色建筑后评估标准体系作为系统科学在绿色建筑后评估标准化工作中的应用，将为绿色建筑的深入推进和发展提供重要的技术支撑。构建和完善科学合理的绿色建筑后评估标准体系并推进其实施，需要进一步予以重视。

8.1 进一步完善工程建设标准化的法规制度建设

绿色建筑后评估标准体系构建过程中结合了我国工程建设标准化改革的实际需求，其中对强制性规范、政府推荐性标准及其他引领性标准等标准项目进行了设定。我国工程建设领域标准化改革正在深入推进，尽管我国工程建设标准方面的法律法规和相关制度建设已相对完善，但是相对于目前工程建设标准化改革，一方面，《工程建设国家标准管理办法》（原建设部令第24号）、《工程建设行业管理办法》（原建设部令第25号）和《实施工程建设强制性标准监督规定》（原建设部令第81号）等相关部门规章已不适合我国当前工程建设标准化工作的需要，有必要进行调整和完善；另一方面，结合《国务院关于印发深化标准化工作改革方案的通知》（国发〔2015〕13号）和《住房和城乡建设部关于印发深化工程建设标准化工作改革意见的通知》（建标〔2016〕166号）的要求，我国工程建设强制性规范的法律属性、强制性规范与工程建设标准的相互关系以及工程建设标准的实施监督等内容上，仍缺乏上位法律法规的支持，需要在专项法律中予以明确。

8.2 协调推进标准体系的实施

绿色建筑后评估标准涉及多个专业领域，针对绿色建筑后评估这一专项工作，需要建立一定的工作机制，工作各方及业务主管部门需要进一步提高对绿色建筑后评估相关标准制修订及宣贯工作的认识，统筹协调，及时根据实际工作开展过程中的业务需求，提出完善相关标准的意见和建议。充分发挥住房和城乡建设领域标准化技术委员会的技术支撑作用，建立完善绿色建筑后评估标准体系的动态更新机制。通过绿色建筑后评估标准体系的实施，逐步带动绿色建筑后评估工作形成政府引导、市场推动、社会参与、政产学研相结合的闭环工作模式。

8.3 持续提高相关标准的技术水平

在绿色建筑后评估标准体系实施的过程中，逐步拓展标准化基础性研发领域，加强对重点领域标准化基础研究工作的支持，对当前存在技术难点或时政性较强的相关标准，可采用联合技术攻关或集中攻关的方式进行解决。同时，积极跟踪转化符合我国国情的国际标准和国外先进标准，对于基础性技术内容可等同采用国际标准和国外先进标准；对于其他技术内容可通过分析后，不同程度地纳入相关标准中，逐步与国际绿色建筑后评估领域相关标准进行相互融入。

8.4 不断加强标准体系的动态维护

充分运用信息化手段，结合绿色建筑专项重点工作建立绿色建筑后评估标准体系和相关标准的实施评估机制，定期组织开展标准体系和标准实施情况的调研、评估，将评估结果作为标准体系动态变化、标准制修订计划的重要依据。结合年度建筑节能和绿色建筑的专项检查，开展标准执行情况的监督检查，强化标准的刚性约束。同时，应将竞争机制引入标准体系中推荐性标准和团体标准部分，以保持体系的活力。同时，进一步提高绿色建筑后评估标准化工作的信息化服务水平，建立绿色建筑后评估标准体系和相关技术标准的反馈渠道，强化标准化工作的社会监督。

8.5 强化标准的宣贯培训和宣传服务

结合行业展会和专项培训工作，对绿色建筑后评估领域的相关标准和标准化研究成果进行宣贯和宣传。通过标准体系和标准的宣传和培训，增强标准管理和标准使用者的标准化意识及对标准的理解与认识，充分发挥绿色建筑后评估标准体系对标准制修订的引领作用。同时，引导地方和其他团体标准的制修订工作，提升地方和社会团体在绿色建筑后评估领域的技术引领方向，规范绿色建筑后评估标准的相关研究，促进绿色建筑产业的标准化发展。

附件 A 建筑节能与绿色建筑发展“十三五”规划

建科〔2017〕53号

推进建筑节能和绿色建筑发展，是落实国家能源生产和消费革命战略的客观要求，是加快生态文明建设、走新型城镇化道路的重要体现，是推进节能减排和应对气候变化的有效手段，是创新驱动增强经济发展新动能的着力点，是全面建成小康社会，增加人民群众获得感的重要内容，对于建设节能低碳、绿色生态、集约高效的建筑用能体系，推动住房城乡建设领域供给侧结构性改革，实现绿色发展具有重要的现实意义和深远的战略意义。本规划根据《国民经济和社会发展第十三个五年规划纲要》《住房城乡建设事业“十三五”规划纲要》制定，是指导“十三五”时期我国建筑节能与绿色建筑事业发展的全局性、综合性规划。

一、规划编制背景

（一）工作基础。

“十二五”时期，我国建筑节能和绿色建筑事业取得重大进展，建筑节能标准不断提高，绿色建筑呈现跨越式发展态势，既有居住建筑节能改造在严寒及寒冷地区全面展开，公共建筑节能监管力度进一步加强，节能改造在重点城市及学校、医院等领域稳步推进，可再生能源建筑应用规模进一步扩大，圆满完成了国务院确定的各项工作目标和任务。

建筑节能标准稳步提高。全国城镇新建民用建筑节能设计标准全部修订完成并颁布实施，节能性能进一步提高。城镇新建建筑执行节能强制性标准比例基本达到100%，累计增加节能建筑面积70亿平方米，节能建筑占城镇民用建筑面积比重超过40%。北京、天津、河北、山东、新疆等地开始在城镇新建居住建筑中实施节能75%强制性标准。

绿色建筑实现跨越式发展。全国省会以上城市保障性安居工程、政府投资公益性建筑、大型公共建筑开始全面执行绿色建筑标准，北京、天津、上海、重庆、江苏、浙江、山东、深圳等地开始在城镇新建建筑中全面执行绿色建筑标准，推广绿色建筑面积超过10亿平方米。截至2015年底，全国累计有4071个项目获得绿色建筑评价标识，建筑面积超过4.7亿平方米。

既有居住建筑节能改造全面推进。截至2015年底，北方采暖地区共计完成既有居住建筑供热计量及节能改造面积9.9亿平方米，是国务院下达任务目标的1.4倍，节能改造惠及超过1500万户居民，老旧住宅舒适度明显改善，年可节约650万吨标准煤。夏热冬冷地区完成既有居住建筑节能改造面积7090万平方米，是国务院下达任务目标的1.42倍。

公共建筑节能力度不断加强。“十二五”时期，在33个省市（含计划单列市）开展能耗动态监测平台建设，对9000余栋建筑进行能耗动态监测，在233个高等院校、44个医院和19个科研院所开展建筑节能监管体系建设及节能改造试点，确定公共建筑节能改造重点城市11个，实施改造面积4864万平方米，带动全国实施改造面积1.1亿平方米。

可再生能源建筑应用规模持续扩大。“十二五”时期共确定46个可再生能源建筑应用示范市、100个示范县和8个太阳能综合利用省级示范，实施398个太阳能光电建筑应用示范项目，装机容量683兆瓦。截至2015年底，全国城镇太阳能光热应用面积超过30亿平方米，浅层地能应用面积超过5亿平方米，可再生能源替代民用建筑常规能源消耗比重超过4%。

农村建筑节能实现突破。截至2015年底，严寒及寒冷地区结合农村危房改造，对117.6万户农房实施节能改造。在青海、新疆等地区农村开展被动式太阳能房建设示范。

支撑保障能力持续增强。全国有15个省级行政区域出台地方建筑节能条例，江苏、浙江率先出台绿色建筑发展条例。组织实施绿色建筑规划设计关键技术体系研究与集成示范等国家科技支撑计划重点研发项目，在部科技计划项目中安排技术研发项目及示范工程项目上百个，科技创新能力不断提高。组织实施中美超低能耗建筑技术合作研究与示范、中欧生态城市合作项目等国际科技合作项目，引进消化吸收国际先进理念和技术，促进我国相关领域取得长足发展。

专栏1 “十二五”时期建筑节能和绿色建筑主要发展指标

指标	2010年基数	规划目标		实现情况	
		2015年	年均增速［累计］	2015年	年均增速［累计］
城镇新建建筑节能标准执行率（%）	**95.4**	**100**	**[4.6]**	**100**	**[4.6]**
严寒、寒冷地区城镇居住建筑节能改造面积（亿平方米）	**1.8**	**8.8**	**[7]**	**11.7**	**[9.9]**
夏热冬冷地区城镇居住建筑节能改造面积（亿平方米）	**—**	**0.5**	**[0.5]**	**0.7**	**[0.7]**
公共建筑节能改造面积（亿平方米）	**—**	**0.6**	**[0.6]**	**1.1**	**[1.1]**
获得绿色建筑评价标识项目数量（个）	112	—	—	4071	[3959]
城镇浅层地能应用面积（亿平方米）	2.3	—	—	5	[2.7]
城镇太阳能光热应用面积（亿平方米）	14.8	—	—	30	[15.2]

注：①加黑的指标为节能减排综合性工作方案、国家新型城镇化发展规划（2014—2020年）、中央城市工作会议提出的指标。②［ ］内为5年累计值。

同时，我国建筑节能与绿色建筑发展还面临不少困难和问题，主要是：建筑节能标准要求与同等气候条件发达国家相比仍然偏低，标准执行质量参差不齐；城镇既有建筑中仍有约60%的不节能建筑，能源利用效率低，居住舒适度较差；绿色建筑总量规模偏少，发展不平衡，部分绿色建筑项目实际运行效果达不到预期；可再生能源在建筑领域应用形式单一，与建筑一体化程度不高；农村地区建筑节能刚刚起步，推进步伐缓慢；绿色节能建筑材料质量不高，对工程的支撑保障能力不强；主要依靠行政力量约束及财政资金投入推动，市场配置资源的机制尚不完善。

（二）发展形势。

“十三五”时期是我国全面建成小康社会的决胜阶段，经济结构转型升级进程加快，人民群众改善居住生活条件需求强烈，住房城乡建设领域能源资源利用模式亟待转型升级，推进建筑节能与绿色建筑发展面临大有可为的机遇期，潜力巨大，同时困难和挑战也比较突出。

从发展机遇看，党中央、国务院提出的推进能源生产与消费革命、走新型城镇化道路、全面建设生态文明、把绿色发展理念贯穿城乡规划建设管理全过程等发展战略，为建筑节能与绿色建筑发展指明了方向；广大人民群众节能环保意识日益增强，对建筑居住品质及舒适度、建筑能源利用效率及绿色消费等密切关注，为建筑节能与绿色建筑发展奠定坚实群众基础。

从发展潜力看，在建筑总量持续增加以及人民群众改善居住舒适度需求、用能需求不断增长的情况下，通过提高建筑节能标准，实施既有居住建筑节能改造，加大公共建筑节能监管力度，积极推广可再生能源，使建筑能源利用效率进一步提升，能源消费结构进一步优化，可以有效遏制建筑能耗的增长趋势，实现北方地区城镇民用建筑采暖能耗强度、公共建筑能耗强度稳步下降，预计到“十三五”期末，可实现约 1 亿吨标准煤的节能能力，将对完成全社会节能目标做出重要贡献。

从发展挑战看，我国城镇化进程处于窗口期，建筑总量仍将持续增长；经济发展处于转型期，主要依托建筑提供服务场所的第三产业将快速发展；人民群众生活水平处于提升期，对居住舒适度及环境健康性能的要求不断提高，大量新型用能设备进入家庭，对做好建筑节能与绿色建筑发展工作提出了更高要求。

二、总体要求

（一）指导思想。

全面贯彻党的十八大和十八届三中、四中、五中、六中全会精神，深入学习贯彻习近平总书记系列重要讲话精神，牢固树立创新、协调、绿色、开放、共享发展理念，紧紧抓住国家推进新型城镇化、生态文明建设、能源生产和消费革命的重要战略机遇期，以增强人民群众获得感为工作出发点，以提高建筑节能标准促进绿色建筑全面发展为工作主线，落实“适用、经济、绿色、美观”建筑方针，完善法规、政策、标准、技术、市场、产业支撑体系，全面提升建筑能源利用效率，优化建筑用能结构，改善建筑居住环境品质，为住房城乡建设领域绿色发展提供支撑。

（二）基本原则。

坚持全面推进。从城镇扩展到农村，从单体建筑扩展到城市街区（社区）等区域单元，从规划、设计、建造扩展到运行管理，从节能绿色建筑扩展到装配式建筑、绿色建材，把节能及绿色发展理念延伸至建筑全领域、全过程及全产业链。

坚持统筹协调。与国家能源生产与消费革命、生态文明建设、新型城镇化、应对气候变化、大气污染防治等战略目标相协调、相衔接，统筹建筑节能、绿色建筑、可再生能源应用、装配式建筑、绿色建材推广、建筑文化发展、城市风貌塑造等工作要求，把握机遇，主动作为，凝聚政策合力，提高发展效率。

坚持突出重点。针对建筑节能与绿色建筑发展薄弱环节和滞后领域，采取有力措施持续推进，务求在建筑整体及门窗等关键部位节能标准提升、高性能绿色建筑发展、既有建筑节能及舒适度改善、可再生能源建筑应用等重点领域实现突破。

坚持以人为本。促进人民群众从被动到积极主动参与的角色转变，以能源资源应用效率的持续提升，满足人民群众对建筑舒适性、健康性不断提高的要求，使广大人民群众切实体验到发展成果，逐步形成全民共建的建筑节能与绿色建筑发展的良性社会环境。

坚持创新驱动。加强科技创新，推动建筑节能与绿色建筑技术及产品从被动跟随到自主创新。加强标准创新，强化标准体系研究，充分发挥新形势下各类标准的综合约束与引导作用。加强政策创新，进一步发挥好政府的行政约束与引导作用。加强市场体制创新，充分调动市场主体积极性、自主性，鼓励创新市场化推进模式，全面激发市场活力。

（三）主要目标。

“十三五”时期，建筑节能与绿色建筑发展的总体目标是：建筑节能标准加快提升，城镇新建建筑中绿色建筑推广比例大幅提高，既有建筑节能改造有序推进，可再生能源建筑应用规模逐步扩大，农村建筑节能实现新突破，使我国建筑总体能耗强度持续下降，建筑能源消费结构逐步改善，建筑领域绿色发展水平明显提高。

具体目标是：到2020年，城镇新建建筑能效水平比2015年提升20%，部分地区及建筑门窗等关键部位建筑节能标准达到或接近国际现阶段先进水平。城镇新建建筑中绿色建筑面积比重超过50%，绿色建材应用比重超过40%。完成既有居住建筑节能改造面积5亿平方米以上，公共建筑节能改造1亿平方米，全国城镇既有居住建筑中节能建筑所占比例超过60%。城镇可再生能源替代民用建筑常规能源消耗比重超过6%。经济发达地区及重点发展区域农村建筑节能取得突破，采用节能措施比例超过10%。

专栏2　“十三五”时期建筑节能和绿色建筑主要发展指标

指标	2015	2020	年均增速［累计］	性质
城镇新建建筑能效提升（%）	—	—	［20］	**约束性**
城镇绿色建筑占新建建筑比重（%）	20	50	［30］	**约束性**
城镇新建建筑中绿色建材应用比例（%）	—	—	［40］	预期性
实施既有居住建筑节能改造（亿平方米）	—	—	［5］	**约束性**
公共建筑节能改造面积（亿平方米）	—	—	［1］	**约束性**
北方城镇居住建筑单位面积平均采暖能耗强度下降比例（%）	—	—	［−15］	预期性
城镇既有公共建筑能耗强度下降比例（%）	—	—	［−5］	预期性
城镇建筑中可再生能源替代率（%）	4	6▲	［2］	预期性
城镇既有居住建筑中节能建筑所占比例（%）	40	60▲	［20］	预期值
经济发达地区及重点发展区域农村居住建筑采用节能措施比例（%）	—	10▲	［10］	预期值

注：①加黑的指标为国务院节能减排综合工作方案、国家新型城镇化发展规划（2014-2020年）、中央城市工作会议提出的指标。②加注▲号的为预测值。③［　］内为5年累计值。

三、主要任务

（一）加快提高建筑节能标准及执行质量。

加快提高建筑节能标准。修订城镇新建建筑相关节能设计标准。推动严寒及寒冷地区城镇新建居住建筑加快实施更高水平节能强制性标准，提高建筑门窗等关键部位节能性能要求，引导京津冀、长三角、珠三角等重点区域城市率先实施高于国家标准要求的地方标准，在不同气候区树立引领标杆。积极开展超低能耗建筑、近零能耗建筑建设示范，提炼规划、设计、施工、运行维护等环节共性关键技术，引领节能标准提升进程，在具备条件的园区、街区推动超低能耗建筑集中连片建设。鼓励开展零能耗建筑建设试点。

严格控制建筑节能标准执行质量。进一步发挥工程建设中建筑节能管理体系作用，完善新建建筑在规划、设计、施工、竣工验收等环节的节能监管，强化工程各方主体建筑节能质量责任，确保节能标准执行到位。探索建立企业为主体、金融保险机构参与的建筑节能工程施工质量保险制度。对超高超限公共建筑项目，实行节能专项论证制度。加强建筑节能材料、部品、产品的质量管理。

专栏3　新建建筑建筑节能标准提升重点工程

重点城市节能标准领跑计划。严寒及寒冷地区，引导有条件地区及城市率先提高新建居住建筑节能地方标准要求，节能标准接近或达到现阶段国际先进水平。夏热冬冷及夏热冬暖地区，引导上海、深圳等重点城市和省会城市率先实施更高要求的节能标准。
标杆项目（区域）标准领跑计划。在全国不同气候区积极开展超低能耗建筑建设示范。结合气候条件和资源禀赋情况，探索实现超低能耗建筑的不同技术路径。总结形成符合我国国情的超低能耗建筑设计、施工及材料、产品支撑体系。开展超低能耗小区（园区）、近零能耗建筑示范工程试点，到2020年，建设超低能耗、近零能耗建筑示范项目1000万平方米以上。

（二）全面推动绿色建筑发展量质齐升。

实施建筑全领域绿色倍增行动。进一步加大城镇新建建筑中绿色建筑标准强制执行力度，逐步实现东部地区省级行政区域城镇新建建筑全面执行绿色建筑标准，中部地区省会城市及重点城市、西部地区省会城市新建建筑强制执行绿色建筑标准。继续推动政府投资保障性住房、公益性建筑以及大型公共建筑等重点建筑全面执行绿色建筑标准。积极推进绿色建筑评价标识。推动有条件的城市新区、功能园区开展绿色生态城区（街区、住区）建设示范，实现绿色建筑集中连片推广。

实施绿色建筑全过程质量提升行动。逐步将民用建筑执行绿色建筑标准纳入工程建设管理程序。加强和改进城市控制性详细规划编制工作，完善绿色建筑发展要求，引导各开发地块落实绿色控制指标，建筑工程按绿色建筑标准进行规划设计。完善和提高绿色建筑标准，完善绿色建筑施工图审查技术要点，制定绿色建筑施工质量验收规范。有条件地区适当提高政府投资公益性建筑、大型公共建筑、绿色生态城区及重点功能区内新建建筑中高性能绿色建筑建设比例。加强绿色建筑运营管理，确保各项绿色建筑技术措施发挥实际效果，激发绿色建筑的需求。加强绿色建筑评价标识项目质量事中事后监管。

实施建筑全产业链绿色供给行动。倡导绿色建筑精细化设计，提高绿色建筑设计水平，促进绿色建筑新技术、新产品应用。完善绿色建材评价体系建设，有步骤、有计划推进绿色建材评价标识工作。建立绿色建材产品质量追溯系统，动态发布绿色建材产品目录，营造良好市场环境。开展绿色建材产业化示范，在政府投资建设的项目中优先使用绿色建材。大力发展装配式建筑，加快建设装配式建筑生产基地，培育设计、生产、施工一体化龙头企业；完善装配式建筑相关政策、标准及技术体系。积极发展钢结构、现代木结构等建筑结构体系。积极引导绿色施工。推广绿色物业管理模式。以建筑垃圾处理和再利用为重点，加强再生建材生产技术、工艺和装备的研发及推广应用，提高建筑垃圾资源化利用比例。

专栏4 绿色建筑发展重点工程

绿色建筑倍增计划。推动重点地区、重点城市及重点建筑类型全面执行绿色建筑标准，积极引导绿色建筑评价标识项目建设，力争使绿色建筑发展规模实现倍增，到2020年，全国城镇绿色建筑占新建建筑比例超过50%，新增绿色建筑面积20亿平方米以上。
绿色建筑质量提升行动。强化绿色建筑工程质量管理，逐步强化绿色建筑相关标准在设计，施工图审查、施工、竣工验收等环节的约束作用。加强对绿色建筑标识项目建设跟踪管理，加强对高星级绿色建筑和绿色建筑运行标识的引导，获得绿色建筑评价标识项目中，二星级及以上等级项目比例超过80%以上，获得运行标识项目比例超过30%。
绿色建筑全产业链发展计划。到2020年，城镇新建建筑中绿色建材应用比例超过40%；城镇装配式建筑占新建建筑比例超过15%。

（三）稳步提升既有建筑节能水平。

持续推进既有居住建筑节能改造。严寒及寒冷地区省市应结合北方地区清洁取暖要求，继续推进既有居住建筑节能改造、供热管网智能调控改造。完善适合夏热冬冷和夏热冬暖地区既有居住建筑节能改造的技术路线，并积极开展试点。积极探索以老旧小区建筑节能改造为重点，多层建筑加装电梯等适老设施改造、环境综合整治等同步实施的综合改造模式。研究推广城市社区规划，制定老旧小区节能宜居综合改造技术导则。创新改造投融资机制，研究探索建筑加层、扩展面积、委托物业服务及公共设施租赁等吸引社会资本投入改造的利益分配机制。

不断强化公共建筑节能管理。深入推进公共建筑能耗统计、能源审计工作，建立健全能耗信息公示机制。加强公共建筑能耗动态监测平台建设管理，逐步加大城市级平台建设力度。强化监测数据的分析与应用，发挥数据对用能限额标准制定、电力需求侧管理等方面的支撑作用。引导各地制定公共建筑用能限额标准，并实施基于限额的重点用能建筑管理及用能价格差别化政策。开展公共建筑节能重点城市建设，推广合同能源管理、政府和社会资本合作模式（PPP）等市场化改造模式。推动建立公共建筑运行调适制度。会同有关部门持续推动节约型学校、医院、科研院所建设，积极开展绿色校园、绿色医院评价及建设试点。鼓励有条件地区开展学校、医院节能及绿色化改造试点。

专栏5 既有建筑节能重点工程

既有居住建筑节能改造。在严寒及寒冷地区，落实北方清洁取暖要求，持续推进既有居住建筑节能改造。在夏热冬冷及夏热冬暖地区开展既有居住建筑节能改造示范，积极探索适合气候条件、居民生活习惯的改造技术路线。实施既有居住建筑节能改造面积5亿平方米以上，2020年前基本完成北方采暖地区有改造价值城镇居住建筑的节能改造。
老旧小区节能宜居综合改造试点。从尊重居民改造意愿和需求出发，开展以围护结构、供热系统等节能改造为重点，多层老旧住宅加装电梯等适老化改造，给水、排水、电力和燃气等基础设施和建筑使用功能提升改造，绿化、甬路、停车设施等环境综合整治等为补充的节能宜居综合改造试点。
公共建筑能效提升行动。开展公共建筑节能改造重点城市建设，引导能源服务公司等市场主体寻找有改造潜力和改造意愿建筑业主，采取合同能源管理、能源托管等方式投资公共建筑节能改造，实现运行管理专业化、节能改造市场化、能效提升最大化，带动全国完成公共建筑节能改造面积1亿平方米以上。
节约型学校（医院）。建设节约型学校（医院）300个以上，推动智慧能源体系建设试点100个以上，实施单位水耗、电耗强度分别下降10%以上。组织实施绿色校园、医院建设示范100个以上。完成中小学、社区医院节能及绿色化改造试点50万平方米。

（四）深入推进可再生能源建筑应用。

扩大可再生能源建筑应用规模。引导各地做好可再生能源资源条件勘察和建筑利用条件调查，编制可再生能源建筑应用规划。研究建立新建建筑工程可再生能源应用专项论证制度。加大太阳能光热系统在城市中低层住宅及酒店、学校等有稳定热水需求的公共建筑中的推广力度。实施可再生能源清洁供暖工程，利用太阳能、空气热能、地热能等解决建筑供暖需求。在末端用能负荷满足要求的情况下，因地制宜建设区域可再生能源站。鼓励在具备条件的建筑工程中应用太阳能光伏系统。做好“余热暖民”工程。积极拓展可再生能源在建筑领域的应用形式，推广高效空气源热泵技术及产品。在城市燃气未覆盖和污水厂周边地区，推广采用污水厂污泥制备沼气技术。

提升可再生能源建筑应用质量。做好可再生能源建筑应用示范实践总结及后评估，对典型示范案例实施运行效果评价，总结项目实施经验，指导可再生能源建筑应用实践。强化可再生能源建筑应用运行管理，积极利用特许经营、能源托管等市场化模式，对项目实施专业化运行，确保项目稳定、高效。加强可再生能源建筑应用关键设备、产品质量管理。加强基础能力建设，建立健全可再生能源建筑应用标准体系，加快设计、施工、运行和维护阶段的技术标准制定和修订，加大从业人员的培训力度。

专栏6　可再生能源建筑应用重点工程

太阳能光热建筑应用。结合太阳能资源禀赋情况，在学校、医院、幼儿园、养老院以及其他有公共热水需求的场所和条件适宜的居住建筑中，加快推广太阳能热水系统。积极探索太阳能光热采暖应用。全国城镇新增太阳能光热建筑应用面积20亿平方米以上。
太阳能光伏建筑应用。在建筑屋面和条件适宜的建筑外墙，建设太阳能光伏设施，鼓励小区级、街区级统筹布置，“共同产出，共同使用”。鼓励专业建设和运营公司，投资和运行太阳能光伏建筑系统，提高运行管理，建立共赢模式，确保装置长期有效运行。全国城镇新增太阳能光电建筑应用装机容量1000万千瓦以上。
浅层地热能建筑应用。因地制宜推广使用各类热泵系统，满足建筑采暖制冷及生活热水需求。提高浅层地能设计和运营水平，充分考虑应用资源条件和浅层地能应用的冬夏平衡，合理匹配机组。鼓励以能源托管或合同能源管理等方式管理运营能源站，提高运行效率。全国城镇新增浅层地热能建筑应用面积2亿平方米以上。
空气热能建筑应用。在条件适宜地区积极推广空气热能建筑应用。建立空气源热泵系统评价机制，引导空气源热泵企业加强研发，解决设备产品噪音、结霜除霜、低温运行低效等问题。

（五）积极推进农村建筑节能。

积极引导节能绿色农房建设。鼓励农村新建、改建和扩建的居住建筑按《农村居住建筑节能设计标准》（GB/T 50824）、《绿色农房建设导则》（试行）等进行设计和建造。鼓励政府投资的农村公共建筑、各类示范村镇农房建设项目率先执行节能及绿色建设标准、导则。紧密结合农村实际，总结出符合地域及气候特点、经济发展水平、保持传统文化特色的乡土绿色节能技术，编制技术导则、设计图集及工法等，积极开展试点示范。在有条件的农村地区推广轻型钢结构、现代木结构、现代夯土结构等新型房屋。结合农村危房改造稳步推进农房节能改造。加强农村建筑工匠技能培训，提高农房节能设计和建造能力。

积极推进农村建筑用能结构调整。积极研究适应农村资源条件、建筑特点的用能体系，引导农村建筑用能清洁化、无煤化进程。积极采用太阳能、生物质能、空气热能等可再生能源解决农房采暖、炊事、生活热水等用能需求。在经济发达地区、大气污染防治任务较重地区农村，结合“煤改电”工作，大力推广可再生能源采暖。

四、重点举措

（一）健全法律法规体系。

结合建筑法、节约能源法修订，将实践证明切实有效的制度、措施上升为法律制度。

加强立法前瞻性研究，评估《民用建筑节能条例》实施效果，适时启动条例修订工作，推动绿色建筑发展相关立法工作。引导地方根据本地实际，出台建筑节能及绿色建筑地方法规。不断完善覆盖建筑工程全过程的建筑节能与绿色建筑配套制度，落实法律法规确定的各项规定和要求。强化依法行政，提高违法违规行为的惩戒力度。

（二）加强标准体系建设。

根据建筑节能与绿色建筑发展需求，适时制修订相关设计、施工、验收、检测、评价、改造等工程建设标准。积极适应工程建设标准化改革要求，编制好建筑节能全文强制标准，优化完善推荐性标准，鼓励各地编制更严格的地方节能标准，积极培育发展团体标准，引导企业制定更高要求的企业标准，增加标准供给，形成新时期建筑节能与绿色建筑标准体系。加强标准国际合作，积极与国际先进标准对标，并加快转化为适合我国国情的国内标准。

专栏7　建筑节能与绿色建筑部分标准编制计划

建筑节能标准。研究编制建筑节能与可再生能源利用全文强制性技术规范；逐步修订现行建筑节能设计、节能改造系列标准；制（修）订《建筑节能工程施工质量验收规范》《温和地区居住建筑节能设计标准》《近零能耗建筑技术标准》。
绿色建筑标准。逐步修订现行绿色建筑评价系列标准；制（修）订《绿色校园评价标准》《绿色生态城区评价标准》《绿色建筑运行维护技术规范》《既有社区绿色化改造技术规程》《民用建筑绿色性能计算规程》。
可再生能源及分布式能源建筑应用标准。逐步修订现行太阳能、地源热泵系统工程相关技术规范；制（修）订《民用建筑太阳能热水系统应用技术规范》《太阳能供热采暖工程技术规范》《民用建筑太阳能光伏系统应用技术规范》。

（三）提高科技创新水平。

认真落实国家中长期科学和技术发展规划纲要，依托“绿色建筑与建筑工业化”等重点专项，集中攻关一批建筑节能与绿色建筑关键技术产品，重点在超低能耗、近零能耗和分布式能源领域取得突破。积极推进建筑节能和绿色建筑重点实验室、工程技术中心建设。引导建筑节能与绿色建筑领域的“大众创业、万众创新”，实施建筑节能与绿色建筑技术引领工程。健全建筑节能和绿色建筑重点节能技术推广制度，发布技术公告，组织实施科技示范工程，加快成熟技术和集成技术的工程化推广应用。加强国际合作，积极引进、消化、吸收国际先进理念、技术和管理经验，增强自主创新能力。

专栏8　建筑节能与绿色建筑技术方向

建筑节能与绿色建筑重点技术方向。超低能耗及近零能耗建筑技术体系及关键技术研究；既有建筑综合性能检测、诊断与评价，既有建筑节能宜居及绿色化改造、调适、运行维护等综合技术体系研究；绿色建筑精细化设计、绿色施工与装备、调适、运营优化、建筑室内健康环境控制与保障、绿色建筑后评估等关键技术研究；城市、城区、社区、住区、街区等区域节能绿色发展技术路线、绿色生态城区（街区）规划、设计理论方法与优化、城区（街区）功能提升与绿色化改造、可再生能源建筑应用、分布式能源高效应用、区域能源供需耦合等关键技术研究、太阳能光伏直驱空调技术研究；农村建筑、传统民居绿色建筑建设及改造、被动式节能应用技术体系、农村建筑能源综合利用模式、可再生能源利用方式等适宜技术研究。

（四）增强产业支撑能力。

强化建筑节能与绿色建筑材料产品产业支撑能力，推进建筑门窗、保温体系等关键产品的质量升级工程。开展绿色建筑产业集聚示范区建设，推进产业链整体发展，促进新技术、新产品的标准化、工程化、产业化。促进建筑节能和绿色建筑相关咨询、科研、规划、设计、施工、检测、评价、运行维护企业和机构的发展。增强建筑节能关键部品、产品、材料的检测能力。进一步加强建筑能效测评机构能力建设。

专栏 9　建筑节能与绿色建筑产业发展

新型建筑节能与绿色建筑材料及产品。积极开发保温、隔热及防火性能良好、施工便利、使用寿命长的外墙保温材料和保温体系、适应超低能耗、近零能耗建筑发展需求的新型保温材料及结构体系，开发高效节能门窗、高性能功能性装饰装修功能一体化技术及产品；高性能混凝土、高强钢等建材推广；高效建筑用空调制冷、采暖、通风、可再生能源应用等领域设备开发及推广。

（五）构建数据服务体系。

健全建筑节能与绿色建筑统计体系，不断增强统计数据的准确性、适用性和可靠性。强化统计数据的分析应用，提升建筑节能和绿色建筑宏观决策和行业管理水平。建立并完善建筑能耗数据信息发布制度。加快推进建筑节能与绿色建筑数据资源服务，利用大数据、物联网、云计算等信息技术，整合政府数据、社会数据、互联网数据资源，实现数据信息的搜集、处理、传输、存储和数据库的现代化，深化大数据关联分析、融合利用，逐步建立并完善信息公开和共享机制，提高全社会节能意识，最大限度激发微观活力。

五、规划实施

（一）完善政策保障机制。

会同有关部门积极开展财政、税收、金融、土地、规划、产业等方面的支持政策创新。研究建立事权对等、分级负责的财政资金激励政策体系。各地应因地制宜创新财政资金使用方式，放大资金使用效益，充分调动社会资金参与的积极性。研究对超低能耗建筑、高性能绿色建筑项目在土地转让、开工许可等审批环节设置绿色通道。

（二）强化市场机制创新。

充分发挥市场配置资源的决定性作用，积极创新节能与绿色建筑市场运作机制，积极探索节能绿色市场化服务模式，鼓励咨询服务公司为建筑用户提供规划、设计、能耗模拟、用能系统调适、节能及绿色性能诊断、融资、建设、运营等“一站式”服务，提高服务水平。引导采用政府和社会资本合作（PPP）模式、特许经营等方式投资、运营建筑节能与绿色建筑项目。积极搭建市场服务平台，实现建筑领域节能和绿色建筑与金融机构、第三方服务机构的融资及技术能力的有效连接。会同相关部门推进绿色信贷在建筑节能与绿色建筑领域的应用，鼓励和引导政策性银行、商业银行加大信贷支持，将满足条件的建筑节能与绿色建筑项目纳入绿色信贷支持范围。

（三）深入开展宣传培训。

结合“节俭养德全民节约行动”“全民节能行动”“全民节水行动”“节能宣传周”等活动，开展建筑节能与绿色建筑宣传，引导绿色生活方式及消费。加大对相关技术及管理人员培训力度，提高执行有关政策法规及技术标准能力。强化技术工人专业技能培训。鼓励行业协会等对建筑节能设计施工、质量管理、节能量及绿色建筑效果评估、用能系统管理等相关从业人员进行职业资格认定。引导高等院校根据市场需求设置建筑节能及绿色建筑相关专业学科，做好专业人才培养。

（四）加强目标责任考核。

各省级住房城乡建设主管部门应加强本规划目标任务的协调落实，重点加强约束性目标的衔接，制定推进工作计划，完善由地方政府牵头，住房城乡建设、发展改革、财政、教育、卫生计生等有关部门参与的议事协调机制，落实相关部门责任、分工和进度要求，形成合力，协同推进，确保实现规划目标和任务。组织开展规划实施进度年度检查及中期评估，以适当方式向社会公布结果，并把规划目标完成情况作为国家节能减排综合考核评价、大气污染防治计划考核评价的重要内容，纳入政府综合考核和绩效评价体系。对目标责任不落实、实施进度落后的地区，进行通报批评，对超额完成、提前完成目标的地区予以表扬奖励。

附件 B　关于深化工程建设标准化工作改革的意见

建标〔2016〕166 号

我国工程建设标准（以下简称标准）经过 60 余年发展，国家、行业和地方标准已达 7000 余项，形成了覆盖经济社会各领域、工程建设各环节的标准体系，在保障工程质量安全、促进产业转型升级、强化生态环境保护、推动经济提质增效、提升国际竞争力等方面发挥了重要作用。但与技术更新变化和经济社会发展需求相比，仍存在着标准供给不足、缺失滞后，部分标准老化陈旧、水平不高等问题，需要加大标准供给侧改革，完善标准体制机制，建立新型标准体系。

一、总体要求

（一）指导思想。

贯彻落实党的十八大和十八届二中、三中、四中、五中全会精神，按照《国务院关于印发深化标准化工作改革方案的通知》（国发〔2015〕13 号）等有关要求，借鉴国际成熟经验，立足国内实际情况，在更好发挥政府作用的同时，充分发挥市场在资源配置中的决定性作用，提高标准在推进国家治理体系和治理能力现代化中的战略性、基础性作用，促进经济社会更高质量、更有效率、更加公平、更可持续发展。

（二）基本原则。

坚持放管结合。转变政府职能，强化强制性标准，优化推荐性标准，为经济社会发展“兜底线、保基本”。培育发展团体标准，搞活企业标准，增加标准供给，引导创新发展。

坚持统筹协调。完善标准体系框架，做好各领域、各建设环节标准编制，满足各方需求。加强强制性标准、推荐性标准、团体标准，以及各层级标准间的衔接配套和协调管理。

坚持国际视野。完善标准内容和技术措施，提高标准水平。积极参与国际标准化工作，推广中国标准，服务我国企业参与国际竞争，促进我国产品、装备、技术和服务输出。

（三）总体目标。

标准体制适应经济社会发展需要，标准管理制度完善、运行高效，标准体系协调统一、支撑有力。按照政府制定强制性标准、社会团体制定自愿采用性标准的长远目标，到 2020 年，适应标准改革发展的管理制度基本建立，重要的强制性标准发布实施，政府推荐性标准得到有效精简，团体标准具有一定规模。到 2025 年，以强制性标准为核心、推荐性标准和团体标准相配套的标准体系初步建立，标准有效性、先进性、适用性进一步增强，标准国际影响力和贡献力进一步提升。

二、任务要求

（一）改革强制性标准。

加快制定全文强制性标准，逐步用全文强制性标准取代现行标准中分散的强制性条文。新制定标准原则上不再设置强制性条文。

强制性标准具有强制约束力，是保障人民生命财产安全、人身健康、工程安全、生态环境安全、公众权益和公共利益，以及促进能源资源节约利用、满足社会经济管理等方面的控制性底线要求。强制性标准项目名称统称为技术规范。

技术规范分为工程项目类和通用技术类。工程项目类规范，是以工程项目为对象，以总量规模、规划布局，以及项目功能、性能和关键技术措施为主要内容的强制性标准。通用技术类规范，是以技术专业为对象，以规划、勘察、测量、设计、施工等通用技术要求为主要内容的强制性标准。

（二）构建强制性标准体系。

强制性标准体系框架，应覆盖各类工程项目和建设环节，实行动态更新维护。体系框架由框架图、项目表和项目说明组成。框架图应细化到具体标准项目，项目表应明确标准的状态和编号，项目说明应包括适用范围、主要内容等。

国家标准体系框架中未有的项目，行业、地方根据特点和需求，可以编制补充性标准体系框架，并制定相应的行业和地方标准。国家标准体系框架中尚未编制国家标准的项目，可先行编制行业或地方标准。国家标准没有规定的内容，行业标准可制定补充条款。国家标准、行业标准或补充条款均没有规定的内容，地方标准可制定补充条款。

制定强制性标准和补充条款时，通过严格论证，可以引用推荐性标准和团体标准中的相关规定，被引用内容作为强制性标准的组成部分，具有强制效力。鼓励地方采用国家和行业更高水平的推荐性标准，在本地区强制执行。

强制性标准的内容，应符合法律和行政法规的规定但不得重复其规定。

（三）优化完善推荐性标准。

推荐性国家标准、行业标准、地方标准体系要形成有机整体，合理界定各领域、各层级推荐性标准的制定范围。要清理现行标准，缩减推荐性标准数量和规模，逐步向政府职责范围内的公益类标准过渡。

推荐性国家标准重点制定基础性、通用性和重大影响的专用标准，突出公共服务的基本要求。推荐性行业标准重点制定本行业的基础性、通用性和重要的专用标准，推动产业政策、战略规划贯彻实施。推荐性地方标准重点制定具有地域特点的标准，突出资源禀赋和民俗习惯，促进特色经济发展、生态资源保护、文化和自然遗产传承。

推荐性标准不得与强制性标准相抵触。

（四）培育发展团体标准。

改变标准由政府单一供给模式，对团体标准制定不设行政审批。鼓励具有社团法人资格和相应能力的协会、学会等社会组织，根据行业发展和市场需求，按照公开、透明、协商一致原则，主动承接政府转移的标准，制定新技术和市场缺失的标准，供市场自愿选用。

团体标准要与政府标准相配套和衔接，形成优势互补、良性互动、协同发展的工作模式。要符合法律、法规和强制性标准要求。要严格团体标准的制定程序，明确制定团体标准的相关责任。

团体标准经合同相关方协商选用后，可作为工程建设活动的技术依据。鼓励政府标准引用团体标准。

（五）全面提升标准水平。

增强能源资源节约、生态环境保护和长远发展意识，妥善处理好标准水平与固定资产投资的关系，更加注重标准先进性和前瞻性，适度提高标准对安全、质量、性能、健康、节能等强制性指标要求。

要建立倒逼机制，鼓励创新，淘汰落后。通过标准水平提升，促进城乡发展模式转变，提高人居环境质量；促进产业转型升级和产品更新换代，推动中国经济向中高端发展。

要跟踪科技创新和新成果应用，缩短标准复审周期，加快标准修订节奏。要处理好标准编制与专利技术的关系，规范专利信息披露、专利实施许可程序。要加强标准重要技术和关键性指标研究，强化标准与科研互动。

根据产业发展和市场需求，可制定高于强制性标准要求的推荐性标准，鼓励制定高于国家标准和行业标准的地方标准，以及具有创新性和竞争性的高水平团体标准。鼓励企业结合自身需要，自主制定更加细化、更加先进的企业标准。企业标准实行自我声明，不需报政府备案管理。

（六）强化标准质量管理和信息公开。

要加强标准编制管理，改进标准起草、技术审查机制，完善政策性、协调性审核制度，规范工作规则和流程，明确工作要求和责任，避免标准内容重复矛盾。对同一事项做规定的，行业标准要严于国家标准，地方标准要严于行业标准和国家标准。

充分运用信息化手段，强化标准制修订信息共享，加大标准立项、专利技术采用等标准编制工作透明度和信息公开力度，严格标准草案网上公开征求意见，强化社会监督，保证标准内容及相关技术指标的科学性和公正性。

完善已发布标准的信息公开机制，除公开出版外，要提供网上免费查询。强制性标准和推荐性国家标准，必须在政府官方网站全文公开。推荐性行业标准逐步实现网上全文公开。团体标准要及时公开相关标准信息。

（七）推进标准国际化。

积极开展中外标准对比研究，借鉴国外先进技术，跟踪国际标准发展变化，结合国情和经济技术可行性，缩小中国标准与国外先进标准技术差距。标准的内容结构、要素指标和相关术语等，要适应国际通行做法，提高与国际标准或发达国家标准的一致性。

要推动中国标准“走出去”，完善标准翻译、审核、发布和宣传推广工作机制，鼓励重要标准与制修订同步翻译。加强沟通协调，积极推动与主要贸易国和“一带一路”沿线国家之间的标准互认、版权互换。

鼓励有关单位积极参加国际标准化活动，加强与国际有关标准化组织交流合作，参与国际标准化战略、政策和规则制定，承担国际标准和区域标准制定，推动我国优势、特色技术标准成为国际标准。

三、保障措施

（一）强化组织领导。

各部门、各地方要高度重视标准化工作，结合本部门、本地区改革发展实际，将标准化工作纳入本部门、本地区改革发展规划。要完善统一管理、分工负责、协同推进的标准化管理体制，充分发挥行业主管部门和技术支撑机构作用，创新标准化管理模式。要坚持整体推进与分步实施相结合，逐步调整、不断完善，确保各项改革任务落实到位。

（二）加强制度建设。

各部门、各地方要做好相关文件清理，有计划、有重点地调整标准化管理规章制度，加强政策与前瞻性研究，完善工作机制和配套措施。积极配合《标准化法》等相关法律法规修订，进一步明确标准法律地位，明确标准管理相关方的权利、义务和责任。要加大法律法规、规章、政策引用标准力度，充分发挥标准对法律法规的技术支撑和补充作用。

（三）加大资金保障。

各部门、各地方要加大对强制性和基础通用标准的资金支持力度，积极探索政府采购标准编制服务管理模式，严格资金管理，提高资金使用效率。要积极拓展标准化资金渠道，鼓励社会各界积极参与支持标准化工作，在保证标准公正性和不损害公共利益的前提下，合理采用市场化方式筹集标准编制经费。

参 考 文 献

[1] 杨瑾峰. 工程建设标准化实用知识问答 [M]. 北京：中国计划出版社，2004.

[2] 李春田. 标准化概论（第六版）[M]. 北京：中国人民大学出版社，2014.

[3] 住房和城乡建设部标准定额研究所. 村镇建设工程标准体系 [M]. 北京：中国建筑工业出版社，2017.

[4] 申金文. 国土资源标准体系构建研究 [M]. 北京：中国标准出版社，2018.

[5] 汪应洛. 系统工程（第五版）[M]. 北京：机械工业出版社，2019.

[6] 司鹏飞，杨正武，胡瑞柱. 绿色建筑中关于室内空气质量控制问题的讨论 [J]. 洁净与空调技术，2014，(3)：61-63.

[7] 王小芝. 室内空气质量标准与设计方法讨论 [J]. 绿色建筑，2016，(4)：18-21.

[8] 司远，周建民，祁德庆，杨扬. 绿色建筑室内声环境控制与评价方法 [C]. 2014 既有建筑绿色化改造关键技术研究与示范项目交流会论文集，2014：307-313.

[9] 中国建筑科学研究院. 中国建筑光环境标准规范回顾与展望 [M]. 北京：中国建筑工业出版社，2018.

[10] 赵锂，刘振印. 建筑节水关键技术与实施 [J]. 给水排水，2008，(9)：1-3.

[11] 住房和城乡建设部标准定额研究所，深圳市建筑科学研究院股份有限公司，清华大学建筑节能研究中心.《民用建筑能耗标准》实施指南 [M]. 北京：中国建筑工业出版社，2018.

[12] 鲍仲平. 标准体系 [M]. 北京：中国标准出版社，1990.